抗戰時期中國的氣象事業

**Weather and Warfare:**
Chinese Meteorology during the Second Sino-Japanese War

劉芳瑜 ————著
LIU, Fang-Yu

# 民國論叢｜總序

呂芳上
民國歷史文化學社社長

　　1902 年，梁啟超「新史學」的提出，揭開了中國現代史學發展的序幕。

　　以近現代史研究而言，迄今百多年來學界關注幾個問題：首先，近代史能否列入史學主流研究的範疇？後朝人修前朝史固無疑義，但當代人修當代史，便成爭議。不過，近半世紀以來，「近代史」已被學界公認是史學研究的一個分支，民國史研究自然包含其中。與此相關的是官修史學的適當性，排除意識形態之爭，《清史稿》出版爭議、「新清史工程」的進行，不免引發諸多討論，但無論官修、私修均有助於歷史的呈現，只要不偏不倚。史家陳寅恪在《金明館叢書二編》的〈順宗實錄與續玄怪錄〉中說，私家撰者易誣妄，官修之書多諱飾，「考史事之本末者，苟能於官書及私著等量齊觀，詳辨而慎取之，則庶幾得其真相，而無誣諱之失矣」。可見官、私修史均有互稽作用。

　　其次，西方史學理論的引入，大大影響近代歷史的書寫與詮釋。德國蘭克史學較早影響中國學者，後來政治學、社會學、經濟學等社會科學應用於歷史學，於1950年後，海峽兩岸尤為顯著。臺灣受美國影響，現代化理論大行其道；中國大陸則奉馬列主義唯物史觀為圭臬。直到1980年代意識形態退燒之後，接著而來的西方思潮——新文化史、全球史研究，風靡兩岸，近代史也不能例外。這些流行研究當然有助於新議題的開發，如何以中國或以臺灣為主體的近代史研究，則成為學者當今苦心思考的議題。

　　1912年，民國建立之後，走過1920年代中西、新舊、革命與反革命之爭，1930年代經濟大蕭條、1940年代戰爭歲月，1950年代大變局之後冷戰，繼之以白色恐怖、黨國體制、爭民權運動諸歷程，到了1980年代之後，走到物資豐饒、科技進步而心靈空虛的時代。百多年來的民國歷史發展，實接續十九世紀末葉以來求變、求新、挫折、突破與創新的過程，涉及傳統與現代、境內與域外方方面面的交涉、混融，有斷裂、有移植，也有更多的延續，在「變局」中，你中有我，我中有你，為史家提供極多可資商榷的議題。1949年，獲得諾貝爾文學獎美國作家福克納（William Faulkner）說：「過去並未死亡，甚至沒有過去。」（The past is never dead. It's not even past.）更具體的說，今天海峽兩岸的現況、流行文化，甚至政治核心議題，仍有諸多「民國元素」，歷史學家對民國歷史的回眸、凝視、觀察、細究、具機鋒的看法，均會增加人們對現狀的理

解、認識和判斷力。這正是民國史家重大任務、大有可
為之處。

　　民國史與我們最是親近，有人仍生活在民國中，也
有人追逐著「民國熱」。無庸諱言，民國歷史有資料閎
富、角度多元、思潮新穎之利，但也有官方資料不願公
開、人物忌諱多、品評史事不易之弊。但，訓練有素
的史家，一定懂得歷史的詮釋、剪裁與呈現，要力求公
允；一定知道歷史的傳承有如父母子女，父母給子女生
命，子女要回饋的是生命的意義。

　　1950 年代後帶著法統來到臺灣的民國，的確有過
一段受戰爭威脅、政治「失去左眼的歲月」，也有一段
絕地求生、奮力圖強，使經濟成為亞洲四小龍之一的醒
目時日。如今雙目俱全、體質還算健康、前行道路不無
崎嶇的環境下，史學界對超越地域、黨派成見又客觀的
民國史研究，實寄予樂觀和厚望。

　　基於此，「民國歷史文化學社」將積極支持、鼓勵
民國史有創意的研究和論作。對於研究成果，我們開闢
論著系列叢書，我們秉持這樣的出版原則：對民國史不
是多餘的書、不是可有可無的書，而是擲地有聲的新
書、好書。

# 推薦序

## 陳惠芬
國立臺灣師範大學歷史學系兼任教授

　　劉博士於研究所就讀期間，即特別關注近代中國科技史，並有多篇論文發表。除與碩士論文有關的港口疏濬、打撈議題；也由於對二戰前後技術與中國社會關係深感興趣，撰寫近代中國動物疾病與防疫的文章。從劉博士歷來的著作，可以看出她善於利用原始檔案，挖掘未被廣泛得知的歷史面貌。

　　在與本人討論博士論文研究方向時，劉博士表示希望能將歷史研究聯結現今社會關懷。她擬以近代中國氣象事業發展為題，即是基於這樣的思考。氣候不只是一種自然現象，更與人類生活息息相關，亦是今日全球關注的焦點。比起其他科學，除了理論，它和應用更加密不可分。有鑑於台灣史學界科技史研究相對缺乏，且近代中國氣象史，涉及了西方知識傳播，技術移植、學科建制、機關建立和運作等內涵，體現了中國現代化發展歷程的諸多面相，本人以為值得探討，遂與中央研究院近代史研究所張力教授共同擔任指導教授。在指導期間，她定期向本人說明論文進度及研究概況，本人則與她討論撰寫上的一些問題，同時也分享她的生活點滴，互動頗為愉快。

　　本書有系統地還原清末以至抗戰時期中國氣象事業

發展的軌跡，係由劉博士的博士論文修改而成。在撰寫架構上，本書以氣象相關的制度建構作為論述的主軸，特重抗戰時期中美軍事合作之後，美國如何逐步影響中國氣象情報與氣象網絡的發展。為了完成本書的撰寫，劉博士蒐集史料不遺餘力，除了檔案，還大量運用了當時氣象機構相關人員的記事及回憶史料，整個歷史圖像也因此更為立體鮮活，其內容紮實自不待言。目前關於1949 年以前近代中國氣象史的研究已有一些成果，唯多屬戰前。本書清楚指出戰爭對中國氣象事業發展的影響，也說明戰爭中各種條件的限制如何使中國氣象事業的發展步履維艱。近年來戰爭史的研究視角愈趨多元，本書的完成，不僅為近代中國科技史的進一步理解作出貢獻，同時也拓展了抗戰史的研究空間。

本人和張力教授同列指導教授之名，實則從選題到史料搜集到論文的閱讀修改，以至生活上的協助，張教授所費心力尤多。本人忝為指導教授之一，欣見本書出版，爰作數語，以表賀忱，並期待劉博士為近代中國科技史再添新作。

2022 年 9 月 15 日於臺灣師範大學歷史系

# 推薦序

## 張力
### 中央研究院近代史研究所兼任研究員

　　劉芳瑜博士的第一本書是她的碩士論文修改而成,書名《海軍與臺灣沉船打撈事業(1945-1972)》,2011年由國史館出版。這是她的第二本書,為其博士論文修改後送審通過出版。我忝為她的博士論文指導教授之一,對於她這本書的構思過程略有所知。

　　2008年劉博士自國立政治大學畢業臺灣史研究所畢業後,進入國立臺灣師範大學就讀歷史系博士班。她在修課期間,曾在我的一些研究計畫中擔任助理;其後多年,更幫助我整理《傅秉常日記》、《金問泗日記》等史料出版。2012年起我和臺師大歷史系陳惠芬教授共同擔任她的博士論文指導老師,劉博士開始認真思考研究方向。2013年3月我向上海大學的張勇安教授推薦,她有機會參加該校舉辦的「國際衛生組織與醫療衛生史國際研討會」,提交論文〈戰後東南地區的獸醫防治〉。後來她跟我討論可否以這篇會議論文作為博士論文的基礎,結果我們都認為可行性不大。2014年,劉博士遭逢變故,心情受到影響,以致進度稍有耽擱。直到2015年5月某日,她告訴我最近她一直在思考博士論文的題目,想以「氣象」為主題,而近史所的外交和經濟檔案有一些資料,她在日本的友人也告訴她,日本

有氣象部隊，過去在中國設有氣象臺，相關資料不少。
我想她開始重新出發了。

　　有了研究方向，她開始閱讀國史館典藏的軍事情報
局檔案，我則提供了自己收藏的中美合作所美方人員近
年來的出版品。是年 7 月她參加日本笹川平和財團在神
戶舉行的「第 5 回日中若手歷史研究者セミナー」，發
表〈1940 年代中美氣象事業的合作〉論文，在這一研
究議題上初試啼聲。之後她繼續閱讀各種檔案，掌握重
點，漸能以「氣象」為核心，從近代中國歷史中找出各
種關聯的思想、人物、組織機構、具體作為，這個深富
創意的研究題目終於成形了。2016 年 2 月，陳老師和
我看了她的研究計畫初稿，陳老師建議增加一章背景部
分，把學校和中研院納入，也須述及技術引進的過程，
這些建議特別具有建設性。10 月 17 日通過博士論文大
綱的審查，之後就依此大綱撰寫論文。

　　2017 年劉博士申請到中研院近史所的博士培育，
因而更能專心撰寫博士論文。期間雖非一路順利，但總
還能跟得上進度。不料是年 7 月，我因急病入院動手
術，住院半個多月；出院後很長的一段時間身體孱弱，
於是她的論文閱讀修改，就多偏勞陳老師。2018 年 7
月 10 日她順利通過博士論文口試，進而在 2019 年 1 月
起獲中研院近史所延聘為博士後研究。之後幾個月自行
完成博士論文的修改，但是否出版，一時還難決定。直
到 2020 年 4 月間我們在一次談話中，她同意讓我再幫
她看看博士論文，提出修改建議，且目標訂為出版一篇
近史所集刊論文和一本專書，這也彌補了兩年前我無法

專心審閱之憾。可喜的是，憑藉著她的執著與毅力，設定的兩個目標先後達成。

　　這本書的出版是劉博士辛苦付出後的美好收穫。她勤讀原始檔案，掌握中外文資料，追溯了西方知識的氣象學傳入，隨即在政府部門和學術機構奠下基礎，其後順應軍事的廣泛運用，得以快速發展。娓娓道來，脈絡分明。一位學者早在論文口試甫一結束，就稱讚寫的很好，指出不僅是氣象史，也是情報史和科技史；我另認為她所處理的也是全球史的議題。在學術這條路上，劉博士已有不錯的起步，未來盼能穩健地繼續走下去。

　　　　　　　　2022 年 7 月 8 日於南港中研院近史所

# 目錄

**圖表目錄**

# 緒論

## 研究動機與旨趣

　　日本資深氣象學家增田善信（Yoshinobu Masuda, 1923-）回憶第二次世界大戰時從事的氣象工作，曾說道：「天氣預報不該用於戰爭，應用於守護人們的性命，是和平的象徵」。[1] 此話的背景係二戰期間氣象人員因應軍方的要求，停止發布天氣預報，導致人們因天災造成生命財產的損失。[2] 直到戰爭結束後，日本社會開始反省科學家在戰時響應帝國的科學動員，以致於加深了戰爭的慘烈與規模。為了防止此類情形再度發生，日本於 1949 年 1 月設立日本學術會議，設置宗旨明確指出科學是文化與和平國家的基礎，是以提高人類社會福祉與和平復興為目的，故將自身定位為聯繫學術單位、提供政府審議意見等的獨立機關。[3] 換言之，科學的目的不是為了服務戰爭。

　　實際上，戰爭也會推進科學的發展，二戰期間科學

---

1　〈科学者になった元日本兵がいま、後悔していること。「神風なんて吹かないと…」〉，*BuzzFeed News*，2021 年 4 月 27 日，https://www.buzzfeed.com/jp/kotahatachi/war-weather（2022/4/21 點閱）。

2　〈ある老気象学者の憤り〉，《中国新聞》，2021 年 4 月 21 日，https://www.chugoku-np.co.jp/articles/-/85199（2022/2/20 點閱）。

3　兼重寛九郎，〈日本学術会議の使命〉，《高分子》，第 8 卷第 4 期（1959 年 4 月），頁 180-182。池内了、隠岐さや香、木本忠昭、小沼通二、広渡清吾著，《日本学術会議の使命》（東京：岩波書店，2021），頁 9-10。

為戰爭服務的例子遍布所有交戰國。舉例而言，許多德國科學家支持納粹政權發動的戰爭；奧本海默（Robert J. Oppenheimer, 1904-1967）等人亦參與美國曼哈頓計畫（Manhattan Project），從事原子彈的研究。「氣象學」做為科學的一門知識亦是如此，戰時各國的氣象學者發揮自身所學，為國家提供天氣預報，成為軍事活動的一環；且因軍事需求，促使得氣象的研究與相關應用亦有相當程度的增長。中國的氣象事業並不例外，本土的氣象學者在抗戰中付出所學，其體制與發展在此波世界動盪產生顯著地轉變，甚至結束了自 19 世紀以來西方各國透過帝國主義在中國本土建置氣象臺的局面。是故在不同的社會脈絡下，戰爭、國家與科學之間的關係也呈現不同的意義。

回到 20 世紀之初，氣象與戰爭的觀念究竟為何？1932 年 10 月中國著名氣象學家竺可楨（1890-1974）在《國風》發表〈天時對於戰爭之影響〉一文，指出氣象觀測是現代軍事活動必須掌握的要件。他認為第一次世界大戰中，德國最早在軍隊裡設立氣象組織，此項措施隨即為英美法各國仿效。軍隊氣象員每天觀測四至八次天氣狀況，與友軍相互連絡各地資訊，製作天氣圖；對敵軍則須保密，不可隨意洩漏，作戰期間甚至停止氣象公開廣播。他也說明氣象預報對於飛機、砲隊、毒氣、海軍等戰術的作用，呼籲近代戰術即是「科學的戰術」，軍事上要取得勝利，必須注重氣象科學知識。[4]

---

4　竺可楨，〈天時對於戰爭之影響〉，《國風》，第 5 號（1932 年

由此可知，在第一次世界大戰中，歐洲各國已然知曉天氣對於軍事的利用，從被動轉為主動，透過預報風雲，選擇作戰的方式與時機。易言之，近代戰爭已逐漸轉變為一種利用科學，經過計算後的戰爭型態。

近人研究抗戰初期戰役，也有描述天氣影響作戰的紀錄。何銘生（Peter Harmsen）所著《上海 1937：法新社記者中的淞滬會戰》一書中，提及氣象影響淞滬會戰的戰況。例如 1937 年 8 月 23 日，日本上海派遣軍司令松井石根（1878-1948）登陸川沙口時，因為萬里無雲，日軍得以全力發揮其空中優勢，利用飛機轟炸道路，拖延中國軍隊的增援速度，而在傷亡最少的情況下登陸上海。同年 10 月中旬，則是由於連日大雨，松井石根認為天氣遲滯日軍的行動，也降低了補給的速度，導致無法發動攻勢。[5]

綜上所言，當時的軍事指揮官除了必須考量天候狀況，還需進一步預知天氣狀況，才可事先擬定作戰方針，加速進攻或是將傷亡降到最低。然而，20 世紀上半葉的戰爭中，由於飛機、軍艦及雷達等新式裝備的廣泛利用，使得作戰方式產生重大的轉變，傳統平面的陸軍作戰演變為立體空間的陸海空戰。當時中日交戰是一個前近代軍隊對抗現代軍隊的情況。中國必須一邊抗戰，一邊藉由美國的援助，提升自身的戰力，而對氣象

---

10 月），頁 11-21。

5　何銘生（Peter Harmsen）著，田穎慧、馮向暉譯，《上海 1937：法新社記者眼中的淞滬會戰》（北京：西苑出版社，2015），頁 98、192。

進行精確的觀測，就關係著戰力與軍事現代化。例如戰時先後成立的中華民國空軍美籍志願大隊（American Volunteer Group，縮寫 AVG，簡稱飛虎隊），與美國空軍第十四航空隊（Fourteenth Air Force），從事巡航和作戰任務，氣象情報是其行動的先決條件，因此軍方對於氣象預報的要求也日益提高。誠然，氣象與民生亦有極大的關聯，但在戰爭期間，軍事上的需求是中國氣象事業發展的主要推手，而政府對氣象資訊進行管制和發送，也是政治、軍事手段。因此研究抗戰期間中國的氣象事業，決不能忽視軍事與氣象之間的關聯性。

近年來有關戰時和戰後中國軍事史的探討，許多研究者跳脫了以往的民族史觀、國共各說各話等觀點，而在各次戰役、作戰戰力、戰略、外交、醫療等方面，開創了許多新領域與新觀點，成果豐碩，顯現多元的面貌。但就氣象情報與軍事的關係，或是技術在戰事上的分析研究，卻相當闕漏，以致我們對於此時中國的技術和科技發展，了解十分有限，有待開拓。氣象站的建立與觀測，是一地或局部地區的紀錄，在各地設置多處氣象站，將其蒐集的氣象資訊進行大範圍地區的情報交換，則是氣象事業重要任務，因此戰時氣象站設立地點和氣象網絡的形成，更是需要特別注意。

探究戰時中國氣象事業的演變，必須對此前的發展狀況有一簡要的認識。晚清西方氣象學透過傳教士的譯介，傳入中國，其翻譯的內容隨著時間的遞嬗，從科學

原理轉而注重氣象的實用性，[6] 故清末商部曾在農業試驗場設置小型的測候站，做為農業科學化的展現；水師學堂裡也設有天氣觀測課程。然而，國內有系統的天氣觀測活動，可以海關的氣象站和上海徐家匯觀象臺所從事者為代表。1869 年海關建立氣象站（海關燈塔也需記錄基本氣象數據），主要設在沿海和沿江地區，觀察水位和海象等天氣變化，維護海上和江河交通安全。[7] 徐家匯觀象臺建於 1873 年，由法國傳教士負責觀測工作，原本僅做氣象數據紀錄，後與海關合作，提供氣象報告供各界使用，共同維護航行安全，防止沿海居民受颱風損害。大清皇家海關（簡稱中國海關、海關）總稅務司赫德（Robert Hart, 1835-1911）為了強化其觀測功能，同意提撥關稅六萬兩支持測量工作，使其成為遠東地區重要的氣象臺。[8]

民國初年北京政府雖曾設立中央觀象臺等站，地方政府基於經濟建設等考量，也建置測候站，但多各行其是，規模未能擴大。1928 年全國統一，國民政府在中央研究院設氣象研究所，由留美氣象專家竺可楨主導中國的氣象研究。為此，氣象所於各地設立多個測候所和雨量站，建立基本的測候網，同時也希望打破氣象工作由外人主導的陳規。

---

6　危春紅，〈近代氣象科技譯介與氣象學科的構建〉（南京：南京信息工程大學碩士論文，2017），頁 15-16。

7　吳增祥，《中國近代氣象臺站》（北京：氣象出版社，2007），頁 23-25。

8　劉昭民，《中華氣象學史（增修本）》（臺北：臺灣商務印書館，2011），頁 211-214。

　　除此之外，由於西方科學的躍進，武器的進步，許多新式兵種相繼產生，其中最引起注意的是空軍。空軍可用於偵察敵情，在戰場上的破壞、攻擊力甚強，卻非常仰賴氣象情報。第一次世界大戰之後，中國各地軍系積極籌設航空隊和空軍學校，氣象學、航空氣象學都是飛行員課程必須學習的知識。[9] 不過，也因空軍仍屬草創時期，飛行的設備和水平有限，氣象在飛行上僅能發揮少許作用。直到抗戰爆發，氣象情報與作戰之間的關係日漸密切，使觀測部門有了新的拓展。1941 年 12 月美國參戰後，中美建立軍事同盟，為了提升中國的氣象情報準確性，美國派遣專家，提供氣象技術援助，[10] 致使美國在中國氣象發展上扮演重要的角色。然而，美國在戰時對於中國氣象事業的挹注，到了戰後維持何種程度的影響力，亦值得進一步深思。

　　從上述所言，清末西方氣象學應用的發展相當多元，測候單位又有各自不同的成立背景，以致中國氣象事業呈現複雜的面向。由於牽涉外人在華利益，國民政府未能統一氣象事權，自然難以制定全國性的氣象政策。這樣的狀況必須等到 1945 年國民政府收回外人在華成立的氣象臺，才出現根本的改變。戰後國府接收全國氣象機構的合流過程中，首先必須整併、接收多餘的氣象機關，繼而適當地調整和規劃規章制度、氣象觀測

---

9　航空委員會編，《空軍沿革史初稿》（出版項不詳），頁 11-12、51-55、69-75。

10　國防部軍事情報局，《中美合作所誌》（臺北：國防部軍事情報局，2011），頁 30-31。

及補充人員設備等等事務。雖然後來因國共內戰而導致
兩岸分治，但在戰時建立的測候網絡，培養氣象技術及
人才，卻分別影響了大陸與臺灣的氣象觀測系統。故剖
析戰時的氣象工作，將有助於了解戰後中國氣象發展的
脈絡和特殊性。另外，由於近代歐洲國家先行在中國建
立現代化的氣象觀測系統，這也導致研究的焦點多置於
此，較為忽視中國政府與本土氣象學者的付出與努力。
本書內容正可補足此空白之處。

　　是故，本書的內容著重在中國對日抗戰時期，且以
當時國民政府三個主要蒐集氣象情報的機構：1928 年
中央研究院創辦的氣象研究所、1937 年航空委員會（簡
稱航委會）成立的測候所，及 1941 年隸屬行政院的中
央氣象局（簡稱氣象局）做為分析對象，希望探討在軍
事導向下，中國氣象事業產生的變化，其中包含機關的
設立與運作、規章的制定，以及中美在亞洲戰場上關於
氣象情報合作方式、情報網絡形成等過程。進而分析戰
時的氣象規劃與形式，及其對於戰後中國氣象體制，甚
至是往後對東亞的影響。

## 文獻回顧與評述

　　近年來由於氣象變遷、全球暖化等現象，引起大眾
對於氣象議題的重視。2021 年諾貝爾物理獎的得主真
鍋淑郎（Syukuro Manabe, 1931-）與 Klaus Hasselmann
（1931-），即是利用物理學探索地球複雜氣候系統
的學者。而著名的牛津大學出版社（Oxford University
Press）出版之線上學術百科全書，亦特別設立「氣候科

學」（Climate Science）項目，由德國氣象學家 Hans Von
Storch（1949- ）主持該資料庫的審訂與內容安排。[11] 由
此可見，氣象科學至今已成為備受矚目的研究課題。在
此一趨勢下，許多歷史學者亦不落人後，投入探索近代
氣象科學史的行列，嘗試從氣象機構、自然災害與社會
關係、氣象應用與控制的歷史，及對氣象學家與學科知
識建構切入，[12] 探究「氣象學」這一相當重要的課題。

　　西方學界最令人注目的，是 2019 年獲得科學史學會
（History of Science Society）輝瑞獎（Pfizer Award）的作品
*Climate in Motion: Science, Empire, and the Problem of Scale* 一書。作者
Deborah R. Coen 以奧匈帝國為考察，說明一戰前因帝國
領土橫跨九個經度，兼具多元政治與社會特色，以致
在 20 世紀初期帝國的氣候學研究極具多樣性。奧匈帝國

---

11　Oxford Research Encyclopedias, accessed February 7, 2022, https://
　　oxfordre.com/climatescience/page/word/word-from-oxford.

12　此類研究可參考 Paul N. Edwards, *A Vast Machine Computer Models, Climate
　　Data, and the Politics of Global Warming* (Cambridge, Mass.: MIT Press,
　　2013). Frisinger H. Howard, *History of Meteorology to 1800* (New York:
　　Science History Publications, 1977). James Rodger Fleming, *Fixing
　　The Sky: The Checkered History of Weather and Climate Control* (New York:
　　Columbia University Press, 2010). John Malcolm Walker, *History of
　　the Meteorological Office* (New York: Cambridge University Press, 2012).
　　James Rodger Fleming, *Inventing Atmospheric Science: Bjerknes, Rossby,
　　Wexler, and the Foundations of Modern Meteorology* (Cambridge, Mass.:
　　MIT Press, 2016). Gisela Kutzbach, *The Thermal Theory of Cyclones: A
　　History of Meteorological Thought in the Nineteenth Century* (Boston, Mass.:
　　American Meteorological Society, 1979). James Rodger Fleming,
　　*Meteorology in America, 1800-1870* (Baltimore, Maryland: Johns Hopkins
　　University Press, 2000). Robert Henson, *Weather on the Air: A History
　　of Broadcast Meteorology* (Boston, Mass.: American Meteorological
　　Society, 2010). James Rodger Fleming, *First Woman: Joanne Simpson
　　and the Tropical Atmosphere* (New York: Oxford University Press, 2020).
　　Katharine Anderson, *Predicting the Weather: Victorians and the Science of
　　Meteorology* (Chicago: University of Chicago Press, 2005).

的科學家非惟觀察帝國內的地方差異，也重視全球氣候變遷，促使其氣候學研究異於當時注重設站與測量預報的英、美兩國，而是具有一種跨越時空尺度的思維。[13]

## 一、帝國、氣象學與東方世界

事實上，這股研究氣象科學與帝國的熱潮也延伸至東方，西方氣象學在東亞的傳播與應用日益受到關注。Fiona Williamson 從城市史的角度出發，將目光投射於大英帝國殖民範圍下的香港、新加坡，探究兩地氣候如何影響塑造其城市、社會和文化，並注意近代中國沿海城市成為全球氣象學的連結點。[14] 朱瑪瓏則經由探討外人在中國通商口岸成立的商業網絡，從而建置一套連結上海與香港的氣象情報系統，共同維護交通與防止災害。[15]

Kevin P. Mackeown、吳燕、Kerby C. Alvarez 分別考察西方帝國在東亞設置的氣象臺。Mackeown 討論 1882-1912 年間，香港天文臺不同主事者任內臺務的發展變化，探究該臺與上海徐家匯觀象臺耶穌會傳教士在合作上的歧異，及臺內重氣象輕天文引發的對立問題。[16] 吳

---

13　Deborah R. Coen, *Climate in Motion: Science, Empire, and the Problem of Scale* (Chicago: The University of Chicago Press, 2018).

14　Fiona Williamson, "Weathering the empire: meteorological research in the early British straits settlements," *The British Journal for the History of Science*, 48:3 (2015), pp. 475-492. Fiona Williamson, Skies Uncertain, "Forecasting Typhoons in Hong Kong, ca. 1874-1906," *Quaderni Storici*, 52:3 (2017), pp. 777-802.

15　Marlon Zhu, "Typhoons, Meteorological Intelligence, and the Inter-Port Mercantile Community in Nineteenth-Century China," (Ph. D. dissertation, State University of New York at Binghamton, 2012).

16　P. Kevin Mackeown, *Early China Coast Meteorology: The Role of Hong Kong*

燕則觀察上海徐家匯觀象臺，透析近代歐洲科學知識隨
著殖民主義在世界的擴張的歷程。她提出三個觀點：其
一，就近代歐洲科學的而言，建構一個完整的科學知識
體系，正是透過其全球擴張而實現的。其二，歐洲科學
家藉由帝國擴張，得以觀察、收集來自其他地區的自然
知識。換言之，也是為科學的殖民主義而鋪路。帝國與
科學知識在世界上的擴張，彼此相輔相成。其三，歐洲
向中國進行科學擴張時，在與本土科學界合作的過程
中，促使中國本土科學界在不自覺或是主動之間參與了
知識的擴張。[17] Alvarez 則以馬尼拉氣象臺為中心，分
析耶穌會傳教士、殖民政府及商人將原來屬於科學知識
的氣象學，轉變為公共科學之過程，進而促進殖民地的
經濟與社會發展。[18]

　　這些研究多從西方的角度、列強擴張的立場，探究
如何改變、影響東亞各地的社會，較少論及本土的回應
與衝擊。針對此一不足之處，本書即以中國為例，瞭解
抗戰期間國民政府與本土氣象學者努力籌劃自身的氣象
制度與網絡，是否得以改變原有狀態。

　　(Hong Kong: Hong Kong University Press, 2012).

17　吳燕，《科學、利益與歐洲擴張─近代歐洲科學地域擴張背景下
　　的徐家匯觀象臺（1873-1950）》（北京：中國社會科學出版社，
　　2013）。

18　Kerby C. Alvarez, "Instrumentation and Institutionalization Colonial
　　Science and the Observatorio Meteorológico de Manila, 1865-1899,"
　　*Philippine Studies: Historical & Ethnographic Viewpoints*, 64:3-4 (2016), pp.
　　385-416.

## 二、中國氣象制度與機構發展

　　除了西方帝國在東亞實施觀測活動的相關研究外，亦有其他涉及中國近現代氣象事業的論著。早期的氣象史著作多為專業人員撰寫的氣象沿革史。關於書寫中國氣象發展，多採取通史的方式，敘述中國氣象機構的沿革，並且整理中國古籍中描述的各種天氣現象，說明當時之人如何解釋氣象原理。此類作品包括：劉昭民著《中華氣象學史》（增修本）、洪世年與陳文言編著的《中國氣象史》、[19] 溫克剛主編《中國氣象史》、[20] 田村專之助著《中国気象学史研究》等。[21] 這些著作之中，田村專之助之書從中國上古討論到清代結束。其餘著作雖稍涉及民國以來的氣象史，對於二戰期間和戰後中國的氣象狀況，可能因掌握資料不易或偏重之點有異，僅作簡單地介紹。

　　例如，劉昭民的《中華氣象學史》（增修本）一書，其中的「抗戰期間到勝利後的氣象學術活動和氣象事業建設」與本書討論課題有關，分中研院氣象研究所、中央氣象局、中美特種技術合作所（Sino-American Cooperative Organization，簡稱 SACO、中美合作所、中美所）、民用航空局、空軍氣象總隊、民航公司、氣

---

19　洪世年、陳文言所編的氣象史，簡體版為北京農業出版社；繁體版為臺北明文出版社。參見洪世年、陳文言，《中國氣象史》（北京：農業出版社，1983）。洪世年、陳文言，《中國氣象史》（臺北：明文出版社，1985）。

20　溫克剛，《中國氣象史》（北京：氣象出版社，2004）。

21　田村專之助，《中国気象学史研究》（靜岡：中国気象学史研究刊行会，1973-1977）。

象機關聯席會議、聯合氣象委員會會議、加入聯合國世
界氣象組織等子題進行討論；但因寫作期間多數資料未
能公開，故作者參閱之史料主要是當時刊登的氣象消息
與通訊，以致未能深入探究其中的前因後果。洪世年、
陳文言所編《中國氣象史》，有簡體和正體中文兩種版
本，內容相同，就近代以後中國的氣象發展，係依「帝
國主義侵略史觀」書寫，其對戰時中美的氣象合作、中
央氣象局的發展，均給予負面評價。

　　溫克剛主編的《中國氣象史》中，論及民國以來的
氣象事業，主要在於「民國時期的國家氣象機構」、
「民國時期地方氣象事業」、「解放區的氣象事業」等
三章。在國家氣象機構方面，以中央觀象臺、中央研究
院氣象研究所（簡稱中研院氣象所、氣象研究所、氣象
所）、中央氣象局、航空氣象系統為敘述對象，介紹各
單位建立始末、工作內容與編制。地方氣象事業則分華
北、東北、華東、華中、華南、西南、西北地區分區敘
述，在江蘇、雲南、四川、陝西等段落，論及美軍和空
軍在該地設置氣象站的情形，但對於中美雙方合作機構
和方式討論較少。中共占領區的氣象事業，重點放在
1944 年之後陝甘寧邊區、晉冀魯豫解放區、延安、東
北、華北等地的氣象建設與觀測工作。尤其特別的是，
編者屢屢強調共產黨人員與美軍基層氣象人員的合作關
係，並說明雙方合作愉快，並非對立的情況。這是目前
撰寫氣象發展史較少見的論述。此外，編者整理了民國
以來中國各地氣象的機構的沿革，讓我們可以初步掌握
地方氣象站的型態和狀況，是其貢獻。

　　專門討論中華民國氣象史的專著，有劉廣英主編的
《中華民國一百年氣象史》。[22] 此書重點在於討論中華
民國政府遷臺後的氣象工作，包括各種氣象機構與學
校，以及臺灣與世界各國合作的各種大型計劃成果等
等。關於 1949 年前的發展概況，多參考已出版的氣
象史研究，1950 年之後臺灣的各種氣象學術與合作計
畫，由於作者是實際的參與者，故此書帶有史料的性
質，對於探究戰後臺灣氣象科技史，極具參考價值。

　　中國氣象臺站設置的研究，最早是吳增祥的著作
《中國近代氣象臺站》。該書對明清後的氣象機構進行
全面性的梳理，其中述及民國以來建立的氣象臺站，亦
為本研究所關切者。作者說明民國成立之後，官方機構
自行建置的新式氣象臺；但有系統地推動氣象事務，則
在全國統一後，中央研究院氣象研究所成立，建置許多
氣象站。不過抗戰爆發，許多氣象站毀於戰火，直到
1941 年國民政府成立中央氣象局，才又陸續新設若干
測候所。戰後中央氣象局對氣象工作雖有全盤的計畫，
卻因遭逢國共內戰而無法完全實現。此外，作者亦簡述
航空署（後航空委員會、空軍總司令部）、中央航空學
校（後昆明空軍軍官學校），以及中美特種技術合作所
的沿革發展，文中肯定了中美合作所氣象情報對於盟軍
作戰的貢獻。

　　杜穎〈1865-1949 年江蘇氣象臺站研究〉、[23] 張敏

22　劉廣英，《中華民國一百年氣象史》（臺北：文化大學兩岸與中
　　國大陸研究中心，2014）。
23　杜穎，〈1865-1949 年江蘇氣象臺站研究〉（南京：南京信息工

〈近代雲南氣象臺站發展歷程研究〉、[24] 曾旭〈四川氣
象事業近代化的歷程〉等三篇碩士論文，[25] 各自以不同
地區的氣象站，藉由社會發展背景，釐清氣象事業近代
化的過程。王東、丁玉平之〈竺可楨與我國氣象臺站
的建設〉一文，[26] 說明竺氏在中國氣象建設的重要性。
孫毅博，〈民國中央研究院氣象研究所研究（1928-
1949）〉，[27] 以氣象機構做為討論對象，敘述該機構成
立的背景、氣象業務內容及對氣象人才的訓練，企圖了
解機構在中國氣象事業發展中扮演的角色及後來的影
響。然而，這些論文討論的時間斷限，雖涉及抗戰甚至
是 1949 年，但在論述戰時中國各地氣象事業的變化，
仍能脫離戰爭導致建設停滯的窠臼。

## 三、氣象學知識的引入與傳播

氣象學引進與刊物分析的研究取徑可分為兩類：一
是討論晚清以降西方氣象學著作的譯介與氣象學科建置
過程，二是分析民國時期氣象科普知識建構與氣象刊
物的特色。第一類著作有危春紅〈近代氣象科技譯介
與氣象學科建構〉、顧曉燕〈華蘅芳的氣象翻譯成就

---

程大學碩士論文，2017）。

24　張敏，〈近代雲南氣象臺站發展歷程研究〉（南京：南京信息工
程大學碩士論文，2017）。

25　曾旭，〈四川氣象事業近代化的歷程〉（四川：四川師範大學碩
士論文，2012）。

26　王東、丁玉平，〈竺可楨與我國氣象臺站的建設〉，《氣象科技
進展》，2014 年 6 期（2014 年 12 月），頁 67-73。

27　孫毅博，〈民國中央研究院氣象研究所研究（1928-1949）〉（石
家莊：河北師範大學碩士論文，2015）。

及其影響研究〉、[28] 白鈺舟〈晚清時期氣象科技發展論述〉、[29] 劉曉〈《氣學入門》研究〉、[30] 路雅恬〈氣象史視野下的《地理全志》研究〉、[31] 汪夢妍〈北洋政府時期氣象科普研究〉、[32] 錢馨平〈中國近代氣象學科建制化研究〉。[33]

　　危春紅利用各種翻譯文本，試圖釐清當時譯者對於西方氣象理論的思路，藉此了解其在翻譯氣象用語上的相互關係，給往後中國氣象科學理論建構過程帶來的影響。顧曉燕以華蘅芳翻譯的《御風要術》、《測候叢談》、《風雨表說》以及《氣學叢談》做為分析重點，說明華氏的貢獻不僅只有譯介西洋的數學作品，在翻譯西方氣象知識，由於強調格物致知，提升了翻譯的品質、確立氣象術語；不過也囿於當時強調實用，翻譯過程多由外人意譯後再轉譯為中文，難以完整介紹整個氣象知識體系。而《氣學入門》是傳教士丁韙良（William Alexander Parsons Martin, 1827-1916）的翻譯作品，這本書是中國新式學堂的上課教材，約使用三十年，對於中

---

28　顧曉燕，〈華蘅芳的氣象翻譯成就及其影響研究〉（南京：南京信息工程大學碩士論文，2015）。

29　白鈺舟，〈晚清時期氣象科技發展論述〉（新鄉：河南師範大學碩士論文，2014）。

30　劉曉，〈《氣學入門》研究〉（南京：南京信息工程大學碩士論文，2017）。

31　路雅恬，〈氣象史視野下的《地理全志》研究〉（南京：南京信息工程大學碩士論文，2020）。

32　汪夢妍，〈北洋政府時期氣象科普研究〉（南京：南京信息工程大學碩士論文，2017）。

33　錢馨平，〈中國近代氣象學科建制化研究〉（南京：南京信息工程大學碩士論文，2020）。

國氣象教育有重要影響。劉曉比較不同時間的修訂版本及同時期其他作品，發現其在插圖安排、具體內容及語言表述都產生變化，如更加重視儀器繪圖的細緻程度，也更細分各種天氣狀況。路雅恬考察英國傳教士慕維廉（William Muirhead, 1822-1900）翻譯的《地理全書》，其中有關氣象學的部分。除介紹《地理全書》、慕維廉的生平外，著重討論該書翻譯的天氣現象、大氣光象及氣候學知識，比較西方與中國傳統對於各種現象的認知差異；更分析《地理全書》在中日兩國傳播的情況。他指出因中日面對外國的心態不同，以致此書在日本大受歡迎，而在中國僅有通商口岸得以傳播，進而促使慕維廉必須調整翻譯內容，以符合中國國情。

　　汪夢妍的研究則提出，北洋政府時期國人面對西方氣象學知識已不再僅是翻譯，而將重心轉為建立氣象科普的體系。氣象學者努力普及氣象知識於民間，各種相關的學會也透過交流，逐漸擴大科普的群體；並且將氣象知識應用於民間，藉此提高人民的科學素養及學科發展。汪氏認為當時氣象學者推動的科普活動還處於萌芽階段，卻為之後中國氣象事業發展奠定基礎。錢馨平探討 1862 至 1952 年間氣象學科建制過程，其結論認為在教育、科學研究、重要學者、學術團體及學術交流五大要素交互影響下，帶動了氣象學的發展，從原先描述性的氣候與天候學轉向大氣科學，也提升了一般民眾的氣象認知。

　　第二類計有曹瑩〈民國時期氣象專業期刊及氣象

科技發展〉、[34] 陳敬林〈中央氣象局《天氣旬報》研究（1942-1947）〉。[35] 曹瑩分析《觀象叢報》、《中國氣象學會會刊》、《氣象雜誌》，以及《氣象學報》四份刊物，《觀象叢報》為北洋政府中央觀象臺機關報，其他三份由 1924 年成立的中國氣象學會發行。曹瑩討論期刊欄目、內容、經營手法、作者等項目，理解其中的變化。他指出民國建立至 1949 年，中國氣象期刊的發展方向大致從科普氣象學知識與氣象服務，轉變為純科學研究，且以探究天氣學和氣候學的論文為多。而期刊水平得以提升，則受惠於 1928 年中央研究院氣象研究所的成立，因為該所網羅了當時中國具有高學歷的氣象專業人員，使中國氣象學會出版的刊物獲得穩定的作者群來源，得以維持刊登質量兼具的文章。

陳敬林的論文則說明《全國天氣旬報》的創刊與特色，充滿了戰爭應用的色彩。此份刊物主要觀測戰時重要城市中的天氣現象，是事後記錄整理而非具有預報性質資料。當時國民政府需要了解後方地區天氣狀況，由中央氣象局蒐集相關氣象資料。當時中央氣象局特別針對重慶防空需求，特別關注、記錄「霧」的現象，這是其他期刊少見的現象。另外，作者也提出這是一份因應戰爭而發行的期刊，具有保密性質，流通管道有限，以致一般大眾無法得知其中的消息。

---

34  曹瑩，〈民國時期氣象專業期刊及氣象科技發展〉（南京：南京信息工程大學碩士論文，2018）。

35  陳敬林，〈中央氣象局《天氣旬報》研究（1942-1947）〉（重慶：重慶師範大學碩士論文，2017）。

　　總的來說，氣象學引進與刊物分析的研究著重於晚清至 1930 年代的氣象學發展狀況，僅有陳敬林的論文是以戰時發行的刊物做為討論對象。部分論文雖有論及抗戰時期氣象研究的變化，但著墨不深，仍有極大的發展空間。

## 四、氣象學人與群體

　　氣象學人與群體亦是學界關注的課題，其研究視角係從研究成果或氣象教育角度切入，藉此說明研究對象對中國氣象事業的貢獻。前者研究成果有：羅嘉〈王鵬飛氣象科技思想研究〉、[36] 張惠然〈陳學溶的氣象實踐活動研究〉、[37] 肖楚潔〈陶詩言對氣象科技事業的貢獻〉、[38] 紀楊洋〈王鵬飛 " 中國氣象史 " 研究之探析〉、[39] 成青〈竺可楨的物候學研究與影響〉等。[40] 後者則有張雪桐〈李憲之與中國近現代氣象高等教育事業的發展〉、[41] 林豐〈謝義炳與中國近現代氣象高等教育

---

36　羅嘉，〈王鵬飛氣象科技思想研究〉（南京：南京信息工程大學碩士論文，2016）。

37　張惠然，〈陳學溶的氣象實踐活動研究〉（南京：南京信息工程大學碩士論文，2017）。

38　肖楚潔，〈陶詩言對氣象科技事業的貢獻〉（南京：南京信息工程大學碩士論文，2018）。

39　紀楊洋，〈王鵬飛 " 中國氣象史 " 研究之探析〉（南京：南京信息工程大學碩士論文，2018）。

40　成青，〈竺可楨的物候學研究與影響〉（杭州：浙江工業大學碩士論文，2019）。

41　張雪桐，〈李憲之與中國近現代氣象高等教育事業的發展〉（南京：南京信息工程大學碩士論文，2018）。

事業的發展〉。[42] 此類研究大多利用已出版個人作品，輔以南京信息工程大學檔案館所藏資料，勾勒出氣象專家在學術、教育、技術交流等方面的貢獻，但就氣象學者早期接受氣象教育過程，以及在國府從事氣象工作，著墨有限。惟有張雪桐的論文，特別論及李憲之在西南聯大培育高等氣象人才的做法和教學成果，肯定戰時氣象高等教育的努力。另外值得注意的是成青的論文，他分析了竺可楨在物候學[43] 研究透過考察傳統文獻，結合西方物候學的原理，訂定了中國物候學的原則。不過，作者也指出因竺氏自 1936 年至 1949 年擔任浙江大學校長，重心在於校務上，故無餘力從事物候學研究，以致此段時期呈現空白狀態。

　　許玉花與張璇分別以氣象留學生與中國氣象學會群體做為研究對象。許玉花〈近代氣象學留學生群體研究〉一文，[44] 分析晚清、民初、十年建設時期、抗戰期間及戰後的氣象留學生。許氏以三十八位氣象留學生為例，統計留學國家國別、研究題目、性別、籍貫等因素，嘗試找出其中的異同，並討論回國後從事的工作活動，釐清這些留學生在建立中國氣象學科、氣象教育及研究上扮演的角色。而張璇〈民國時期中國氣象學會會

42　林豐〈謝義炳與中國近現代氣象高等教育事業的發展〉，（南京：南京信息工程大學碩士論文，2020）。

43　物候學（phenology）是一門結合氣象學與生態學的學問，探究動植物生長週期與季節氣候變化的交互關係與影響。"phenology," Encyclopedia Britannica, accessed May 27, 2022, https://www.britannica.com/science/phenology.

44　許玉花，〈近代氣象學留學生群體研究〉（南京：南京信息工程大學碩士論文，2017）。

員群體研究（1924-1949）〉，[45] 從學會成立的過程進行
討論，藉由解構學會會員組成背景，進而釐清其群體價
值與作用。張璇認為中國氣象協會的成立，可做為知
識分子自五四運動以來，追求、實踐科學救國思想與
目標。

## 五、氣象與作戰

　　1940 年代中國氣象與作戰的研究，由於戰時資料
散佚且事關軍事機密，以致專文研究相當欠缺。在氣
象與空軍的研究，徐寶箴〈祝朱文榮老師九秩華誕〉[46]
和蕭強〈朱文榮先生與空軍〉[47] 兩篇文章，特別探討
朱文榮（1920- ？）[48] 與空軍發展的關係，有助於獲
知早期空軍與氣象的狀況。而對中美合作所氣象工作
進行書寫者，則有國防部軍事情報局編印《中美合作
所誌》，該書第二、三章〈中美合作所的組織訓練部

---

45　張璇，〈民國時期中國氣象學會會員群體研究（1924-1949）〉（南
　　京：南京信息工程大學碩士論文，2015）。

46　徐寶箴，〈祝朱文榮老師九秩華誕〉，《氣象預報與分析》，第
　　131 期（1992 年 5 月），頁 7-9。朱文榮自東南大學畢業後就進
　　入空軍服務，在戰爭期間負責空軍的氣象業務，空軍總司令部成
　　立後擔任氣象處處長，來臺後中央氣象局局長。

47　蕭強，〈朱文榮先生與空軍〉，《氣象預報與分析》，第 131 期
　　（1992 年 5 月），頁 10-13。

48　朱文榮，浙江嘉善人。1920 年畢業於東南大學地學系，畢業後擔
　　任中研院氣象所研究員，1937 年 6 月接受調職，至中央航空學校
　　廣州分校擔任氣象室主任兼教官，1938 年 3 月開始主持航委會氣
　　象行政工作，戰後為空軍總司令部氣象處首任處長。〈人事調查表〉
　　（1952 年 3 月 15 日），〈朱文榮（朱國華）〉，《國史館侍從
　　室檔案》，國史館藏，典藏號：129-210000-2026。「為賫呈氣象總
　　臺編制表請核示由」（1938 年 8 月 3 日），〈航空委員會組織職
　　掌編制案〉，《國防部史政編譯局檔案》，檔案管理局藏，典藏號：
　　B5018230601/0020/021.1/2041。

署〉、〈協助美軍，從海上擊潰日軍〉，從組織單位部署上，說明氣象站的分佈與作用。而張霈芝所著《戴笠與抗戰》，[49] 第十二至十四章之標題分別為〈中美特種技術合作所〉、〈中美所的訓練工作〉、〈中美所的演變與結束〉，內容也有論及氣象情報任務，兩者內容對於組織發展變革有清楚的論述。

　　王立本在《中國抗日戰爭史新編》第四章〈情報與後勤〉，[50] 就中美合作所氣象情報合作的部分進行分析，他認為中美合作所在硬體設備、機構及人才方面，強化中方的氣象觀測能力與效率；但該文忽略了中美合作的同時，又出現意見相左情形，而這正是值得深入探討之處。喬家才所著《戴笠將軍和他的同志——抗日情報戰》，[51] 分一、二集。第二集中敘述人物中如陶一珊、郭履洲、馬志超、蕭勃、阮清源、張為邦、楊遇春，皆與中美所任務有關，可以瞭解人際網絡和工作分配的情形。此外，在研究中美合作所情報偵訊部分，也有些許提及氣象情報的資訊，如范育誠所撰〈抗戰時期的秘密通訊系統：以國防部軍事情報局檔案為中心〉，[52] 李甲孚〈戴笠、魏大銘與科技情報〉，[53] 在探討通訊

---

49　張霈芝，《戴笠與抗戰》（臺北：國史館，1999）。

50　呂芳上主編，《中國抗日戰爭史新編》（臺北：國史館，2015）。

51　喬家才，《戴笠將軍和他的同志——抗日情報戰》（臺北：中文圖書出版社，1977-1978）。

52　范育誠，〈抗戰時期的秘密通訊系統：以國防部軍事情報局檔案為中心〉，《政大史粹》，第 28 期（2015 年 6 月），頁 69-103。

53　李甲孚，〈戴笠、魏大銘與科技情報〉，《傳記文學》，第 71 卷第 2 期（1997 年 8 月），頁 91-96。

系統傳遞情報，稍有談及情報（包含氣象資訊）的傳遞過程。

　　John F. Fuller 所撰 *Thor's Legions: Weather Support to the U.S. Air Force and Army, 1937-1987* 一書，[54] 第六章〈二戰期間的印度、緬甸及中國〉，主要論述中緬印戰區的作戰狀況。美軍在印度建立氣象部門 India Meteorological Department（簡稱 IMD），成為遠東地區的氣象中心，轄下第十測候隊（Tenth Weather Squadron）在緬甸、中國建立氣象站，支援美軍各類轟炸空襲的過程。此外，說明了美軍與毛澤東在延安地區的氣象合作。不過，由於該書僅陳述美軍建立氣象站的地點，難以進一步釐清建置氣象站的方式與過程及遭遇的問題，但可初步了解美軍在中緬印戰區的氣象站位置。

## 六、當事者記載與回憶

　　民國以來，若干氣象學者或是從業者曾用文字記錄下來自己的工作經驗。如竺可楨留給後人他長年撰寫的日記，成為中國氣象事業研究極珍貴的史料。竺氏1936 至 1974 年間的日記，曾於 1984 年以節選方式出版。2000 年在紀念竺可楨誕辰一一〇周年的會議上，與會各界人士倡議出版竺氏相關資料，做為發展中國氣象、教育、地理等研究的史料基礎。此舉獲得中華人民共和國國家自然科學基金委員會的支持，日記全文與相

---

54　John F. Fuller, *Thor's Legions: Weather Support to the U. S. Air Force and Army, 1937-1987* (Boston, Mass.: American Meteorological Society, 1990).

關著作、書信因此得以公諸於世。[55] 這些資料內容詳實
記錄了戰時氣象體制、人事等各項問題，也含括了竺氏
個人對中國氣象事業的看法，是釐清當時氣象活動不可
或缺的資料。

　　1949 年隨中華民國政府來臺的氣象人員劉衍淮
（1907-1982）、朱文榮兩人，分別根據自己的職業生
涯，撰寫〈我服膺氣象學五十五年（1927-1982）〉、[56]
〈九十自述〉[57] 回憶文章。而由劉廣英主編的《中華民
國一百年氣象史》中第十篇〈英雄來自四面八方〉，在
編輯團隊所訪問的三十一位相關氣象工作人士中，部分
受訪者如魯依仁、[58] 林則銘 [59] 等人，皆實際參與二戰氣
象工作，或者接受當時氣象教育訓練。舉例而言，劉衍
淮回憶了中央航空學校教學的情況，除深入呈現課程設
計與安排，也透露出戰時辦理教育事業之困難。

　　另一方面，中國大陸一些曾參與 1940 年代氣象工
作的專業人員，因政治因素並不方便談這一段他們曾經
參與的歷史。但在 2010 年中國國務院組織國家科教領
導小組，推動「老科學家學術成長資料採集工程」，透

---

55　竺可楨，《竺可楨全集》（上海：上海科技教育出版社，2004），
　　第 1 卷，頁 5。

56　劉衍淮，〈我服膺氣象學五十五年（1927-1982）〉，《大氣科學》，
　　第 10 期（1983 年 3 月），頁 3-11。

57　朱文榮，〈九十自述〉，《氣象預報與分析》，第 131 期（1992 年
　　5 月），頁 1-2。

58　魯依仁，空軍氣象訓練班一期結業，參與二戰時期氣象工作，曾
　　任空軍氣象中心主任、氣象聯隊副聯隊長。

59　林則銘，空軍氣象訓練班七期結業，二戰期間在四川接受氣象訓練，
　　曾任空軍氣象中心主任、氣象聯隊少將聯隊長。

過搜羅相關資料、口述訪談、錄音錄影的方式,將資深
科學家學思歷程、師承關係、重要成果一一保留下來。
接受訪問的前輩氣象學家也藉此說出 1949 年前服務於
國府所屬機構的情況。他們的養成經歷之研究報告,其
後改寫為學術傳記出版。[60] 例如陳學溶(1916-2016)[61]
的《我的氣象生涯:陳學溶百歲自述》,是作者回憶從
事氣象工作的所見所聞,描述了報考氣象訓練班、中研
院氣象所、中國航空公司等從事觀測工作以及參與文官
考試和 1949 年後至中共民航局工作等事蹟。值得關注
的是,陳學溶本人亦將蒐集的相關資料集結出版《中國
近現代氣象學界若干史蹟》,[62] 包括近代氣象機構的建
制、民國時期的氣象學教育、人物軼事和師承關係,以
及氣象科學研究成果等內容,其中〈抗日戰爭期間氣象
研究所播遷經過及其工作簡況〉、〈行政院中央氣象局
在重慶籌建始末〉、〈我所了解到的國民黨空軍氣象界
前輩的點滴事蹟〉等篇。這些篇章之中,陳氏除了論及

---

60 陳雲峰,〈老科學家學術成長資料採集工程簡介〉,《雲捲雲舒:
黃士松傳》(北京:中國科學技術出版社,2015),未標頁數。
陳學溶,《我的氣象生涯:陳學溶百歲自述》(上海:上海科學
技術出版社,2015)。陳正洪、楊桂芳,《胸懷大氣:陶詩言傳》
(北京:中國科學技術出版社,2014)。

61 陳學溶,1916 年生於南京,師從竺可楨,1935 年從中央研究院
氣象研究所訓練班第三期畢業,畢業後陸續在山東泰山測候所、
西安一等測候所從事氣象觀測和天氣預報業務,1942 年調回重慶
中央研究院氣象研究所工作;1944 年之後陸續在中國航空公司重
慶珊瑚壩機場、印度加爾各答達姆機場,以及上海龍華機場從事
航空天氣觀測、國際航線天氣預報工作。參見〈陳學溶:百年風
雨路 眷眷氣象情〉,《中國科學報》(北京),2015 年 2 月 27 日,
版 3。

62 陳學溶,《中國近現代氣象學界若干史蹟》(北京:氣象出版社,
2012)。

氣象機構編制與工作外，更特別討論人際網絡的問題，是為該書重要的特色。至於其他參與戰時氣象工作者，亦出版了人物傳記，如《趙九章傳》、[63]《情繫風雲：氣象學家程純樞院士的一生》等，[64] 內容記述了戰時的氣象工作與教學，這些資料有助於本書討論的深度。

珍珠港事變後中美兩國結為同盟，部分參與軍事合作人員曾撰寫憶往專書或短篇文章，內含對氣象情報與通訊工作的敘述。中美特種軍事合作所美方最高的指揮官梅樂斯（Milton E. Miles, 1900-1961）曾在 1946 年發表 "U. S. Naval Group, China" 一文；[65] 又於 1967 年出版回憶錄 *A Different Kind of War: The Unknown Story of the U.S. Navy's Guerrilla Forces in World War II China*，[66] 詳述他與戴笠等人商討氣象合作事宜，且一同前往各地考察測候任務、蒐集情資的一手資料。透過他的角度，可從另一個視角來審視中美合作下的氣象情報問題。中美所成員 Roy O. Stratton、Clayton Mishler、John Ryder Horton 等人也都留下了回憶紀錄。其中 Roy O. Stratton 的 *SACO: The Rice Paddy Navy*，此書第八章特別記載了中美合作所雙方人員

63 趙九章傳編寫組，《趙九章傳》（北京：科學出版社，2020）。

64 程德保，《情繫風雲：氣象學家程純樞院士的一生》（北京：氣象出版社，2020）。

65 Milton E Miles, "U. S. Naval Group, China." *United States Naval Institute Proceedings*, No. 521(July 1946), pp. 921-931.

66 Milton E Miles, *A Different Kind of War: The Unknown Story of the U.S. Navy's Guerrilla Forces in World War II China* (N.Y.: Doubleday Publishing Group 1967). 中文翻譯本資訊為梅樂斯著、臺灣新生報編輯部特譯，《另一種戰爭：中美合作所的故事》（臺北：臺灣新生報社，1968），1979 年度再版，書名改為《神龍‧飛虎‧間諜戰：戴笠和看不見的中美合作戰爭》（臺北：臺灣新生報社，1979）。

籌設各地氣象站的情形。[67]

　　最後，值得特別關注的是，曾在中國參與中美合作所情報工作的美方人員，返美後成立的「中美合作所聯誼會（SACO Reunion）」，以民間退伍軍人社團的方式與中華民國維持聯繫。該聯誼會設有網站，[68] 網站上內容豐富，除說明中美合作所的歷史之外，並整理曾到中國從事技術工作的美方人員名單、工作職位、停留時間及地點，且有相關人員提供大量當時在中國工作的照片和影片，甚值參考。這些當事者的敘述不但可以與其他史料相互參照，且提供給本書更加豐富且生動的內容。

## 本書的章節安排

　　隨著檔案的開放與數位的史料的方便取得，氣象史的深入探討，受到學界的鼓勵。如林桶法教授在評論《不可忽視的戰場——抗戰時期的軍統局》一書，就曾說明中美合作所的研究中，在氣象及通訊情報方面，對於各地建立起氣象工作站、觀測站等還可深入研究，因為這些氣象情報對美軍在太平洋上海軍作戰、跳島作戰、阻擾日軍對南洋的運補，和轟炸日本本土等軍事行

---

67　Roy O. Stratton, *SACO: The Rice Paddy Navy* (C.S. Palmer Publishing Company, 1950). Clayton Mishler, *Sampan Sailor: A Navy Man's Adventures in WWII China* (DC: Brassey's Inc., 1994). John Ryder Horton, *Ninety-Day Wonder: Flight to Guerrilla War* (NY: Ballantine Books, 1994).

68　"Sino American Cooperative Organization: U.S. NAVAL GROUP CHINA VETERANS," accessed February 18, 2016, http://www.saconavy.com/.

動中，產生了重要作用。[69] 除此之外，戰時國民政府因
應軍事、交通、民生等因素，而在大後方地區建立氣象
觀測體系，更是現有研究未曾全面探究之處，而此正是
本書的切入點。

　　本書的架構除緒論與結論外，共分五章，以戰時國
民政府最重要的三個氣象運作機關──中國空軍、中央
研究院與中央氣象局，以及中美合作所，全面考察中國
氣象事業。

　　第一章〈西方氣象學的引進與軍事應用〉，就戰前
中國氣象事業做一概略的介紹。內容分為兩部分：一是
說明近代中國氣象知識的譯介；二是著重在軍事氣象學
的介紹與應用。

　　第二章〈中國空軍氣象組織的運作與發展〉，從組
織發展與工作地點的變化、氣象教育與人才，以及業務
推動的困境，分析抗戰時期中國空軍對於「氣象」與
「軍事」之間的交互作用。

　　第三章〈中研院氣象所與中央氣象局〉與第四章
〈中央氣象局測候網的建置與功用〉有延續關係。前者
論述中央研究院依其學術專業，向國民政府建言建設西
南地區氣象測候網的實際內容，導致中央氣象局此一行
政機關成立的過程，並從中了解氣象學人「科學救國」
的思想。後者則梳理中央氣象局建置後，進行的一連串
整合地方與中央政府的氣象措施與面對的困境，並且分

---

69　林桶法，〈吳淑鳳等編，《不可忽視的戰場──抗戰時期的軍統
　　局》〉，《中央研究院近代史研究所集刊》，第 82 期（2013 年
　　12 月），頁 184。

析該局整理、出版的各類氣象資料的應用。

第五章〈中美特種技術合作所的氣象情報〉以中美
軍事合作的交涉為開端，析究中美合作所的氣象組織與
業務，以及其氣象站的特色與貢獻。

總之，本書從國府視角討論戰時中國氣象事業的面
貌，嘗試以「戰爭」做為推動力，釐清其中帶來的氣象
技術與制度變遷。在章節安排上，雖是以機構做為分析
的中心，但筆者試圖呈現機構之間互有協同合作，也有
衝突的現象。本書更大的企圖，在於審視戰時國府氣象
事業的變化，了解戰爭、技術及社會之間的關係，進而
提出對於戰後中國整合、規劃氣象制度之間的關連性，
以及美國氣象技術、知識及軍事的擴張的新看法。

# 第一章　西方氣象學的引進與軍事應用

　　晚清以降，西方氣象學知識伴隨著西力的東漸，來到中國。外國政府和教會為了維護航行安全，或對颱風防患於未然，就在租界設置氣象臺觀測天氣，藉此掌握天氣的變化，進而減少天候驟變造成的人身財產損失。觀測天候本為中國歷代政府助農耕田的重要工作，由於氣象觀測的實質挹注，清末相關部門開始嘗試設置測候站，從事觀測活動。然而，來華的列強為了自身的利益與航行安全，分別在中國建立氣象臺，使得中國境內出現多而複雜的氣象系統，亦成為當時一種獨特的狀態。

　　民國建立之後，中國知識分子對於氣象學的認識與應用更為深入，不但有人以觀測和研究為志業，更向國人介紹相關知識，提升其科學素養；軍事部門亦引進了有關課程與訓練，提升氣象在軍事及作戰中的內涵。本章為進入本書之前導，旨在協助讀者了解戰前中國氣象事業概況，分為兩部分，第一部分先概述近代西方氣象學引進中國的過程與成立的氣象機關。第二部分進入氣象與軍事領域，說明中國知識分子對於當時軍事氣象學的看法，以及中國各軍隊在氣象方面的運用。

# 第一節　近代中國氣象知識的譯介<br>　　　　與氣象機構的建立

　　歐洲的科學革命，帶給天文、物理、數學等學科在學理上突破性的進步，氣象觀測受此浪潮的影響，於觀測方法上轉變極大。16 世紀末之後，空氣溫度計（air thermometer）、水銀氣壓計（mercury barometer）、毛髮濕度計（hair hygrometer）等氣象儀器相繼發明及應用，使得觀測天氣從經驗推測躍升為儀器測量與定量觀測，[1] 所得的氣象數據更為客觀，這樣的觀測方式成為近代氣象學發展之濫觴。[2] 在此基礎上，英、法、德、俄等國開始在定點建立觀測站，透過觀測數據，天文學家哈雷（Edmund Halley, 1656-1742）、哈德里（George Hadley, 1685-1768）等人開啟大氣環流的研究，地質學家赫頓（James Hutton, 1728-1797）則發表了降雨理論。19 世紀中葉以後，歐美各地的觀測站逐漸增加，加上高空氣球的發明，莫里（Matthew Fontaine Maury, 1806-1873）、費雷爾（William Ferrel, 1817-1891）等氣象學家得以利用氣球和高山氣象站觀測所得的數據，研究高空與大氣環流的關係；此外，埃斯比（James Pollard Espy, 1785-1860）提出風暴與低氣壓的理論，這

---

1　定量觀測即指氣象觀測，對於大氣層內各種天氣現象的狀況、數量、程度及運動，依照某種規定的標準，以觀測員的目視，或利用特定的儀器，在規定的時間內，進行一種或數種氣象要素之定量或定性觀測。中華百科全書網站：http://ap6.pccu.edu.tw/encyclopedia_media/main-s.asp?id=5808。（2018/5/7 點閱）

2　張靜，《氣象科技史》（北京：科學出版社，2015），頁 82-90。

些反映了氣象研究的多元發展。然而，為了加強各國之間氣象研究上的合作，1853 年氣象學家聚於布魯塞爾（Brussels），召開了第一屆國際氣象海洋大會，之後於 1873 年在維也納（Vienna）成立的國際氣象組織（International Meteorological Organization，簡稱 IMO），加強了會員國氣象觀測和研究上的交流，促使 20 世紀氣象學的快速發展。[3] 這些知識亦隨著西方國家的東來而在中國逐漸流傳。

## 一、氣象學的引進與翻譯

氣象學尚未形成一門專門學之前，其觀念和原理伴隨著物理學、地理學、天文學等學科，於清末被引進中國。1840 年左右，在廣州行醫的英國醫生合信（Benjamin Hobson, 1816-1873），是第一位將近代西方氣象觀念引入中國者。他於 1855 年編輯出版《博物新編》，[4] 運用圖像與文字，介紹自然知識，闡釋氣壓、空氣組成成分、氣壓表與溫度表的製造與應用，亦說明風的等級、類型及形成原因。[5] 自強運動期間，清廷在江南機器製造總局設翻譯館，大量翻譯西方的科學技術，其他如京師同文館、益智書會、廣學會等皆熱

---

3　張靜，《氣象科技史》，頁 46-62、135。World Meteorological Organization, *The World Meteorological Organization at A Glance* (Switzerland: World Meteorological Organization, 2016), p. 22. 可參見 World Meteorological Organization E-library： https://library.wmo.int/opac/index.php?lvl=notice_display&id=148#.WvBRDIiFPIW。（2018/5/7 點閱）

4　合信，《博物新編》（出版項不詳）。

5　劉昭民，《中華氣象學史（增修本）》，頁 193-198。

衷於翻譯介紹西方知識，[6] 其中《御風要術》、[7]《測候叢談》、[8]《測候器圖說》、[9]《氣學叢談》、[10]《地勢略解》、[11]《氣學入門》等，[12] 皆是當時氣象學的譯作，又以《測候叢談》、《地勢略解》最具特色。《測候叢談》翻譯《大英百科全書》（*Encyclopedia Britannica*）的氣象學部分，共分四卷，敘述氣象的物理原理及各種天氣現象形成過程；再就推測天氣變化要素的原理，介紹計算氣壓、熱度變化等函數，最後提及氣象中的特殊現象，如海市蜃樓、隕石、旋風等，完整地介紹了當時西方的氣象學。[13] 美國傳教士李安德（Leander W. Pilcher, 1848-1893）所撰之《地勢略解》，結合了地學與氣象學，其中最為重要的是介紹了雲狀、颱風，以及大氣主環流（general circulation of the atmosphere），提及現稱的赤道無風帶、馬緯度無風帶、極地東風帶等概念。[14]

　　這些天氣原理也成為自強運動中航海訓練的一部

---

6　謝清果，《中國近代科技傳播史》（北京：科學出版社，2011），頁 86-91。

7　白爾特（Paul Bert）撰；金楷理口譯；華蘅芳筆述，《御風要術》（上海：江南機器製造總局，1873）。

8　金楷理口譯，華蘅芳筆述，《測候叢談》（臺北：新文豐出版公司，1989）。

9　傅蘭雅口譯，江衡筆述，《測候器圖說》（上海：格致書室，1898）。

10　傅蘭雅口譯，華蘅芳筆述，《氣學叢談》（上海：時務報館，1898）。

11　李安德，《地勢略解》（北京：京都匯文書院，1893）。

12　《氣學入門》為《格物入門》的第二卷。丁韙良，《格物入門》（北京：同文館，1868）。

13　白鈺舟，〈晚清時期氣象科技發展論述〉，頁 21。

14　劉昭民，《中華氣象學史（增修本）》，頁 204-206。

分。最初，在求是堂藝局（1867年改稱船政學堂）建立後，西方氣象學蘊含在天文、航海、物理、駕駛等課程中。[15] 後來創辦的天津水師學堂、廣東實學館（1887年改為水陸師學堂，後又更名水師學堂、水師魚雷學堂）、江南水師學堂及煙台海軍學堂，多有氣象相關課程，如在煙台海軍學堂，氣象即為畢業後上船實習教育的一環。[16]

迨至清廷甲午戰敗，此後中國知識分子轉而翻譯日本學者的氣象著作。以傳播農業新知為宗旨的《農學報》叢刊，陸續刊載了若干作品，如1899年羅振玉翻譯了日人井上甚太郎《氣候論》，[17] 1903年又譯出中川源三郎之《農業氣象學》，1905年譯介草野正行、中村春生合著《農學校用氣候教科書》。上海會文學社則在1903年出版了佐佐木太郎的《氣候及土壤論》、小林義直的《氣中現象學》。1905年上海新學會出版《大氣物理學》（又名〔中等農學校用〕氣象學）。[18] 從這些翻譯作品的問世，可以發現甲午戰前偏重氣象學的物理原則介紹、形成原因以及器物的使用方法；而在甲午戰後，氣象學不僅介紹原理，更結合了農業的應用，國人得以有所認識。如此也印證了中國知識分子之強調氣

---

15　沈岩，《船政學堂》（臺北：書林出版公司，2012），頁74-76、109-112。

16　吳守成，《海軍軍官學校校史》（高雄：海軍軍官學校，1997），頁25-31。

17　井上甚太郎著，羅振玉譯，〈氣候論〉，《農學報》（上海：農學報館，1897）。

18　白鈺舟，〈晚清時期氣象科技發展論述〉，頁22-23。

象學對農業幫助。所以1903年清政府成立商部（1906年改農工商部），仿效西方進行農業改革，當時一些農事試驗場和農校就設立了簡略的觀測站，做為科學化栽種農物的試驗方法。[19]

## 二、各自為政的列強在華氣象機構

　　來華洋人建立的觀象臺，目的在於維護航運安全。第一個由外人主導的氣象系統，與外人替清廷管理中國海關有關。1863年赫德繼李泰國（Horatio Nelson Lay, 1832-1898）成為海關總稅務司，他建議清政府在中國沿海口岸海島與沿江重要地點興建觀測據點，有助了解東方海域的航行知識與科學價值。1869年11月赫德發布〈第28號通令〉（Circular No. 28 of 1869），正式要求各地海關必須協助記錄氣象變化。故由海關負擔購置儀器費用，各地海關必須從原有編制人員內，尋找可以負責觀測與記錄的人才，以節省人力支出。因此，海關先在長江沿岸九江、漢口、宜昌、重慶等地籌措設站，之後陸續擴及花鳥山、烏坵嶼、東碇島、牛山島等沿海島嶼燈塔，以及其他通商口岸，如福州、廣州、汕頭、廈門等處。[20]

　　20世紀上半葉遠東最為知名的徐家匯觀象臺，則是建立在上海的法租界之內。晚清旅居上海的法國天主教傳教士，如南格祿（Claude Gotteland, 1803-1856）、

---

19　吳增祥，《中國近代氣象臺站》，頁3。

20　吳增祥，《中國近代氣象臺站》，頁23-25。

艾方濟（Francois Esteve S.J），及李秀芳（B. Bruyere）等
人，一直想在中國興建氣象臺；而其他來到中國傳教的
教士，也不時利用自己從歐洲帶來的氣象儀器從事簡單
的觀測，但未有進一步的發想。直至 1872 年 8 月，耶
穌會江南教區主教朗懷仁（Adrian Languilat）與傳教會
會長谷振聲（A. Della Corte）成立江南科學委員會，決
定在其轄下建立一座觀象臺，將興建工作交給高龍鞶
（Aug. M. Colombel），由他在上海徐家匯籌措一切觀測
事宜。1873 年徐家匯觀象臺正式運作，中國海關隨即
與之展開合作，海關測候所將觀測的紀錄送往徐家匯觀
象臺，雙方觀測的天氣資訊成為整理、判斷天氣狀況的
依據。其他如法國政府、上海公共租界工部局及商人群
體，亦十分支持，願意負擔該臺從事氣象、天文、地
震、報時及地磁等觀測活動費用。由徐家匯觀象臺整理
出的氣象情報，利用廣播方式讓各界得知天氣狀態，藉
此維持來往中國沿海、沿江交通安全，預測颱風路徑以
減少天然災害。[21]

　　除此之外，其他國家也陸續在中國成立自己的氣象
臺。1882 年英國在香港建立天文臺（1912 年獲得「皇
家天文臺」稱號），由杜貝克（W. Soberly）擔任首任
臺長。1887 年 9 月起，英國天津工部局亦在租界內從
事天氣觀測，且將觀測紀錄刊登《中國時報》（*Chinese
Times*）或是整理出版。俄國中東鐵路建設局在 1898 年

---

21　吳燕，《科學、利益與歐洲擴張—近代歐洲科學地域擴張背景下
　　的徐家匯觀象臺（1873-1950）》，頁 30-47。

5 月陸續在東北地區建立測候所。1932 年 3 月滿洲國建
立之後，這些由俄國建立的測候所，依照滿洲國與蘇俄
簽訂《蘇滿關於中東路轉讓基本協定》，於 1935 年 5 月
由滿洲國接收應用。1897 年德國利用教案交涉，與清
廷訂立《膠澳租借條約》，德海軍港務測量部即在青島
沿岸建立簡易測候所，之後陸續擴大規模為青島氣象
天測所，1911 年更名皇家青島觀象臺，進行氣象、天
文、地震、地磁、潮汐，以及港務測量等工作。第一次
世界大戰期間日軍佔領青島，觀象臺遂由日本海軍要港
部接管，改名青島測候所。1922 年該測候所在華盛頓
會議交涉下，歸還中國，先後更名為膠澳商埠觀象臺、
青島市觀象臺等等，但 1937 年抗戰爆發又被日本海軍
接管，仍改名青島測候所。除此之外，日本也利用南滿
鐵道株式會社與軍隊在東北鐵路沿線進行觀測，將氣象
數據做為開發地方的調查資料；並且透過在各地使館內
設置的簡易測候所，觀察天津、南京、杭州、漢口、沙
市、濟南、芝罘、上海等地氣象。[22]

## 三、中國政府設置的氣象機關

　　中華民國成立後，政府開始設置專門的氣象機構，
從事觀測與學術研究。1912 年，首先在北京設立中央
觀象臺，由天文學家高魯（1877-1947）擔任臺長，隔
年教育部下設氣象科，由氣象學者蔣丙然（1883-1966）

---

22 吳增祥，〈日本侵略者在中國大陸地區的氣象觀測〉，收錄於朱
　　祥瑞主編，《中國氣象史研究文集（二）》（北京：氣象出版社，
　　2005），頁 159-167。

主其事。蔣氏在庫倫、張北、開封、西安等地建立若干
氣象站，但在 1927 年囿於經費困窘而結束工作。航空
機關設有規模較小的氣象科，氣象員也相當稀少。在地
方上，因天氣與農業、水利等民生事業相關，各省政府
大都建立氣象站，記錄雨量、溫度、風向等基本的資
訊。這些氣象站多半只能測量地面的天氣狀態，不具有
觀測高空氣象的能力。[23] 因此，民國初年政府的氣象事
業，可謂仍處於萌芽階段。

進入1920 年代，隨著氣象教育的推廣與學術機構
的建立，中國的氣象學研究有了較多的發展。1921 年，
留美獲哈佛大學博士歸國的氣象學者竺可楨，開始在東
南大學講授氣象學，之後清華大學、浙江大學及廈門大
學，陸續開設氣象學專業課程，培養年輕學子從事學術
研究與相關工作。1927 年 5 月，中國與瑞典兩國學者
共同組織西北考察團（Sino-Swedish Expedition），前
往中國西北地區進行科學調查，氣象便是調查項目之
一。西北考察團團員施放測風氣球（pilot balloon）與
探空風箏，取得不少來自戈壁沙漠與考察沿線的天氣數
據，進而發表許多研究報告，對當地天候狀況有了基本
的認識。

除了氣象學教育和學術調查之外，國民政府在北伐
期間，開始著手籌設中央研究院，做為中國最高的學術
研究機關，其中氣象學正是創院的重要研究學科。1928
年 2 月中央研究院氣象研究所正式掛牌，由竺可楨擔任

23 劉昭民，《中華氣象學史（增修本）》，頁 226-232。

所長。該所在竺可楨領導下，發展學術研究，所內研究
人員參與國際科學活動，從事高空與地面的氣象觀測，
亦籌辦氣象訓練班，培養觀測員。他們多以研究中國整
體氣候現象或沿海地區的天氣為主，[24] 定期發行各類氣
象紀錄，出版指導觀測等實用性書籍。氣象研究所另協
助政府處理氣象行政事務，如訂立民航、軍事及民用氣
象等規則，[25] 且於 1930 年代三次召開全國氣象會議，
嘗試透過集會凝聚共識，解決測量天氣的各種問題。[26]
就這些行動而言，氣象所實際上還帶有行政、教育的角
色，而非只是研究機關。

　　總的來說，抗戰爆發前，中國境內的氣象機構因分
屬不同機構管轄，以致呈現出相當紛雜的狀態。這種現
象與清末外國勢力透過在華特殊待遇，依照自身所需，
逕自在租界、勢力範圍之內建造氣象臺有關。清廷、北
洋政府乃至南京國民政府，對於氣象工作缺少全面性地
規劃與構想，反倒是留學歸國的氣象學者利用現有的資
源，努力培養年輕的氣象人才，利用學術研究需要，從
事各種觀測工作。然而，各國在中國沿海觀測取得各種
天氣數據，雖有助於了解東亞地區的天氣變化，藉此避
免天候帶來損失與災難，卻也損害了中國的主權，以致

---

24　中央研究院，《國立中央研究院概況：自民國 17 年 6 月至 37 年
　　6 月》（南京：中央研究院，1948），頁 209-227。

25　劉昭民，《中華氣象學史（增修本）》，頁 226-240、246。劉廣
　　英主編，《中華民國一百年氣象史》，頁 67-71。

26　中央研究院氣象研究所，《全國氣象會議特刊》（南京：國立中
　　央研究院氣象研究所，1930）。中央研究院氣象研究所，《氣象
　　機關聯席討論會特刊》（南京：氣象研究所，1935）。著者不詳，
　　《第三屆全國氣象會議特刊》（南京：氣象研究所，1937）。

中日戰爭爆發後，國民政府完全無法禁止中國境內的氣象廣播，為敵所用。此外，由於各國各行其是的觀測模式，以致使用的氣象儀器與紀錄方式，未有統一的準則與標準，增添數字換算上的困擾，甚至無法利用。

# 第二節　軍事氣象學的介紹與應用

　　軍事氣象學（military meteorology）為氣象學的一個分支，專門探討氣象條件對軍事活動和武器裝備使用的影響。更近一步說，是根據戰事當前型態及未來的氣象條件和天氣預報，再結合敵我情況，制定合理作戰方案的一門學問。[27] 這門學問之所以快速發展，主要是第一次世界大戰參戰各國的氣象學家為了支援戰爭，極力強化氣象觀測、氣象通訊、基本天氣觀察，以及解讀敵國氣象密碼等技術。為此，他們前往未開發的區域佈設觀測站，並因航空作戰而致力於高空觀測。[28] 諸如此類有關氣象用於軍事國防之間的技術，成為中國知識分子介紹西方氣象學的重點，也是中國訓練新式軍隊必要的課程。

---

27　中國大百科全書出版社編輯部，《中國大百科全書・軍事》（北京：中國大百科全書出版社，1989），頁 573-574。

28　荒島秀俊，《戰爭と氣象》（東京：岩波書店，1944 一刷；2019 二刷），頁 59-66。

## 一、軍事氣象學的意義及其引介

　　氣象學在西方逐漸發展為一門專業學科後，如何廣泛應用，開始受到重視。在中國，各地氣象臺將所得的氣象紀錄，定期刊登於雜誌或報紙上，提供大眾使用。民國成立後，知識分子為使氣象科學普及化，幫助國人了解天氣現象，乃將各種天氣型態拍攝照片，藉以介紹簡單的氣象知識，另外還引介各式各樣的測量儀器，及外國氣象人員從事觀測的狀況。[29] 1930 年代以後，關於西方氣象學的介紹日趨全面，知識分子在雜誌上不僅刊載氣象學的研究專文，並發布各種氣象消息和工作報告。[30] 氣象與軍事國防之間的關聯，是當時傳播科學新知的重點。一般大眾從古代戰史記載，約略知道天氣能影響戰爭的勝負；隨著武器的進化和作戰型態的轉變，現代戰爭的範圍擴大，距離更為遙遠。自從飛機成為作戰工具後，戰爭又從平面發展為立體，這時不但需要考慮大範圍戰區地形導致的複雜多變氣象，還需了解高空

---

29　此類雜誌有《觀象叢報》、《南通軍山氣象臺年報》、《氣象月刊》、《氣象季刊》、《山西省政公報》等刊物。

30　竺可楨，〈氣象與農業之關係〉，《科學》，第 7 卷第 7 期（1922年 7 月），頁 651-654。蔣丙然，〈青島測候所視察報告書〉，《科學》，第 7 卷第 12 期（1922 年 12 月），頁 1257-1267。汪厥明，〈氣象與農業〉，《氣象季刊》，第 1 卷第 1 期（1932 年 3 月），頁 5-11。呂炯，〈氣象與航空〉，《氣象雜誌》，第 11 卷第 2 期（1935年 2 月），頁 69-75。沈百先，〈氣象測候與水利農業及其他庶政關係之重要〉，《江蘇建設月刊》，第 3 卷第 5 期（1936 年 5 月），頁 1-4。孫慎五，〈氣象與漁業〉，《水產月刊》，第 4 卷第 4期（1937 年 4 月），頁 19-29。荒川秀俠著、盧鋈譯，〈颱風之構造〉，《氣象雜誌》，第 13 卷第 7 期（1937 年 7 月），頁475-480（此作者名字應為荒川秀俊，為當時譯者或期刊錯誤）。蔣丙然，〈氣象與農業〉，《農學》，第 1 卷第 2 期（1939 年 2 月），頁 27-30。

的天氣狀態。

　　引介軍事氣象學至中國的著作，可分成兩種類型。
第一類是氣象學在軍事上的利用；第二類為書寫西方各
國氣象觀測與作戰的歷史。前一類以翻譯外國人的著
作，或由氣象專家撰寫專文傳播知識。大部分的內容主
張氣象與軍事關係的強化，源於第一次世界大戰期間，
各國充分利用科學，求得戰事的勝利，軍事上之應用氣
象學，就顯得格外凸出。文章具體敘述軍隊利用天氣特
性實施戰術，當時的戰爭敵對雙方已經廣泛使用煙幕、
毒氣、聲測、長程砲彈等戰術。各種戰術的使用方法也
有簡單的說明。舉例來說，煙幕戰術主要用於白天敵機
空襲，藉此影響敵機轟炸的準確度，若是晚上為了避免
敵機轟炸，可實施燈火管制，屏蔽敵人視線；但在白
天，除偽裝外，僅能施放煙幕。在施放煙幕之前，施放
者必須調查風向、風力，以獲取最佳效果。至於實施毒
氣戰術，則須了解風力、風向和陣地的角度，風速太快
或方向不對，可能反使自身蒙受其害。

　　聲測技術在第一次世界大戰期間，最先為法國軍隊
所用。法軍透過蒐集空氣溫度、風向和風速數據，用儀
器測量聲浪，在敵人砲聲響時，定位敵人的砲位。另
外，隨著長程射砲的運用，彈道風的測量也是作戰的前
置作業。彈道風即指測定砲彈經過空氣中各層風力、風
向情形，長程射砲因射程較遠，砲彈需穿越高層空氣，
且在空氣中停留時間較久，故需在每五百或一千公尺之
處測量風力，同時也需利用氣壓和溫度推算空氣的重
量，做為發砲的參考。而軍隊衛生也與氣象密切相關，

由於行軍範圍的擴大，使得軍隊須面臨更為多變的氣候，天氣的晴雨影響交通的速度；若晴雨寒暖不得其宜，士兵易得傳染病，降低戰鬥力。除戰術與氣象的運用之外，天氣現象對於航空與航海的影響也是重點。在航空方面，各類文章著重雲量、雲的種類、雲高、風力、風向及能見度等議題，其中對於風的觀察討論最多，因為多山、地形崎嶇的地區，時有區域性旋流，容易發生危險。航海方面，則以測量風暴最為重要，中國沿海夏秋兩季時有颱風，若未能獲得氣象資訊，可能導致海上航行船隻的翻覆傷亡。[31]

---

31 蔣丙然，〈美國戰時氣象觀測之設備〉，《觀象叢報》，第 4 卷第 4 期（1918 年），頁 20-21。韓翊周編譯，〈軍用氣象之概況〉，《軍事雜誌（南京）》，第 51 期（1933 年），頁 144-147。嚴中英，〈炮兵射擊氣象之概說〉，《軍事雜誌（南京）》，第 51、52、53、54 期（1933 年），頁 129-139、149-162、134-145、153-162。廖國僑，〈軍事氣象的話〉，《氣象雜誌》，第 13 卷第 9 期（1937 年），頁 559-562。黃廈千，〈實用軍事氣象知識〉，《新民族週刊》，第 1 卷第 9 期（1938 年），頁 12-14。萬寶康，〈氣象事業與國防〉，《時衡》，第 3 期（1938 年），頁 6-9。黎特（Major William Gardner Reed）著、李玉林譯，〈軍事氣象學〉，《方志月刊》，第 6 卷第 1 期（1933 年），頁 50-57。胡信，〈氣象與航空及戰爭之關係〉，《空軍》，第 42 期（1933 年），頁 22-24。孫貽謀，〈航空氣象學概況〉，《空軍》，第 43 期（1933 年），頁 9-12。徐寶箴，〈空軍建設與氣象事業〉，《空軍》，第 183 期（1936 年），頁 101-112。汪大鑄，〈軍事氣象學大綱〉，《戰幹旬刊》，第 18 期（1939 年），頁 9-18。呂炯，〈氣象與軍事之關係〉，《新民族》，第 2 卷第 4 期（1938 年），頁 6-8。徐寶箴，〈航空氣象〉，《空軍》，第 176 期（1936 年），頁 10-12。胡一之，〈空戰、空防與氣象建設之重要：連帶說到筧橋最近半年來之天氣（附圖表）〉，《中國空軍季刊》，第 6 期（1936 年），頁 56-64。孫莫江，〈建設沿海軍用氣象測候所與空防之重要〉，《空軍》，第 184 期（1936 年），頁 40。劉衍淮，〈航空氣象學之中心問題〉，《空軍》，第 240 期（1937 年），頁 27-30。耿秉德，〈高空氣象觀測與航空〉《空軍》，第 168 期（1936 年），頁 39-40。呂炯，〈氣象與國防〉，《氣象叢刊》，第 1 卷第 1 號（1944 年），頁 1-29。呂炯，〈氣象在國防上的效用〉，《現代防空》，第 3 卷第 4、5、6 期（1944 年），頁 94-97。

　　第二類則是著重在氣象觀測與作戰的歷史，部分文章介紹歐戰期間，德國、奧國、法國、俄國、美國、比利時等國海陸軍的氣象部隊、氣象設備及發展狀況，進而討論一戰後各國加速升級氣象裝備與技術、訓練人才的情形。[32] 就以上所言，1930 年以降的中國知識分子已經意識到氣象觀測在日益複雜的作戰技術中，扮演重要的角色，這也是西方國家大力發展軍事氣象學，在一戰後逐漸形成專門化的學問的原因。職是之故，他們介紹兩者的相互關係，說明近代戰爭由於戰場擴大，必須掌握更多天氣報告，才可依照各地不同的氣候擬定戰略。在引介之際，文章的作者總不忘呼籲中國政府設置自身的氣象站，建置完整的觀測體系，這樣一來無論平時或戰時都能為國家的國防、經濟、社會發揮作用。

## 二、氣象學在民國軍事上的應用

### （一）海軍與海洋氣象建設

　　民國建立後，北京政府繼承了前清的海軍部門，但因軍閥相互爭戰，致使海軍常受其波及，經費捉襟見肘，難能拓展軍務。[33] 不過在氣象方面，反而在南海諸島的主權爭奪，而有積極地作為。

　　清末日本人發現東沙島藏有大量資源，亟欲開發各項資源，引起兩廣總督張人駿（1846-1927）的注意，

---

32　王家鴻，〈各國軍中測候之一般〉，《軍事雜誌（南京）》，第 6 期（1928 年 12 月），頁 1-4。黃自強，〈軍用氣象教育之討論〉，《海軍雜誌》，第 7 卷第 9 期（1935 年），頁 21-35。

33　金智，《青天白日旗下民國海軍的波濤起伏（1912-1945）》（臺北：獨立作家出版社，2015），頁 21。

於是展開調查，並與日本進行交涉。雙方在簽訂《交還東沙島條款》後，張人駿驅離了在東沙島活動的日本勞工和漁民，確立了東沙島的主權屬於中國。此後，張氏派員考查南海各島嶼，在西沙群島登島立石，確定中國主權。1911 年香港殖民政府透過英國駐華公使朱爾典（John Newell Jordan, 1852-1925），商請清廷在東沙島建立無線電氣象臺，保障航行安全。基於國家主權考量，清廷採納英方的建議，規劃在東沙和西沙群島架設無線電氣象臺。隨即武昌起義爆發，推翻清廷，成立民國，建設氣象臺工作暫告停頓。

　　1914 年，第一次世界大戰爆發，英國無暇處理東沙島建設事宜，直到華盛頓會議（Washington Naval Conference）解決遠東問題後，英國才再度與中國商討東沙島的氣象建設。1923 年 6 月英國駐華公使參贊郝播德（Hubbard Gilbert Ernest, 1885-1951）再度應香港總商會之請託，向中國政府表明願意捐款興建東沙島氣象臺。為此，北京政府廣納建議。當時海道測量局長許繼祥（1872-1942）指出：若與英國合作，由英方出資建設，在產權和氣象臺的使用上容易產生糾紛，不如獨資建設，這樣一來不但可以取得氣象消息，與國內外氣象站交換情報，維護海上安全，更可向各國宣示中國在南海的主權。在此考慮下，北京政府下令由海軍負責東沙島無線電氣象臺搭建事宜。[34]

---

34 許峰源，〈東沙島氣象臺建置與南海主權的維護（1907-1928）〉，收入於王文隆等著，《近代中國外交的大歷史與小歷史》（臺北：政大出版社，2016），頁 183-189。亦可參考：許峰源主編，《民

　　海軍接到此項任務，隨即進行一連串的規劃；因考慮到經費、設備及氣候等因素，決定在 1925 年 3 月至 4 月間前往東沙島搭建氣象臺。在籌備之際，上海徐家匯觀象臺和青島膠澳商埠觀象臺向海軍強調，東沙島的氣象資訊可供學術研究使用，在建臺時可以加強氣象臺的電訊設備。1925 年 10 月海軍完成東沙島無線電氣象臺的建置任務後，[35] 東沙島氣象臺的觀測紀錄，就成為馬尼拉天文臺、香港天文臺、海防氣象臺、徐家匯觀象臺、青島膠澳商埠觀象臺、上海報警臺、澳門氣象臺、廣州電臺及海軍警報臺的海上氣象情報來源，[36] 在東亞氣象情報網扮演重要的角色。

　　1928 年全國統一後，東沙島氣象臺由南京國民政府海軍部接管，繼續從事海上氣象服務。只不過在南海維持氣象臺本屬不易，1932 年、1933 年、1936 年東沙島氣象臺都曾因強風而損壞，屢次修理才得恢復觀測。除此之外，國內也有在南海海域增建氣象臺的倡議。1930 年 4 月底，香港皇家氣象臺臺長克蘭斯頓（Thomas Folkes Claxton, 1874-1952）召開遠東氣象會議，邀集亞洲各國天文臺和氣象臺臺長到港參加，尋求各臺之間的氣象合作，海軍部派東沙島氣象臺前任臺長沈有璂出席。

---

　　國時期南海主權爭議：海事建設》，全二冊（臺北：民國歷史文化學社，2021）。

35　許峰源，〈中國海洋事務建設與南海主權的維護（1912-1937）〉，收入於廖敏淑主編，《近代中國外交的新世代觀點》（臺北：政大出版社，2018），頁 104-105。

36　「呈送氣象調查表仰祈核轉由」（1931 年 10 月 14 日），〈氣象規章彙編〉，《國防部史政編譯局檔案》，檔案管理局藏，典藏號：B5018230601/0018/001.1/8091.2。

會中各國代表肯定東沙島氣象臺對於南海航海安全的
貢獻，並希望中華民國能進一步在西沙島（Paracel）、
南沙島（即現今的中沙島，Macclesfield Bank）設置氣象
臺。沈有璂將與會國之期望報告政府，並呼籲若能從事
南海海域的氣象建設，可以促進中國在國際氣象研究的
地位。

　　事實上，在西沙島從事氣象建設，並非一時興起。
早在 1909 年廣東水師提督李準即曾率隊前往西沙群島
探勘，清廷隨後設立西沙群島管理處，準備從事資源開
發。然而清廷覆滅，西沙群島的開發計畫也就胎死腹
中。直到 1925 年北京政府籌建東沙島氣象臺之際，徐
家匯觀象臺告知海軍西沙群島為國際航線必經之地，在
該地搭建燈塔、無線電臺及氣象臺，確實可掌握船隻動
向，減少海難的發生，故積極勸說海軍接受此意見。當
時海道測量局局長許繼祥衡情酌理之後，認為此議甚有
道理，將更能強化西沙群島的所有權，因此決定在建設
東沙島氣象臺後，隨即在西沙島建氣象臺。但此事最後
因財政困難，不得不擱置下來。

　　南京國民政府為因應遠東氣象會議的呼籲，在考慮
各種現實因素後，於 1930 年 5 月命海軍部再一次展開
調查，交通部從旁協助通信事宜。由於兩島的地理位
置、海象遠比東沙島複雜危險，海軍部決定先投入西沙
島的氣象建設，放棄南沙島的開發工作。可惜的是，當
時國內歷經中原大戰，1931 年又爆發九一八事變，政
府無力兼顧，直到 1932 年法國對中國在西沙群島的主
權提出質疑，迫使國民政府重新重視西沙島的氣象開發

計畫。隨著法國佔領印度支那至菲律賓之間的九小島，並有進駐西沙群島的意圖，國人對之益加關注。海軍部因此獲得中研院和交通部技術和人員上的協助，並準備好隨時前往西沙島，但屢受經費限制而未能順利進行。1936 年中、法、日在南海海域的爭議擴大，政府在各界的壓力下，撥款招商，正式在西沙群島興建氣象臺、無線電臺及燈塔相關設施，以具體行動維護中國的領土主權。翌年，七七事變爆發，海軍投入對日抗戰，無法兼顧南海的氣象工作，直到 1945 年戰爭結束，才又重啟南海的經營。[37]

　　除了南海海域的氣象建設，自 1924 年以來，海軍部海岸巡防處陸續在坎門、嵊山、廈門等地建立報警臺，在吳淞砲臺設航警課觀測所。這些報警臺、觀測所每天進行八次的氣象觀測、二次氣象廣播，內容以地面氣象為主，包含氣壓、氣溫、溫度、風力、風向、雲形、雲量、雲向、降雨量、降雨時間、能見度、天氣狀況及海面狀況等。各臺工作人員與東沙島觀象臺相互發布氣象數據，廈門警報臺則須與上海、香港、福州及海岸電臺聯繫。當行經附近海域軍艦和商船向警報臺詢問氣象消息，警報臺值勤人員也須隨時提供氣象報告，彼此互通有無，形成海軍體系的氣象情報網絡。[38] 因此，

---

37 許峰源，〈中國海洋事務建設與南海主權的維護（1912-1937）〉，頁 112-128。

38 「呈送氣象調查表仰祈核轉由」（1931 年 10 月 14 日）、「轉據各臺稱艦艇等詢問氣象無不儘量答覆未敢妄言已嚴飭各該臺長認真督率不得疏忽」（1932 年 7 月 22 日），〈氣象規章彙編〉，《國防部史政編譯局檔案》，檔案管理局藏，典藏號：B5018230601/0018/001.1/8091.2。

海軍部曾數度派人出席全國的氣象聯席會議，與其他機
關人員共同解決觀測氣象與情報傳播上問題，這些工作
直到抗戰爆發才停止。[39] 綜合以上所述，抗戰前海軍
奉令在南海建立氣象臺，是其氣象業務的實質展現，
在南海展示主權意義重大，是為氣象與國防應用的最佳
案例。

### （二）陸軍砲兵訓練與火砲研究

　　陸軍的行軍作戰雖然深受天氣影響，但在民國期間
陸軍在氣象的應用，主要在於砲兵的訓練與兵工署彈道
研究所的研發工作上。由於氣溫、氣壓、濕度、風、
雲、雨雪及黃沙等自然因素，關乎設計新砲、發展國產
炸藥，以及影響砲兵實彈射擊的準確性，[40] 故在 1931
年 12 月陸軍於南京成立砲兵學校，即將氣象列為培育
新式砲兵人才的課程。只不過陸軍本身未有氣象專業教
官，以致軍事氣象學一直無法落實於教學之中。為了改
變這般情形，正逢當時中德展開軍事合作，砲兵學校遂
派人與德國顧問佛采爾（Georg Wetzell, 1869-1947）商
討此事，決定由中國遴選優秀人員，留德學習氣象，這
批人員學成歸國後，即可至砲兵學校講授氣象課程。

　　軍政部依此計畫，開始尋覓適合的氣象人才，1934

---

39　吳增祥，《中國近代氣象臺站》，頁 115。劉芳瑜，〈中國氣象
　　會議的召開及其影響（1930-1937）〉，「第三屆『百變民國：
　　1930 年代之中國』青年學者論壇」，臺北：國立政治大學歷史學
　　系，2018 年 3 月 2 日 -3 日。

40　楊鏡，〈氣象因素與砲兵射擊之關係〉，《砲兵雜誌》，第 2 期
　　（1935 年 2 月），頁 27-32。潘建蓀，〈砲兵氣象觀測之參考〉，
　　《砲兵雜誌》，第 2 期（1935 年 2 月），頁 127-140。

年初得知中研院氣象所和湖北省政府分別保送呂炯
（1902-1985）與涂長望（1906-1962）赴德留學，學習
氣象。經調查兩人背景與學習情況後，確認呂炯即將在
2月完成學業，軍政部即請駐德使館派人轉告他，表示
願意補助他3、4月在德的生活費用，請他繼續學習軍
事氣象，以便回國至砲兵學校擔任兼任教師，教授此
科目。[41]歸國後，呂炯前往砲兵學校兼課，亦將如何計
算彈道風的方法發表《氣象雜誌》，讓更多讀者明白砲
彈射擊常受大氣氣流變化之影響。[42]

　　1937年7月兵工署成立之彈道研究所，也需要氣
象人員參與設計新砲、製備設表之研發工作。舉例來
說，畢業於中央大學地理系的氣象學者顧震潮（1920-
1976），於1942至1943年間曾運用所學，在兵工署彈
道研究所彈道處膛外組擔任助理研究員，之後才到西南
聯合大學研究生院，繼續大氣科學研究。[43]縱然軍政部
深知氣象與砲兵關係甚深，但在抗戰時期，砲兵部隊依
舊缺少專門氣象觀測的官兵，如在1939年陸軍砲兵第
四十五團團長辛文銳就以未有氣象測量組織，請求中研
院氣象所提供詳細的氣象情報，協助修正砲彈射擊，以

---

41　「軍政部函中央研究院」（1934年1月9日）、「為准函復議派
　　呂炯在德學習軍事氣象一案復請蓋由」（1934年1月22日），〈軍
　　政部與中央研究院關於派呂大同（炯）等赴德繼續學習軍事氣象
　　及到砲校授課的來往文書〉，《中央研究院檔案》，中國第二歷
　　史檔案館藏（以下簡稱南京二檔藏），典藏號：三九三―128。

42　呂炯，〈軍用氣象之中心工作：彈道風之測算法（附圖表）〉，
　　《氣象雜誌》，第12卷第3期（1936年3月），頁121-132。

43　陳雲峰，《雲捲雲舒：黃士松傳》，頁30。本書編委會編，《開
　　拓奉獻科技楷模―紀念著名大氣科學家顧震潮》（北京：氣象出
　　版社，2006），391。

防衛屢遭敵機空襲的重慶。[44]

　　就此觀之，當時陸軍以向外尋求氣象人才，做為提高砲兵素質、研究火砲彈道的主要方式，但在砲兵陣營設置專業的氣象官兵，則不多見。推究其因可能有二：一，缺乏氣象專業人員和測量儀器；其二，重砲部隊需要詳細的氣象報告，供計算彈道射擊之用，然而戰時中國軍備與地形作戰，多以短程射擊的迫擊砲為主，操作人員甚至直接以目測射擊。在這些現實的限制下，自不可能在陸軍部隊裡設置氣象官兵。故而直接利用其他機關提供的氣象報告，再加以分析、計算用於戰場，確為簡便的方法。

## （三）空軍的氣象部門與航空教育

　　中華民國建立後，袁世凱（1859-1916）的北京政府發展航空事業，1913 年設立南苑航空學校，就開設了氣象學課程，學校教員教導飛行員認識一般天氣要素，著重說明不適合飛行的天氣。[45] 1921 年北京政府成立航空署，在航運廳下設氣象科，幾經編制改組後，歸屬軍事廳。其編制設科長一人，辦事員或科員四至五人，氣象學家蔣丙然及海軍軍官奚丁謨曾擔任氣象科科長，航空署所需氣象人員，由中央觀象臺訓練。1922 年增

---

44　「為函請於每日十二時半及每次空襲警報候以電話通知氣象變化請要查照由」（1939 年 6 月 28 日），〈軍委會、國防部、軍政部及所屬軍事部門所要氣象資料致氣象研究所函〉，《中央研究院檔案》，南京二檔藏，典藏號：三九三— 2841。

45　甘少杰，〈清末民國早期軍事教育現代化研究（1840-1927）〉（保定：河北大學博士論文，2013），頁 143-144。航空委員會編，《空軍沿革史初稿》，頁 221-222。

建濟南測候所，派鄧伯禹、吳謙負責該所氣象觀測。[46]

　　除了北京政府外，各地方的軍事勢力也十分看重飛機在軍事活動上的應用。1922年孫中山在楊著昆（1853-1931）等華僑協助下，在廣州組織飛機隊。1923年孫中山在廣州大元帥府轄下設航空局，1924年9月在廣州大沙頭建立廣東軍事飛機學校（廣東航空學校），學生的來源主要是從黃埔軍校的畢業生中挑選適合人選，對之進行相關訓練。[47]至於其他地方軍系，如張作霖、曹錕、馮玉祥、閻錫山、張宗昌、何鍵、白崇禧等，受到第一次世界大戰空戰的啟發，各自向國外購買飛機，設立航空學校或飛行訓練班，訓練飛行人員。在各個學校之中氣象多被列為訓練課程之一，例如廣西航空學校設有氣象室和氣象員；湖南的航空教育中則須學習氣象學和氣力學。[48]據此可知，1928年以前中國各地氣象課程的安排在於將飛行知識結合成為空中作戰之武力。這正是因為當時的目標以訓練飛行人才為主，加上飛機數量亦有限，對於氣象資訊需求較少，自然不可能將重心置於建立觀測所與氣象組織制度上。

　　1928年全國統一，國民政府接收北京政府航空署及其附屬機關，地方航空機關也陸續歸為國有，合併於

---

46　航空委員會編，《空軍沿革史初稿》，頁12、221-222。

47　程薇薇，〈孫中山與航空救國〉，《檔案與建設》，2016年第10期（2016年10月），頁40-42。

48　黃正光，〈全面抗戰前中國空軍發展述略〉，《浙江理工大學學報（社會科學版）》，第38卷第6期（2017年12月），頁528。航空委員會編，《空軍沿革史初稿》，頁51-76。白先勇，《父親與民國：白崇禧將軍身影集（上）》（臺北：時報出版公司於2012），頁292。

航空處內，[49] 氣象部門始有全國性之規劃。1928 年 11
月，航空處改為航空署，隸屬軍政部。次年航空署在南
京籌備成立航空測候所，其設備、人員部分來自接收武
漢第四集團軍總司令部航空處，由陳嘉棨擔任所長，開
始在南京、漢口、上海、杭州、徐州設置電臺，每日廣
播兩次氣象報告（7 時、14 時），內容包含天氣、風
向、雲量、機場狀況等，之後再增加每日的氣象廣播。
此時空軍亦先後在「中原大戰」、「閩變」、「討伐共
軍」等戰事中發揮作用。在這些戰役中，空軍進行空中
偵察、轟炸，與其他軍種相互搭配，掩護陸海軍進攻，
因而取得戰果。[50] 執行空中任務必須掌握天氣狀況，設
立測候所也就刻不容緩了。

　　為了設立測候所，航空署開始籌備空軍氣象人才的
訓練事宜，以培養充足的基礎觀測人員。1929 年 1 月，
航空署為了加強空軍人員的專業知識，派人與中研院氣
象所洽談開設氣象訓練班。竺可楨所長考量其他省分亦
有培育氣象人員的需求，故同意籌辦，訓練對象並不限
於空軍人員。同年 3 月，南京開辦第一屆氣象訓練班，
航空署選派朱立三（航務科科員）、陳壽昌（軍務科司

---

49　航空處的建立，始於 1926 年 7 月國民革命軍由廣州揮軍北進，
　　年底抵達武漢，在武漢組織航空處，隸屬國民革命軍總司令部，
　　轄下設有飛機第一隊，後更名為國民革命軍總司令部航空處飛機
　　總隊。此後歷經寧漢分裂，南京和武漢各設有航空處，1927 年
　　8 月武漢政府決定遷往南京，寧漢正式復合，武漢航空處遂被整
　　併入南京航空處。航空委員會編，《空軍沿革史初稿》，頁 85-86。
　　中華百科全書（1983 年典藏版）線上版：http://ap6.pccu.edu.tw/
　　Encyclopedia_media/main-h.asp?id=4167。（2018/5/15 點閱）

50　航空委員會編，《空軍沿革史初稿》，頁 194-204、221-222。

書）、張季慎（管理科司書）、李景昀（教育科司書）、紀駿（飛機工廠會計）、毛顯章（飛機第二隊司藥）、盧啟迪（文書科司書）、周樸（管理科科員）等參加受訓。[51] 這些受訓人員的背景多與氣象專業無關，僅是因應部門需求前來受訓，應付往後測候業務而已。

1933 年 8 月國民政府為統一軍令起見，將航空署改隸軍事委員會（簡稱軍委會）。隔年 3 月，航空署遷至南昌，5 月再更名為航空委員會，轄下設五處十七科。五處及轄下各科分別為參謀處（作戰、航政、防空、情報、械彈）、教育處（教育、編譯）、總務處（人事、管理、軍醫、軍法、統計）、技術處（機械、器材）、經理處（財務、補給）、建築科（直屬航委會），氣象觀測隸屬於參謀處航政科的業務，原有的南京航空測候所改為第一測候所，於杭州筧橋航空學校新建第二測候所，不久後遷往南昌；接著在江西南城航空站設第三測候所，之後遷至武漢，並併入空軍武漢總站測候班。第二次中日戰爭發生後，隨航委會遷至大後方。[52]

1936 年 1 月，航委會遷至南京，隨後其編制改為五處十五科，第一至五處分別為參謀處、教育處、總務處、技術處及經理處，氣象情報仍屬參謀處業務。此時除了專職的航空測候所，航委會也在各地的航空總站成立測候班，其來源多為無線電信隊電信學兵、青島市觀

51 「軍政部航空署函中研院氣象所」（日期不明），〈軍委會、國防部、軍政部及所屬軍事部門所要氣象資料致氣象研究所函〉，《中央研究院檔案》，南京二檔藏，典藏號：三九三－2841。
52 航空委員會編，《空軍沿革史初稿》，頁 88、222-223。

象臺測候練習班畢業生及山東大學畢業生。這些人員在第二測候所接受訓練後,即派往各地從事觀測業務。在重要的航空站場上,航委會則選擇資歷深的氣象人員從事氣象勤務。[53] 此外,為了充實測候所與航空總站的氣象設備,航委會向外國洋行或透過中央研究院訂購專門氣象儀器,藉此提升空軍的測候水準。

總括來說,抗戰前空軍的組織歷經多次調整,並從地方各自為政轉歸由中央統籌辦理。在這個過程中,氣象業務一直涵括其中,惟發展有限,並未大量地籌建測候所,建立自身的氣象情報網。航空署在氣象編制上僅設三個專門的測候所,另在航空總站建立觀測天氣的測候班,做為飛行氣象報告的依據。空軍的氣象組織隸屬參謀處的部分業務,規模不大。

另一方面,自中央陸軍軍官學校航空隊[54]成立以來,教學設計上就設有氣象學科,為飛行員訓練課程的基本知識。直到 1935 年中央航空學校在校內設置氣象臺,由通訊人員胡信擔任臺長,才對氣象學有較多的關注。為了提升飛行員對天氣的掌握,中央航空學校決定聘請氣象專家到校上課,故請竺可楨代為找尋適合人選。竺氏推薦留學柏林大學的劉衍淮到校傳授航空氣象學,劉氏於 1935 年 10 月開始授課,12 月起兼任氣象臺臺長。此氣象臺配有觀測員、通信員各兩人,繪圖員一人,機務士一人,徐寶箴、耿秉德、趙恕等人為氣象臺

---

[53] 航空委員會編,《空軍沿革史初稿》,頁 87-91、222-224。

[54] 1931 年 7 月改為軍政部航空學校,1932 年 9 月再度擴大更名為軍事委員會中央航空學校,1938 年定名為空軍軍官學校。

工作人員。然而，中央航空學校在 1935、1936 年先後
設立洛陽與廣東兩所分校，分校內皆設有氣象室，洛陽
分校由章克生、瞿鎣理擔任氣象助理，廣東分校則由朱
文榮擔任氣象室主任及教官。在這些氣象工作人員中，
徐寶箴、章克生、瞿鎣理曾在中研院氣象所服務，趙恕
為中研院第二屆氣象訓練班畢業學生。[55] 由此可見，空
軍氣象人員多與中研院氣象所有關，此時該所實為孕育
空軍氣象人員的搖籃。

## 第三節　小結

　　近代中國氣象事業因應特殊的歷史背景，導致天氣
觀測呈現多源頭的態勢。西方氣象學在晚清富國強兵的
思潮下，隨著物理、地理、數學等學科傳入中國。當時
的江南機器製造總局、京師同文館、益智書會、廣學
會等，皆熱衷翻譯西學，許多氣象書籍得以翻譯出版，
天氣原理逐漸廣為人知，且成為清廷推展船政海洋教育
的一環。值此之際，西方各國亦透過取得的特權，紛紛
在中國租界與勢力範圍之內設立觀象臺，以蒐集遠東地
區知識自居，進而從事觀測建立一套「精確數字」的氣
象資料，藉此強化在東亞沿海航行安全性，防止颱風災
害。易言之，近代西方氣象學透過帝國與殖民擴張，並

---

55　氣象史料挖掘與研究工程項目組，〈國民政府時期空軍的氣象教
育培訓〉，《氣象科技進展》，2015 年 5 期（2015 年 10 月），
頁 71-72。空軍總司令部，《空軍軍官學校沿革史》（高雄：空
軍軍官學校，1989），頁 56。陳學溶，《中國近現代氣象學界若
干史蹟》，頁 74、186-189。

在中國知識分子救亡圖存的危機感下，被譯介至中國。
這些知識亦被應用在各國在華觀測活動之中，雙管齊
下，改變了中國舊有「模糊正確」的氣象觀念。外國勢
力成為建構近代東亞氣象知識的重要分子。[56] 然而，就
中國本身而言，本來氣象觀測活動攸關國家主權，反由
外國的氣象臺來承擔，對往後中國氣象事業產生許多不
良影響。

　　民國建立後，前往歐美留學的中國氣象學者陸續歸
國，蔣丙然、竺可楨等人努力開拓屬於中國自身的氣
象事業。1928 年全國統一後，始有以學術機關為名的
中研院氣象所領導國府氣象事務。至於西方氣象知識的
引介，中國知識分子對氣象學介紹已不僅有學理，更多
的部分是技術應用，特別是對於軍事國防上的協助。當
時他們已經意識到一戰後軍事氣象學成為一門專業知
識，歐美各國已開始使用飛機、坦克等精密武器且大範
圍的交戰，使得軍事與氣象的關係日漸密切。迄至抗戰
前夕，氣象在各軍事機關的應用上，業已呈現多樣的風
貌。由於正值中國現代軍隊訓練的發軔階段，陸、海、
空軍為了現代軍事作戰的需要，將氣象學知識列為軍事
課程的一部分，做為操作武器、飛機所需的輔助知識。
而與氣象關係密切的空軍，此時正值軍事組織整合，又
處於培養飛行員、飛機有限的階段，對氣象學的應用關
注度不高。

---

56　例如上海徐家匯觀象臺利用長年觀測的氣象紀錄，出版了許多遠
　　東地區氣象研究的相關專著。可參見劉昭民，《中華氣象學史（增
　　修本）》，頁 213-216、219-220。

　　在此期間值得關注的是海軍。海軍透過建立東沙島
氣象臺，伸張中國在南海海域的國家主權，維護南太平
洋海域航行安全，即是氣象應用在軍事國防的表現。可
惜抗戰初期海軍奮力抵抗日軍的攻勢，但兩者戰力懸
殊，只得運用中小型艦艇於沿江特定區域佈雷，或將大
型船艦沉江堵塞水道，意圖藉此阻擋日軍的入侵。嗣後
海軍規模縮小，更無力執行氣象工作。等到中日戰爭期
間反而是空軍因應作戰需求，氣象組織才有所開展。下
一章即討論抗戰期間中國空軍氣象觀測業務的變化。

# 第二章　中國空軍氣象組織的運作與發展

　　中央航空學校第二期畢業的羅中揚（1914-2002）曾提到一段驚險飛行過程：1940年春，他奉令將修妥的達格拉斯教練機，從芷江經貴陽、重慶一路飛回成都雙流訓練機場。在飛行前，羅氏已知悉貴陽、重慶的氣象報告，但卻沒想到貴陽至重慶途中雲霧圍繞，迫使不得不冒險穿越雲層，最後終於平安著陸。[1] 羅的這段經歷恰說明飛行員若能掌握更多的天氣報告，便可降低航行期間的危險。同樣地，無論擬定作戰計畫或執行出擊任務，得悉更多作戰地區的氣象資訊，亦能盡量避免天氣因素干擾了軍事行動。第一次世界大戰歐洲的空戰經驗，已讓許多軍職人員與知識分子意識到掌握氣象、善用天氣情況，則可提高軍隊在戰場上的致勝率。

　　有鑒於此，世界先進國家無不投入更多的心血在認識高空天氣變化；故而收集氣象情報已成為現代軍隊的必備技能。抗戰期間中國氣象學家涂長望（1906-1962）曾發表一篇名為〈天時與近代戰爭〉的文章，評述世界

---

[1]　中華民國航空史研究會編，《驀然迴首感恩深——羅中揚將軍回憶》（臺北：國防部史政編譯室，2003），頁86-87。

氣象技術和武器應用狀況，特別指出天氣預報對於飛行
與戰場的重要性。他說明觀測人員藉由測量各種天氣數
據，事先告知飛行員有關航線上各地雲幕的高低、能見
度的優劣、擾動的強度、雷電有無、結冰的可能性，以
及各高度方向與速度，來維護飛行的平穩度與安全性。
若用於空軍作戰，則以協助轟炸與空防為主。涂氏強調
空軍轟炸機群在執行作戰任務，需要雲霧進行掩護，而
投彈的準確度與風向、風速及能見度有關，颱風天氣雖
不利於投彈，但燃燒彈卻可以藉由風勢助燃。空襲任務
則須避免在濃霧時執行，因為飛機雖然可以藉濃霧隱藏
機體，卻只能盲目轟炸。涂長望透過以上的文字，向社
會大眾鼓吹氣象研究的必要，且說明氣象屬於國防科學
的一環。[2] 以上涂氏所言，可知掌握氣象已是現代機械
化戰爭不可或缺的要件。

　　1937 年 7 月盧溝橋事變爆發後，區域對抗迅即演
變成全面戰爭，中國空軍必須配合作戰策略，對日軍進
行偵察和攻擊。當時中國空軍未臻成熟，氣象部門規模
有限，卻得直接面對現代化的日本陸、海軍航空隊的攻
擊，其能發揮的作用可想而知。處於如此艱困的環境
中，空軍氣象人員仍然堅守自己的工作崗位，盡力取得
氣象數據，以供戰場應用。其後因應戰局的變化，空軍
的氣象組織與人員也隨之變動。本章以航空委員會為核
心，分析戰時空軍氣象情報的組織及其運作，再透過空

2　涂長望，〈天時與近代戰爭〉，《科學與技術》，創刊號（1943 年
　　11 月），頁 27-33。

軍訓練系統之探究，釐清戰時空軍培育測候人員課程與
模式，藉此了解氣象學在軍事上的推展與運用。

# 第一節　戰時空軍氣象組織與業務的開展

　　抗戰爆發後，為了支援戰場所需，中國空軍的氣
象組織有了拓展的機會。事實上戰前航空委員會提出
1937 年的工作規劃中，預計在硬體和軟體方面做到籌
建氣象臺、購置各類測候儀器及高空觀測器材，組織氣
象訓練班，訓練觀測人員等等，並加強鋪設測候網。[3]

　　然而戰爭爆發後，面對強敵日本，國民政府航空委
員會在組織規模、人員訓練均未臻備的狀態下，只能結
合現有測候所、各地航空總站測候班、空軍站場以及學
校氣象室，做為空軍基礎的氣象情報網絡。當時隸屬
於第一處（掌理作戰、航政、情報、軍械）的第一和第
二測候所的工作人員，每天負責觀測、記錄天氣數據，
蒐集來自各地的氣象資訊，再將這些資料進行整合，繪
製天氣圖，同時分析氣象，輔助空軍作戰。至於成都、
重慶、蘭州、洛陽、開封、襄陽、衢州、南昌、南寧、
廣州等地的航空總站測候班，與中央航空學校氣象室，
則利用現有氣象儀器按時觀測。位在殷家匯、徐州、鄭

---

3　「編送二十六年各月工作預定計劃函請彙編轉呈俟改組後如有變更
　　再行編送之憑核正由」（1937 年 4 月 13 日），〈航空委員會工作
　　計劃案（二十六年）〉，《國防部史政編譯局檔案》，檔案管理局
　　藏，典藏號：B5018230601/0026/060.25/2041.2。

州、信陽、漢口、九江、溫州、寧波、長沙、廣州、
南昌、老河口的空軍站場，每日亦有六次測報飛行氣象
報告。[4]

如此看來，空軍似乎已有基本的測候網，可供給軍
事氣象情報，但實際上許多站場缺乏觀測設備，工作人
員僅能目測天氣。如此反映了一種現象，即航空委員會
取得的氣象數據報告往往帶有個人的感官成分，不具有
精確度和統一的客觀標準。為了改善氣象報告的品質，
航委會決定先補足設備上的匱乏，經由各種管道，想盡
辦法添購各式地面與高空觀測儀器。另外，購買長波收
報機，用於接收己方與其他國內、日本的氣象廣播，試
圖全面增加自身對天氣的掌握。[5]

## 一、航委會測候所的調整

為了因應戰事變化，空軍的測候所亦隨之遷移。
1938 年底武漢會戰結束之後，第一測候所已隨航委會
從南京、漢口輾轉遷至四川重慶，第二測候所從江西南
昌遷往浙江諸暨，之後再遷四川涼山，中央空軍軍官學
校（中央航空學校，1938 年 7 月更名）柳州分校氣象
室改設雲南祥雲。其他既有的觀測站也陸續遷徙，改設
在吉安、南昌、韶關、南雄、殷家匯、衡陽、南寧、柳
州、桂林、南城、衢州、長汀、建甌、麗水、贛州、玉

---

4　「航空委員會民國二十七年工作實況報告」（未標日期），〈航
空委員會工作報告（二十七年）〉，《國防部史政編譯局檔案》，
檔案管理局藏，典藏號：B5018230601/0027/109.3/2041.5。

5　航空委員會編，《空軍沿革史初稿》，頁 226。

山、百色、常德、長沙、寶慶、芷江、宜昌、重慶、成
都、貴陽、昆明、梁山、蒙自、昭通、西安、酒泉、蘭
州、武威、張掖、同心城、平涼、烏鞘嶺、宜賓、南
鄭、巫山、遂寧、南陽、洛陽、恩施、郴州、盤縣等
處，但僅有成都、昆明、涼山、南鄭、蘭州等十餘工作
處獲得航委會供給觀測儀器，[6]顯見設備缺乏。若觀察
上述地點，即可發現空軍的氣象網絡，已隨著戰線的推
移轉往內陸，沿海僅尚存福建少許的觀測點，在組織制
度上未有較大的改變。

　　1939 年航空委員會將氣象業務從軍令廳參謀處劃
歸由航政處管理，成立第八科（氣象科），於是氣象組
織有了新的變革。[7]是年，航委會決定以改善氣象情報
的傳收為首要任務，包括蒐集情報的速度、改進廣播的
效率、提高天氣預報和各項紀錄的準確性。為了達成這
些目標，航委會計劃向國外購入頭等測候所的設備，最
重要的改變則是在會內設立氣象總臺，確立了戰時以氣
象總臺做為空軍天氣情報的中樞。1939 年 1 月，航委
會在重慶正式建立氣象總臺，取消原有的第一、第二測
候所；2 月將總臺遷往成都，由朱文榮擔任總臺長。 至
於氣象總臺的編制（參見表 2-1），觀測人員只有十五
人，其組織規模似乎不算大，但當時空軍氣象人員僅
八十餘人，[8]由此看來總臺的人力已佔有其中二成。相較

---

6　航空委員會編，《空軍沿革史初稿》，頁 224-225。

7　1941 年 5 月，航委會再奉軍事委員會命令修正組織，氣象工作再度
　　由參謀處第四科主管，直到戰爭結束，氣象業務皆隸屬於參謀處。

8　「航空委員會民國二十八年度工作計劃」（未標日期），〈航空委

空軍先前的測候所僅配三名觀測人員，[9] 人力確實有所擴增，此也反映戰前空軍並未重視氣象部門。

　　航委會成立氣象總臺後，劃分該總臺、各地航空總站、航空站場各級單位的氣象業務，並統一天氣紀錄格式。氣象總臺每日的業務涵蓋甚廣，包含收發來自各地的氣象電報，繪製二次天氣圖（颱風期內三次），並得施放二次測風氣球、每小時進行一次地面觀測，晝夜持續廣播全國天氣預報及國內外氣象報告，且供給航委會各機關所需的氣象紀錄。因此，氣象總臺不僅職司整理研究天氣報告、繪製天氣預報圖，還需從事第一線的天氣觀測。

　　氣象總臺對各航空總站測候班、各站場測候人員，也有監督與指導測候技術之責。各地航空總站測候班的測候員，每日需繪一次天氣圖，施放一次測風氣球，每日從事八次地面觀測，且增添通信員一人，專門收聽天氣圖報告。而設有氣象儀器的站場，每日依照飛行次數測報飛行氣象，進行八次地面觀測。其他各級測候單位

---

員會工作計劃案（二十八年）〉，《國防部史政編譯局檔案》，檔案管理局藏，典藏號：B5018230601/0028/060.25/2041.2。

9　在氣象總臺未成立之前，第一測候所人員有所長陳嘉校，測候人員鄒新助、章堯生。第二測候所有所長高振華，測候人員：周景濂、李庸庵。「全國測候機關調查表」（1941 年未標日期），〈中央研究院氣象所各測候所機關事業概況〉，《中央研究院檔案》，南京二檔藏，典藏號：三九三－ 2892。「航委會快郵代電氣象所」（1938 年 8 月 7 日），〈航空委員會索要氣象資料、要求氣象合作、購置儀器等與氣象研究所往來文件〉，《中央研究院檔案》，南京二檔藏，典藏號：三九三－ 2868。「航空委員會民國二十八年度工作計劃」（未標日期），〈航空委員會工作計劃案（二十八年）〉，《國防部史政編譯局檔案》，檔案管理局藏，典藏號：B5018230601/0028/060.25/2041.2。

根據其觀測項目，依內容填入氣象要素調查表、飛行氣象調查表、各地日月出沒時刻表等。此時，航委會再增加「氣象紀錄月總簿」和「重製飛行氣象調查表」，[10] 這兩種紀錄為彙編性質，為往後氣象應用留下查詢數據。

表 2-1　航空委員會氣象總臺編制表

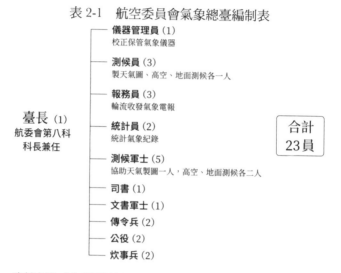

**臺長** (1)
航委會第八科
科長兼任

— **儀器管理員** (1)
　校正保管氣象儀器

— **測候員** (3)
　製天氣圖、高空、地面測候各一人

— **報務員** (3)
　輪流收發氣象電報

— **統計員** (2)
　統計氣象紀錄

— **測候軍士** (5)
　協助天氣製圖一人，高空、地面測候各二人

— **司書** (1)

— **文書軍士** (1)

— **傳令兵** (2)

— **公役** (2)

— **炊事兵** (2)

合計
23員

資料來源：「為賷呈氣象總臺編制表請核示由」（1938年8月3日），〈航空委員會組織職掌編制案〉，《國防部史政編譯局檔案》，檔案管理局藏，典藏號：B5018230601/0020/021.1/2041。

## 二、空軍路司令部的氣象組織

　　戰時中國各地的空軍基地隨著航委會的更迭，曾數次調整組織架構，過程之中逐步確立了各基地的氣象體制與職權。戰前航委會僅在重要的航空總站，派遣資深

---

10　「航空委員會民國二十八年度工作計劃」（未標日期），〈航空委員會工作計劃案（二十八年）〉，《國防部史政編譯局檔案》，檔案管理局藏，典藏號：B5018230601/0028/060.25/2041.2。

的氣象人員從事地面氣象勤務。1938 年 3 月航委會改組，設立直屬的第一、第二、第三路司令部，由各路司令部指揮下屬機關部隊的作戰與訓練，並且為當地戰區司令官的高級幕僚。但因路司令部的職權難以符合實際的需要，1939 年 5 月，軍事委員會將空軍體制分為軍區司令部和路司令部，氣象屬地面勤務部分，歸路司令部管轄。[11]

空軍路司令部管理的地區分別如下：第一路司令指揮區以四川、貴州兩省為主，包括第二總站區（重慶）、第三總站區（梁山）、第九總站區（芷江）、第五總站區（貴陽）。第二路司令指揮區為湖南、廣西、江西等省，包含第六總站區（衡陽）、第十總站區（柳州）、第十二總站區（吉安）。第三路司令指揮區則是陝西、四川，有第十一總站區（西安）、第八總站區（南鄭）、第一總站區（溫江）、太平寺臨時總站。[12]三者除總站區外，各自需負責區域內不屬總站區內的前線站場，以及空軍機關。[13]另外，較為特殊的是第一軍區司令部與航委會，兩者也擔負管理站區行政工作。第一軍區司令部管轄第七總站區（蘭州）、甘寧青新四省直屬站場、甘寧青新四省空軍機關。航委會直轄區域為

---

11 周至柔編，《空軍沿革史初稿第二輯》（臺北：空軍總司令部，1951），第一冊，頁 253-263。

12 在作戰業務上由第三路司令部指揮，但人事、經理由軍士學校負責辦理。

13 第二總站區（重慶）內除軍士學校、機械學校、特務旅、航空儀器修造所、無線電修造廠外，其他各空軍部隊站場庫，皆由第三路司令部管轄。

雲南、浙江，有第四總站區（霑益）、第十三總站區
（衢州），及區域內的空軍機關。[14]

　　空軍路司令部下設航空總站、站及場等三級單位，
總站有管轄下級站場的責任。航空總站的設置可以回
溯至 1934 年 5 月，航委會推動改進空軍地面站場的組
織分工，決定將空軍的地面組織，區分為空軍戰鬥單位
與空軍總站兩類。由總站專責處理地面勤務，盡量避免
更動總站的工作人員，使其習於職守。[15] 空軍總站長
非固定職，而是由站內軍職等最高的軍官擔任，負責管
理、執行總站內一切事務，如編訂飛行時間表、注意氣
候變化、地勢狀況等等。而氣象觀測隸屬於站務股測候
班的職務，多由通信員兼任。[16] 抗戰期間，空軍各級
航空站場，沿襲舊有的運作模式。直到 1939 年 12 月，
航委會在調整組織的政策下，決定在航空總站和航空站
廣設專職的測候單位，階層最低的航空場，按照常例由
通信人員從事簡單的觀測。這些從各地站、場獲得的觀
測數據，透過地方航空總站測候人員彙整成為天氣資
料，再傳遞至航委會的氣象總臺。

　　然而，航空總站配置的測候人員數目稍有不同，航
委會依各總站區大小、勤務的繁簡，分為甲、乙、丙三

---

14　中國第二歷史檔案館，《國民政府抗戰時期軍事檔案選輯》（重
　　慶：重慶出版社，2016），上冊，頁 84-86。

15　「空軍總站組織說明書」（1935 年 5 月 9 日），〈空軍總站組
　　織說明書〉，《國民政府檔案》，國史館藏，檔號：001-070000-
　　00001-001。

16　「空軍總站例行工作說明書」（未標日期），〈空軍總站例行工
　　作說明書〉，《國民政府檔案》，國史館藏，檔號：001-070000-
　　00001-002。

種。總站測候班編屬於第二股（通信）管理，依據甲、乙、丙三種站別，配給六、四、四名測候員。1942年航委會順應戰事變化，也調整原有航空總站的編制和位置，將溫江、重慶、蘭州、桂林等四個航空總站列為甲種站；霑益、衡陽、南鄭、吉安等劃為乙種站；梁山、貴陽、芷江、西安、衢州等為丙種站。至於航空總站轄下的航空站，也分甲、乙、丙三種，各配置二、一、一名測候人員。甲、乙、丙種站分類並非一成不變，當勤務減少，原先的甲種站隨即改為乙種或丙種站，並將超過配置的工作人員調至其他有需要的飛機場，[17] 增加人力的流通性。1943年12月，為符合實際需要，再次調整氣象組織，將航空總站測候班擴充成測候區臺，航空站與其它的觀測地點擴編為測候臺，並制定各級單位所需人力（表2-2所示），[18] 將氣象人員納入航空站的基本編制人員之中，且試圖彈性調整、應用現有的測候人力。

---

17  航空總站設於飛機場內。「為據呈空軍路司令官職權規定一案，其中有無職權互相混淆事實，仰再詳加檢討報核，並將所屬各部飭監職掌法規迅即分別送核由」（1942年1月16日），〈空軍各路站場及指揮機構編制案〉，《國防部史政編譯局檔案》，檔案管理局藏，檔號：B5018230601/0022/585/3010.4。

18  周至柔編，《空軍沿革史初稿第二輯》，第二冊，頁1532-1533、1545-1546。

表 2-2　戰時空軍測候區臺與測候臺人員編制

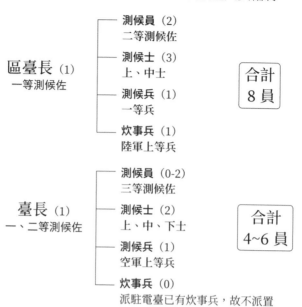

資料來源：周至柔編，《空軍沿革史初稿第二輯》，第二冊，頁 1545-1546。


## 三、空軍氣象工作地點的變化

　　1938 年武漢會戰以後，航委會常會因應戰局變化而調整空軍的測候點；且在建立測候點時，除自行籌備，也試圖以補助購置相關設備的方式，與地方政府、中研院氣象所等機關合辦觀測工作。例如曾派人前往貴州省政府、四川省建設廳，商討在盤縣、施秉及鳳凰山興建測候點，藉此達到節省資源、拓展情報網的目的。同時，也希望能夠取得其他機關設立測候所的位置，避

免在同處設置測候所。[19]

　　表 2-3 是 1940 年至 1945 年中國空軍設置氣象工作的地點，整體而言，空軍觀測點的數量呈現向上攀升的趨勢。1940 年航委會測候點共六十一處，至 1945 年已達到一二七處，增添兩倍之多。其中包含在印度加爾各答（Calcutta）、喀拉蚩（Karachi）、德里（Delhi）建置的測候臺，這些地點皆為美軍在亞洲重要軍事基地。1941 年 12 月珍珠港事變後，改變了中國獨力面對日本的局面，美軍在亞洲戰場投入海空作戰，在從事偵察或是打擊敵人之際，相當重視作戰沿線的氣象情報。因此，中美達成軍事同盟後，美方即向中國索取國內各地的氣象報告。航委會因與天候作戰關係甚深，必須負起供應天氣情報的責任，並以發展測候網蒐集氣象情報，做為爭取美軍資源與援助的一種方式。而美軍徵得國府同意後，在雲南昆明設置了轉播電臺，中美人員共同合作，由航委會供給氣象情報，再由在華美軍轉送至其他所需單位，[20] 以此做為雙方初步的氣象情報的合作方式。

---

19 「航空委員會民國二十八年度工作計劃」（未標日期），〈航空委員會工作計劃案（二十八年）〉，《國防部史政編譯局檔案》，檔案管理局藏，典藏號：B5018230601/0028/060.25/2041.2。

20 周至柔編，《空軍沿革史初稿（第二輯）》第二冊，頁 1601。

表 2-3　1940 至 1945 年空軍氣象工作地點

| 年分\\地區 | 1940 | 1941 | 1942 |
|---|---|---|---|
| 新疆 | 伊寧 | 伊寧 | 伊寧 |
| 內蒙古 | | | |
| 寧夏 | 寧夏、同心城 | 同心城 | |
| 陝西 | 西安、南鄭、寶雞、安康 | 鎮坪、西安、南鄭、寶雞、安康 | 鎮坪、西安、南鄭、寶雞、安康 |
| 河南 | 內鄉、洛陽 | 內鄉、洛陽、盧氏 | 內鄉、洛陽、盧氏 |
| 甘肅 | 成縣、天水、平涼、岷縣、臨洮、蘭州、烏鞘嶺、張掖、武威、酒泉、安西 | 成縣、天水、平涼、岷縣、臨洮、蘭州、烏鞘嶺、張掖、武威、酒泉、安西、嘉峪關 | 成縣、天水、平涼、岷縣、臨洮、蘭州、烏鞘嶺、張掖、武威、安西、嘉峪關 |
| 湖北 | 宜昌、恩施、來鳳 | 老河口、恩施、來鳳 | 老河口、恩施、來鳳、五峯 |
| 青海 | | 西寧 | 西寧、玉樹 |
| 四川 | 巫山、梁山、白市驛、廣陽壩、遂寧、廣元、成都、松潘、宜賓 | 巫山、梁山、白市驛、廣陽壩、遂寧、宜賓、西昌、雅安、成都、松潘、溫江、新津、邛峽、閬中、廣元、秀山 | 巫山、梁山、白市驛、廣陽壩、遂寧、三台、雅安、成都、溫江、新津、邛峽、閬中、廣元、秀山 |
| 湖南 | 衡陽、郴縣、零陵、芷江、邵陽 | 長沙、常德、衡陽、郴縣、零陵、芷江、邵陽、道縣 | 長沙、常德、衡陽 |
| 貴州 | 思南、貴陽、盤縣 | 思南、貴陽、盤縣、獨山、遵義、 | 思南、貴陽、盤縣、獨山、遵義、安順 |
| 雲南 | 霑益、昆明、雲南驛、昭通、芒市 | 霑益、昆明、雲南驛、昭通、芒市、尋甸、東川、保山 | 霑益、楊林、昆明、雲南驛、昭通、尋甸、東川、保山、楚雄、蒙自、壘允 |
| 安徽 | 歙縣 | 歙縣 | 歙縣 |
| 浙江 | 衢州、麗水 | 衢州、麗水 | 衢州、麗水 |
| 福建 | 建甌、長汀 | 建甌、長汀、浦城 | 建甌、長汀、浦城、永安、龍岩 |
| 江西 | 南城、玉山、吉安、贛州 | 南城、玉山、吉安、贛州、大庾 | 贛州、遂川、大庾 |
| 廣東 | 南雄、韶關 | 南雄、韶關、英德 | 南雄、韶關、英德、連平 |
| 廣西 | 桂林、柳州、長安鎮、都安、百色 | 桂林、柳州、長安鎮、都安、南寧、梧州 | 桂林、柳州、長安鎮、都安、南寧、梧州、百色、定江 |
| 江蘇 | | | |
| 印度 | | | 加爾各答、喀拉蚩 |
| 越南 | | | |
| 總計 | 61 | 83 | 85 |

| 年分地區 | 1943 | 1944 | 1945 |
|---|---|---|---|
| 新疆 | 伊寧、哈密、迪化、塔城、承化、阿克蘇、疏勒、和闐、庫車、焉耆、婼羌、鎮西、且末 | 哈密、迪化、阿克蘇、疏勒、和闐、庫車、焉耆、婼羌、鎮西、且末、烏蘇、莎車 | 哈密、迪化、阿克蘇、疏勒、和闐、庫車、焉耆、婼羌、鎮西、且末、烏蘇、莎車、奇台、鄯善 |
| 內蒙古 | | | 鄂托克旗 |
| 寧夏 | | 寧夏 | 寧夏 |
| 陝西 | 鎮坪、西安、南鄭、寶雞、安康 | 鎮坪、西安、南鄭、寶雞、安康、榆林 | 龍駒寨、鎮坪、西安、南鄭、寶雞、安康、榆林 |
| 河南 | 內鄉、洛陽、盧氏 | 內鄉、洛陽、盧氏 | 內鄉、洛陽、盧氏、新鄉 |
| 甘肅 | 成縣、天水、平涼、岷縣、臨洮、蘭州、烏鞘嶺、張掖、武威、安西、嘉峪關、高台 | 成縣、天水、平涼、岷縣、臨洮、蘭州、烏鞘嶺、張掖、武威、安西、嘉峪關、高台、敦煌 | 成縣、天水、平涼、岷縣、臨洮、蘭州、烏鞘嶺、張掖、武威、安西、嘉峪關、敦煌、華家嶺 |
| 湖北 | 老河口、恩施、來鳳、五峯 | 老河口、恩施、來鳳、五峯 | 老河口、漢口、宜昌、恩施、利川、來鳳、五峯 |
| 青海 | 西寧、貴德 | 西寧、貴德、都蘭、大河壩 | 西寧、都蘭、大河壩 |
| 四川 | 巫山、梁山、開江、白市驛、廣陽壩、遂寧、三台、雅安、成都、溫江、新津、邛峽、閬中、廣元、秀山、松潘、茂縣、廣元、宜賓、西昌、甘孜 | 巫山、梁山、金佛山、開江、白市驛、廣陽壩、遂寧、三台、雅安、溫江、新津、邛峽、閬中、廣元、秀山、松潘、宜賓、西昌、甘孜 | 巫山、梁山、開江、白市驛、廣陽壩、遂寧、三台、雙流、彭山、大足、雅安、新津、邛峽、閬中、廣元、成都、秀山、松潘、西昌、甘孜、瀘縣、理化 |
| 湖南 | 長沙、常德、衡陽、桂東、郴縣、零陵、芷江、邵陽、道縣 | 長沙、常德、衡陽、桂東、郴縣、零陵、芷江、邵陽、道縣 | 常德、衡陽、芷江 |
| 貴州 | 黃平、印江、思南、貴陽、盤縣、獨山、遵義、安順、畢節 | 清鎮、黃平、獨山、思南、安順、遵義、盤縣 | 貴陽、清鎮、黃平、獨山、思南、安順、遵義、畢節、松坎、威寧、盤縣 |

| 年分<br>地區 | 1943 | 1944 | 1945 |
|---|---|---|---|
| 雲南 | 霑益、昆明、雲南驛、昭通、尋甸、東川、楚雄、蒙自 | 霑益、昆明、雲南驛、昭通、尋甸、東川、楚雄、鹽津、呈貢、陸良、廣南、蒙自 | 霑益、昆明、雲南驛、昭通、東川、楚雄、鹽津、呈貢、陸良、廣南、蒙自、羊街、楊林、思茅、保山 |
| 安徽 | 歙縣 | 歙縣 | 歙縣 |
| 浙江 | | | 杭州 |
| 福建 | 建甌、長汀、浦城、永安、龍岩 | 建甌、福州、長汀、永安、龍岩 | 建甌、福州、長汀、永安、龍岩 |
| 江西 | 南城、玉山、吉安、贛州、遂川、大庾 | 南城、贛州、遂川、大庾 | 玉山、九江、南城、吉安、遂川 |
| 廣東 | 南雄、韶關、連平、連縣、高要 | 南雄、韶關、連平、連縣、高要 | 廣州 |
| 廣西 | 桂林、柳州、長安鎮、都安、南寧、梧州、百色、定江、龍州 | 桂林、柳州、長安鎮、都安、南寧、梧州、百色、定江、龍州、合浦、靖西 | 南丹、桂林、柳州、南寧、百色、定江 |
| 江蘇 | | | 上海、南京 |
| 印度 | 加爾各答、喀拉蚩、德里 | 加爾各答、喀拉蚩、德里、臘河 | 加爾各答、喀拉蚩、德里、臘河 |
| 越南 | | | 河內 |
| 總計 | 115 | 120 | 127 |

資料來源：筆者自行整理。周至柔編，《空軍沿革史初稿第二輯》，第二冊，頁 1532-1533、1545-1546。
備註：筆者認為 1945 年空軍氣象工作地點，包含 8 月戰爭結束後至 12 月的統計資料，空軍在上海、南京、廣州等地從事觀測應該是戰後才開始。

　　再者，氣象工作地點多分布於大後方的內陸省分，此與軍事作戰、政府內遷，強化大後方航線安全必然有關。整體而言，航委會在四川（中央政府所在地）、雲南（中美空軍重要基地）兩省建立較為密集的網絡。西北各省則著重在西北航線沿線城市設站，其因有二：一是與日軍在華北的作戰考量，早在 1938 年日軍攻陷山西南部後意圖西進，曾多次派機空襲隴海鐵路沿線。國府為了防止日軍進一步入侵，不但於西北各省派駐重

兵，並與蘇聯合作，由其援華志願隊擔負空中防務，抵
擋日軍的進攻。二與飛行安全有關，西北航線（阿拉
木圖——伊寧——烏魯木齊——哈密——蘭州——西安
——重慶）是蘇聯物資援華通道，而沿線之蘭州是蘇聯
援華志願隊的重要基地，伊寧為空軍官校學生參與作戰
前的受訓地點，[21] 為了軍務與飛行安全，自然需要了解
該地區的天氣狀況，以做應對。

　　然而，戰時西北地區的氣象站不斷增加，則與政府
日益仰賴西北航線正相關。特別是 1940 年 6 月英國受
到日本壓力關閉滇緬公路之後，嚴重影響中國物資的
輸入，促使蔣介石（1887-1975）更加積極經營西北各
省，以保持交通線的暢通。隔年 6 月德蘇開戰，蘇聯忙
於應付德國的進攻，無暇維持自身在新疆的影響力，給
了國府入主新疆的契機，英美亦在迪化設立駐華領事
館，以表對國府的支持。[22] 換言之，國際局勢的變化促
成國府勢力進入新疆，再配合西北交通航線日益繁重，
國府有必要在新疆境內多設氣象站，突破原先只在伊寧
設站的困境。

　　總的來說，抗戰期間空軍的氣象組織略見增長，在

---

21　張力，〈足食與足兵：戰時陝西省的軍事動員〉，收入慶祝抗戰
　　勝利五十週年兩岸學術研討會籌備委員會編，《慶祝抗戰勝利
　　五十週年兩岸學術研討會論文集》（臺北：中國近代史學會、聯
　　合報系文化基金會，1996），頁 498。安德，〈「正義之劍」：
　　蘇聯空軍志願隊在中國（1937-1941）〉（臺北：國立政治大學歷
　　史學系博士論文，2016）。劉廣英，《中華民國一百年氣象史》，
　　頁 324。

22　高素蘭，〈戰時國民政府勢力進入新疆始末（1942-1944）〉，《國
　　史館學術集刊》，第 17 期（2008 年 9 月），頁 129-165。

中央和地方組織上，試圖建置了一套層級分明與明確工作內容的運作制度。不過，當組織確立之後，亦須考慮實際執行與人力能否配合等相關問題。下個部分將探討「人力」的來源，說明空軍補充氣象技術人員的方式、訓練及其特色。

# 第二節　氣象人員的補充與訓練

　　中日交戰之初，甫發展的中國空軍面對日本強勢猛攻，無異以卵擊石。航委會面臨飛機盡毀、無機可飛的窘境，只得蟄伏等待時機，也將許多心力轉向調整、規劃空軍體制。在氣象工作方面，航委會嘗試從中央至地方航站，建置一套氣象情報體系。此措施象徵著須有大量的測候員從事天氣觀測，因此航委會勢必得開設專業課程，培養氣象技術人員，並招募氣象從業員加入空軍的行列。

## 一、開辦專業的「測候訓練班」

　　抗戰之初，航委會為應付戰事所需，決定增加觀測人力，展開培訓測候員的相關措施，於 1938 年 8 月外聘有實際經驗的測候員，協助空軍進行天氣觀測，並商請各省教育廳協助安排二十名初中畢業生，接受氣象觀測訓練。這些學生分別前往昆明中央航空學校、柳州分校、成都空軍軍士學校及蘭州總站，每處安排五人進行訓練，1939 年 2 月有十九人完成培訓。隔月，合格人員

即被派往各站服務。[23]

　　1939 年 12 月，航委會在昆明巫家壩空軍軍官學校成立測候訓練班，派劉衍淮負責訓練氣象人員課程。根據規劃，航委會招收四十名高中畢業生，進行六個月的密集短期訓練，教導測候操作知識後，即前往各地觀測。在教材方面，劉氏亦交辦訓練處編譯《日本航空氣象學教程》、《氣象觀察教範草案》、《航空氣象學》等專著，做為航空氣象學教學課程之用。[24]該班原在昆明巫家壩進行教學，至 1944 年底奉上級命令與通信訓練班合併為空軍通信學校，隔年 1 月遷往成都鳳凰山機場。[25]兩地皆是重要的空軍基地，學員在這些地方受訓，一方面攝取知識，也容易實際操作，有助於他們在結訓後至各地從事觀測工作。

---

23　「航空委員會民國二十七年工作實況報告」（未標日期），〈航空委員會工作報告（二十七年）〉，《國防部史政編譯局檔案》，檔案管理局藏，典藏號：B5018230601/0027/109.3/2041.5。「航空委員會民國二十八年度工作計劃」（未標日期），〈航空委員會工作計劃案（二十八年）〉，《國防部史政編譯局檔案》，檔案管理局藏，典藏號：B5018230601/0028/060.25/2041.2。航空委員會編，《空軍沿革史初稿》，頁 225-226。

24　「航空委員會民國二十八年度工作計劃」（未標日期），〈航空委員會工作計劃案（二十八年）〉，《國防部史政編譯局檔案》，檔案管理局藏，典藏號：B5018230601/0028/060.25/2041.2。

25　「測候訓練班概況表」（未標日期），〈空軍抗日戰爭經過〉，《國防部史政編譯局檔案》，檔案管理局藏，典藏號：B5018230601/0035/152.2/3010.2。

### 表 2-4　測候訓練班教官名錄
（1939 年 12 月 –1949 年 12 月）

| 時期 | 教官名錄 | | | |
|---|---|---|---|---|
| 昆明時期<br>（1939 年 12 月 – 1944 年 12 月） | 劉衍淮 | 萬寶康 | 李憲之 | 趙九章 |
| | 朱文榮 | 任之恭 | 鍾達三 | |
| 成都時期<br>（1945 年 1 月 – 1949 年 12 月） | 劉衍淮 | 萬寶康 | 李憲之 | 王鵬飛 |
| | 胡究成 | 亢玉瑾 | 錢振武 | 耿秉德 |
| | 郝錫安 | 傅簡克 | 李永嘉 | 朱煥鈞 |
| | 宣化五 | 譚天寬 | 牛振義 | 張鴻財 |
| | 鍾達三 | 王天佑 | 王宗聖 | 田明遠 |
| | 楊克強 | 張大振 | 申學進 | 趙文洪 |
| | 林則銘 | 翟仁虎 | 楊　徵 | 章樹森 |

資料來源：陶家瑞，〈空軍氣象教育紀實——紀念氣象訓練班前主任劉衍淮博士百秩誕辰〉，《氣象預報與分析》，第 193 期（2007 年 12 月），頁 41。

　　航委會為了加強測候訓練班的水平，曾耗費不少心思延聘專業師資。除負責籌辦的劉衍淮之外，氣象總臺長朱文榮亦是授課教官。因應地利之便，航委會聘請國立西南聯合大學（簡稱西南聯大）趙九章（1907-1968）、李憲之（1904-2001）、任之恭（1906-1995）等人兼任教師，另聘僱萬寶康、鍾達三為專任教師。趙、李兩人皆為留學德國柏林大學的氣象學者。趙九章的研究課題即為航空氣象學，不但參與空軍的教學，提供氣象觀測紀錄，也面臨當時空軍氣象儀器不足的困境，與其他同仁設計自製水銀氣壓計，提供空軍使用。李憲之與劉衍淮曾是中國西北考察團的學生團員，兩人早已熟識。李主要鑽研颱風與寒潮等氣象災害，且在西南聯大開設天氣預報課程，這正是空軍所需。[26] 任之恭

---

26　趙九章傳編寫組，《趙九章傳》，頁 21。張雪桐，〈李憲之與中

則留學美國哈佛大學，專攻物理學（無線電、高空電離層），而萬、鍾兩人同為西南聯大地質地理氣象系的畢業生。當測候訓練班遷往成都後，再次增聘更多的氣象專業人士擔任教職，如亢玉瑾、彭究成、鍾達三、錢振武等人從西南聯大畢業後，即投入空軍氣象教學工作；牛振義是山東大學物理系的畢業生，由他擔負教務組長一職。[27] 以此觀之，當時測候訓練班師資確實為一時之選。

　　至於訓練課程，考量到軍事活動的急迫性與實用性，決定訓練時間為半年。測候訓練班第一期的學生全為空軍官校的停飛生，1940 年 6 月共有二十八人畢業。第二期起向外招考具有高中或同等學歷的學生。第二期在 1940 年 12 月開學，1941 年 7 月有十九人畢業。第三、四、五期分別於 1942 年 1 月、1943 年 2 月、1944 年 3 月入學，各有二十六人、二十八人、三十九人畢業。第六期於 1945 年 7 月開學，學員原預定受訓九個月，後因抗戰勝利，需有更多的氣象人員到測候場站觀測，遂將原訂的受訓期恢復為原本的六個月，這一期畢業六十八人。[28] 每期受訓學員來自各地，以華中、華南

　　國近現代氣象高等教育事業的發展〉，頁 24-25、32-35。

27　戰後萬寶康、鍾達三兩人前往加州理工學院留學深造。陳學溶，
　　《中國近現代氣象學界若干史蹟》，頁 193-194。陶家瑞，〈空
　　軍氣象教育紀實──紀念氣象訓練班前主任劉衍淮博士百秩誕
　　辰〉，《氣象預報與分析》，第 193 期（2007 年 12 月），頁 22-
　　42。長治市地方志辦公室編纂，《長治人物志》（太原：北嶽文
　　藝出版社，2010），頁 248。

28　中國近代氣象史資料編委會，《中國近代氣象史資料》（北京：
　　氣象出版社，1995），頁 281、292。劉衍淮，〈我服膺氣象學五
　　十五年（1927-1982）〉，頁 3-11。

為最（詳細名單可見表 2-5）。結訓之後這些學員隨即分發各地空軍基地工作，透過無線電報相互聯繫，[29] 少部分畢業生留在訓練班，從事培訓新學員的教務。不少人如魯依仁、楊彬揚、許紹傑、張之達、吳宗堯等人，後來成為空軍氣象系統的中堅分子，[30] 甚至在中華民國政府遷臺後，還負起臺灣氣象高等教育的責任。

此外，由於授課的教師部分來自西南聯大地質地理氣象系，故該系學生與測候訓練班也有所交流。當時兼任空軍測候訓練班教官的李憲之，即利用工作之便，安排系上氣象組的學生前往空軍官校和氣象臺站參觀、實習，協助軍方進行高空觀測與氣象計算。[31] 雙方透過相互交流，加強學生的實務經驗，也額外增加了空軍的測候人力。若干西南聯大學生在畢業後即獲空軍延攬，講授氣象課程，或與此有關，而這也是科學支援軍事應用的展現。

抗戰期間空軍測候訓練班每期的訓練人數有增無減，顯示空軍對於氣象人員的需求，隨著日益擴大的氣象情報網而與日俱增。根據統計，前後總計訓練出約二百名測候員。即使如此，這樣的訓練人數仍不足以擔負空軍龐大的氣象業務，航委會仍需另想辦法，為各地的空軍基地培訓更多的基礎觀測員。

---

29 〈工作報告〉（1942 年 12 月 15 日），〈朱文榮（朱國華）〉，《軍事委員會委員長侍從室檔案》，國史館藏，典藏號：129-210000-2026。

30 劉廣英，《中華民國一百年氣象史》，頁 147、350-351。

31 張雪桐，〈李憲之與中國近現代氣象高等教育事業的發展〉，頁 35。

## 表 2-5 抗戰期間氣象測候班第一至五期畢業生名錄
### （1939 年 12 月 -1944 年 12 月）

| 期別 | 姓名 | 籍貫 | 姓名 | 籍貫 | 姓名 | 籍貫 |
|---|---|---|---|---|---|---|
| 一 | 劉世鎧 | 雲南宣威 | 李顯揚 | 江西新喻 | 宋維泰 | 河南沁陽 |
| | 張時中 | 雲南澂江 | 黃受勳 | 廣東台山 | 繆蔚和 | 雲南宣威 |
| | 張玉勤 | 山東嶧縣 | 竇世英 | 廣西北流 | 張之達 | 河北滄縣 |
| | 田　金 | 雲南昆明 | 李基坤 | 山東東平 | 劉繼榮 | 雲南祥雲 |
| | 陳金榜 | 天津 | 魯依仁 | 江西上高 | 龔顯華 | 雲南石屏 |
| | 許玉崑 | 山東定陶 | 許仁宏 | 雲南彌渡 | 朱世昌 | 河南洧川 |
| | 楊彬揚 | 河南寧陵 | 郭英祥 | 廣東番禺 | 聞宏德 | 北平 |
| | 常延聲 | 河南孟縣 | 周栽濬 | 廣東瓊山 | 謝光地 | 南京 |
| | 楊克時 | 貴州思南 | 胡仁方 | 河北順義 | 田可振 | 湖北黃崗 |
| | 譚叔勤 | 廣東番禺 | 備註：學員約在 1916-1918 年出生 | | | |
| 二 | 孫軼凡 | 貴州息烽 | 孫世仁 | 浙江東陽 | 萬偉民 | 江西南昌 |
| | 何金樑 | 浙江青田 | 易明生 | 江西萍鄉 | 嚴正清 | 湖北黃岩 |
| | 汪恩槐 | 南京 | 周　傑 | 江蘇丹陽 | 楊　柯 | 江蘇江寧 |
| | 李雨先 | 湖南長沙 | 陳良曜 | 浙江杭縣 | 耿秀雲 | 河北阜平 |
| | 毛際黨 | 四川萬縣 | 喻維新 | 湖南邵陽 | 羅兆禧 | 湖南平陽 |
| | 劉西崙 | 江西餘干 | 傅鴻禧 | 浙江金華 | 蔣志才 | 江蘇宜興 |
| | 潘隆華 | 湖南湘鄉 | 備註：學員約在 1918-1921 年出生 | | | |
| 三 | 何禮和 | 廣東順德 | 黃　異 | 廣西南寧 | 王仁武 | 四川渠縣 |
| | 金士勛 | 浙江臨海 | 劉春霆 | 河南洛陽 | 王炯略 | 雲南羅次 |
| | 陸維析 | 浙江餘姚 | 劉益靈 | 甘肅鎮原 | 吳　健 | 浙江仙居 |
| | 應崇禮 | 浙江麗水 | 高懷義 | 四川邛縣 | 張澤濃 | 四川重慶 |
| | 趙文霖 | 甘肅蘭州 | 車橋仕 | 浙江嘉興 | 蔣　銑 | 河北慶雲 |
| | 麻境耀 | 河北寶都 | 陽本淵 | 四川常縣 | 郭長壽 | 雲南華寧 |
| | 蔣含章 | 廣東資源 | 閻維祺 | 陝西長安 | 楊崇甲 | 湖南長沙 |
| | 張　宏 | 山東鉅野 | 劉　霖 | 雲南昆明 | 吳介甫 | 湖南湘鄉 |
| | 朱靜吾 | 湖南邵陽 | 張樹仁 | 雲南華寧 | 備註：學員約在 1918-1921 年出生。 | |
| 四 | 李炳南 | 廣東新會 | 王　默 | 浙江臨姚 | 王尚廉 | 甘肅臨洮 |
| | 劉守治 | 湖南邵陽 | 洪滿釗 | 廣東寶安 | 黃澄波 | 廣東寶安 |
| | 李　華 | 湖北廣濟 | 胡維善 | 廣東番禺 | 邱秉章 | 河南開封 |
| | 楊遠秋 | 廣東南海 | 姚大綬 | 安徽相城 | 楊廷選 | 雲南祥雲 |
| | 孔憲焱 | 安徽廬江 | 錢根潮 | 江蘇宜興 | 廖烈君 | 四川資陽 |
| | 喻鳴鳳 | 湖南邵陽 | 朱廣見 | 廣東番禺 | 鍾慎霄 | 四川內江 |
| | 鄧秉籌 | 廣東新會 | 何　亮 | 廣東東莞 | 李仕靖 | 雲南鶴慶 |
| | 潘伯機 | 廣東南海 | 譚星雲 | 廣東順德 | 余昌龍 | 浙江衢縣 |
| | 周遇富 | 廣東開平 | 畢正鼎 | 雲南華寧 | 章鳳林 | 江蘇武進 |
| | 韓銘文 | 安徽合肥 | 備註：學員約在 1916-1923 年出生。 | | | |

| 期別 | 姓名 | 籍貫 | 姓名 | 籍貫 | 姓名 | 籍貫 |
|---|---|---|---|---|---|---|
| 五 | 吳宗堯 | 江蘇吳縣 | 魏哲生 | 浙江衢州 | 楊斌 | 雲南嵩明 |
| | 粟學鉅 | 四川成都 | 樊沛霖 | 甘肅寧縣 | 諶壯膽 | 湖南安化 |
| | 姚叔文 | 四川成都 | 過煦生 | 安徽含山 | 彭聲宏 | 貴州安順 |
| | 毛仲華 | 廣西富川 | 何開炳 | 雲南宣威 | 李長傅 | 貴州開陽 |
| | 黃日曄 | 廣西靖西 | 柏永春 | 雲南嵩山 | 黃文林 | 新疆額敏 |
| | 徐振持 | 廣西岑溪 | 高星煜 | 雲南平彝 | 熊服周 | 貴州龍里 |
| | 許紹傑 | 廣西靖西 | 劉振山 | 河北清苑 | 王金貴 | 新疆迪化 |
| | 譚登賢 | 雲南霑益 | 陳攀學 | 四川成都 | 陳鴻光 | 雲南昆明 |
| | 孫儒範 | 浙江餘姚 | 劉琨生 | 雲南彌勒 | 段清 | 雲南昆明 |
| | 嚴鑑坤 | 廣東南海 | 鄧家明 | 廣東龍川 | 韓非 | 新疆塔城 |
| | 喻容齋 | 浙江嵊縣 | 趙顯培 | 四川江津 | 陳瑤 | 雲南晉寧 |
| | 倪埭 | 浙江樂清 | 李選周 | 雲南宣威 | 稅尚斌 | 四川遂寧 |
| | 黃士模 | 福建莆田 | 吳守真 | 陝西華陰 | 劉登魁 | 甘肅涇川 |
| | 備註：學員約在 1917-1926 年出生。 | | | | | |
| 六 | 劉民樂 | 陝西渭南 | 張樹森 | 江西九江 | 方文思 | 江蘇六合 |
| | 李則寧 | 河北長垣 | 徐文俠 | 河北深縣 | 梅炎萱 | 廣東台山 |
| | 張振濟 | 陝西城固 | 許玉璨 | 河南南陽 | 趙恩波 | 河北香河 |
| | 劉濟河 | 河南寧陵 | 楊克強 | 河北保定 | 龐瑞琦 | 河北深澤 |
| | 郭濟蒼 | 陝西高陵 | 王天佑 | 河北清苑 | 趙廣玉 | 青海樂都 |
| | 郝海 | 山西武鄉 | 阮觀訓 | 湖北黃陂 | 武人銘 | 山西汾陽 |
| | 俞明勤 | 浙江鎮海 | 童永初 | 湖北當陽 | 戴文傑 | 陝西武西 |
| | 黃必田 | 四川榮昌 | 高志敏 | 青島 | 戎模 | 山西平定 |
| | 蒲國荃 | 四川南充 | 張東民 | 河南舞陽 | 李潤江 | 山西大同 |
| | 李志清 | 湖北蘄春 | 張之瑋 | 河北蒲城 | 梁照祥 | 山東德縣 |
| | 程仲明 | 四川萬縣 | 陳開宗 | 陝西城固 | 劉元相 | 河南陝縣 |
| | 何明彥 | 四川南充 | 趙賦煊 | 陝西藍田 | 張維勣 | 四川南充 |
| | 何明照 | 四川南充 | 胡蔚 | 陝西乾縣 | 蕭方明 | 湖北漢陽 |
| | 宣永鈴 | 江蘇南匯 | 李鴻褆 | 陝西佛坪 | 彭樹楷 | 湖南岳陽 |
| | 李慶曾 | 江蘇無錫 | 李觀春 | 陝西涇陽 | 余汝南 | 四川永川 |
| | 陶國清 | 湖南瀏陽 | 申信 | 陝西南鄭 | 張增榮 | 山西三原 |
| | 鄭延特 | 湖南長沙 | 王振南 | 河南澠池 | 林爾中 | 河北良鄉 |
| | 王家驊 | 安徽合肥 | 宗賢堯 | 湖北漢陽 | 蒲含麒 | 四川南充 |
| | 趙文洪 | 天津 | 彭世紳 | 四川南充 | 常鴻馨 | 河南沈邱 |
| | 楊澂 | 江蘇鎮江 | 張松柏 | 陝西城固 | 劉玉璽 | 河北南和 |
| | 申學進 | 河北大興 | 鄧昌輝 | 四川南充 | 張紹麟 | 四川達縣 |
| | 曲克恭 | 山西五台 | 戈湘峯 | 吉林汪清 | 左克純 | 四川北碚 |
| | 張大振 | 湖北天門 | 黃意群 | 安徽合肥 | 備註：學員約在 1921-1927 年出生。 | |

資料來源：空軍軍官學校編，《空軍軍官學校歷屆畢業學生名冊勘誤表》（出版地不詳：空軍軍官學校，1978），頁 659-685。

## 二、充實航空站的「測候士訓練班」

為了補足各航空站的氣象人員編制，1938 年秋航委會決定在各航空總站和空軍學校辦理測候士訓練班，招收初中畢業生，由招收單位自行給予六個月的訓練，學習基本觀測方法。這些受訓的學員在結訓後，即投入空軍第一線的觀測勤務，[32] 統計抗戰期間受訓共有五〇九人（參見表 2-6）。

表 2-6 顯示，1939 年至 1940 年間航委會訓練少許的測候士，訓練的單位也以學校居多。自 1941 年起才逐漸拓展開來，並在中美軍事同盟期間達到高峰。這樣的現象與航委會在 1941 年之後建立許多測候臺站，具有相輔相成的關係。航委會開辦兩種不同程度的訓練，學員在結訓後前往各測候臺工作，正可補足發展測候網基本所需。

表 2-6 各總站測候士訓練概況表（1939 年 -1945 年）

| 年度 | 訓練地點 | 訓練機關 | 畢業人數 |
|---|---|---|---|
| 1939<br>共 19 人 | 昆明 | 空軍軍官學校 | 4 |
| | 雲南驛 | 空軍官校初級班 | 5 |
| | 成都 | 空軍軍士學校 | 5 |
| | 蘭州 | 第七總站 | 5 |
| 1940<br>共 11 人 | 柳州 | 第十總站 | 8 |
| | 昆明 | 空軍軍官學校 | 3 |

---

32 「測候訓練班概況表」（未標日期），〈空軍抗日戰爭經過〉，《國防部史政編譯局檔案》，檔案管理局藏，典藏號：B5018230601/0035/152.2/3010.2。「航空委員會二十九年度工作計劃」（未標日期），〈航空委員會工作計劃案（二十九年）〉，《國防部史政編譯局檔案》，檔案管理局藏，典藏號：B5018230601/0029/060.25/2041.2。

| 年度 | 訓練地點 | 訓練機關 | 畢業人數 |
|---|---|---|---|
| 1941<br>共68人 | 霑益 | 第四總站 | 8 |
| | 衡陽 | 第六總站 | 10 |
| | 蘭州 | 第七總站 | 25 |
| | 芷江 | 第九總站 | |
| | 貴陽 | 第五總站 | |
| | 衢州 | 第十三總站 | 20 |
| | 成都 | 氣象總臺 | 5 |
| 1942<br>共98人 | 蘭州 | 第七總站 | 28 |
| | 桂林 | 第十總站 | 17 |
| | 建甌 | 第十三總站 | 22 |
| | 成都 | 氣象總臺 | 15 |
| | 芷江 | 第九總站 | 16 |
| 1944<br>共142人 | 蘭州 | 第七總站 | 31 |
| | 建甌 | 第十三總站 | 50 |
| | 昆明 | 空軍軍官學校 | 30 |
| | 成都 | 空軍軍士學校 | 31 |
| 1945<br>共171人 | 迪化 | 第十六總站 | 25 |
| | 蘭州 | 第七總站 | 49 |
| | 成都 | 空軍軍士學校 | 49 |
| | 建甌 | 第十三總站 | 48 |

資料來源：「各總站測候士訓練概況表」（未標日期），〈空軍抗日戰爭經過〉，《國防部史政編譯局檔案》，檔案管理局藏，典藏號：B5018230601/0035/152.2/3010.2。

## 三、中研院氣象班人員投效空軍

　　不少觀測人員在中日戰爭爆發後決定投身加入空軍行列，其中最為明顯的是受過中研院氣象班訓練的相關人員。戰前中研院氣象所曾開辦過三次氣象訓練班，受訓學員除空軍與政府派訓人員外，也歡迎中學畢業生參與招考。通過考試完成訓練的學生，即可分發到各地測候所工作；也有人在工作一段時間後就辭職改往空軍服務。另外，由於中研院氣象所必須隨著政府遷至大後方，為節省開支不得不遣散部分測候人員。在此狀態之下，不少測候員為謀生路，便自行或透過氣象所的介

紹,分別前往航委會工作。

　　舉例而言,畢業於第二屆氣象訓練班的羅月全,原
在北平氣象台服務。日軍佔領北平後,1937 年 10 月羅
氏南下中研院氣象所,再回到家鄉四川漢源。之後透
過同學介紹,陸續在成都機場、空軍軍士學校任職,其
後在西安空軍航空總站擔任測候班班長,也負責與中研
院氣象所西安測候所的合作。同樣是第二屆畢業的吳
永庚,於 1937 年初由氣象所調派至浙江定海籌建測候
所。抗戰期間定海測候所經常遭受日軍侵擾,觀測時而
中斷,氣象所遂決定於 1939 年 6 月停止測候事務,而
吳氏轉赴衢州航空總站工作。第三屆的楊則久原任職江
蘇省省會測候所,江蘇淪陷後他加入航委會。1939 年
楊氏到空軍氣象總臺服務,嗣後調往昆明空軍官校氣
象臺,為飛虎隊提供氣象消息;美國參戰後,楊奉派至
印度,擔任空軍駐加爾各答氣象臺臺長。[33] 此外,1940
年 3 月氣象所介紹第二屆的宛敏渭赴廣陽壩空軍站服
務。[34] 另據第三屆畢業生的回憶,當時有二十一人服務
於空軍單位;除部分服務於氣象總臺外,其餘任職各地
航空站場或是氣象臺者,大多擔任中高職位。[35] 由此可
見,中研院氣象訓練班的人力支援對空軍而言,亦是一
股不可忽視的力量。

---

33　陳學溶,《我的氣象生涯:陳學溶百歲自述》,頁 291-293。

34　「1940 年 1 月至 1943 年 3 月大事記」(1940 年 3 月 26 日)、(1940
　　年 6 月 22 日)、(1941 年 1 月 20 日),〈中央研究院氣象研究
　　所所務日志、大事記〉,《中央研究院檔案》,典藏號:三九三
　　─ 2757,南京二檔藏。

35　陳學溶,《我的氣象生涯:陳學溶百歲自述》,頁 289-295。

# 第三節　戰爭之下
# 空軍氣象業務的困境

　　1937 至 1939 年間，航委會確立了空軍氣象系統的運作方式與框架，即在中樞設置氣象總臺，地方天氣觀測工作則由各級航空站場負責。與此同時，也經由培訓、招募等方式，補充空軍的氣象人力。在此基礎上，中國空軍的觀測體系得以展開，蒐集各地天氣報告。但此一系統畢竟為一新創的體系，加上正值中日交戰，產生問題在所難免。是故，本節將探究空軍氣象體系在從事觀測勤務中所面臨的各種問題。

## 一、改善硬體設備與傳遞方式

　　除了體制與人力因素，氣象設備是精確觀測天氣不可或缺的要件。在籌劃新設氣象總臺且擴展相關組織之際，航委會已料到未來儀器恐將不足。如 1938 年，該會派氣象科人員調查各測候場站人手與儀器設備的真實狀況，發現固有站場的氣象人員和設備皆缺，僅倚賴工作人員以目測觀察天氣，可見如此氣象報告對航空作戰與偵察幫助極為有限。是故，航委會編列經費，準備用於購置多項氣象儀器。但是國內缺少製造高階氣象儀器的技術，多數高空和地面的氣象設備皆需向國外訂購，相當曠日費時。航委會在等待儀器到華期間，只能將現有的氣象設備分配使用，並打聽國內測候機構

是否有閒置的儀器可供出售，[36] 藉此強化空軍的觀測
設備。

面對設備不足情況，航委會採取以下兩項對策：一
是根據各地的戰局和測候狀況，機動調整、搬運氣象設
備到需求孔亟的地區使用。二是僅先要求空軍重要據點
依據標準回報天氣報告，如在 1940 年航委會的工作規
劃中，即指示蘭州、西安、南鄭、重慶、衡陽、柳州、
吉安及衢州等重要航空總站，必須達到規定的測候標
準。[37] 上述兩種方式的運用，目的在應付內部設備不足
帶來的困境。不過，儀器輾轉各地需要移動時間，而天
氣觀測又是一項須每日定時定次的工作，勢必影響到觀
測活動進行；加上戰時運輸極具危險性，更何況許多氣
象儀器並不適合搬運，無法掌握能達成機動的效果。

換言之，補足氣象設備才是解決問題的根本方法。
因此航委會持續向外國的儀器製造公司詢問，確認測候
儀器運抵中國的時間。迨儀器送到後，即將高空測候儀
器配發至重要航空總站，地面測候儀器分送麗水、建
甌、長汀、郴州、零陵、南丹、蒙自、昭通、祥雲、宜
賓、宜昌、廣元、安康、洛陽、天水、平涼、同心城、
寧夏、張掖、安西等站，以補充內陸的航空站為主。
值得注意的是，氣象儀器在國內輸運過程中也是危機重
重。例如 1938 年 12 月航委會訂購的氣象儀器於運往貴

---

36 竺可楨，〈致呂炯函（1938 年 4 月 27 日）〉，《竺可楨全集》（上
　海：上海科技教育出版社，2013），第 23 卷，頁 560。

37 「航空委員會二十九年度工作計劃」（未標日期），〈航空委員
　會工作計劃案（二十九年）〉，《國防部史政編譯局檔案》，檔
　案管理局藏，典藏號：B5018230601/0029/060.25/2041.2。

陽途中，不幸遇到日機空襲，毀於戰火。[38] 這樣的情況使得設備短缺問題，更如雪上加霜。

　　隨著日軍封鎖中國沿海港口，航委會訂購的氣象儀器多半延誤，且運到的儀器也不完整。舉例而言，1939年訂購的地面和高空儀器，運抵時發現地面儀器缺少溫度表、水銀氣壓表，高空儀器缺乏充氣天秤與繪圖板。航委會只能分發給測候單位不全的儀器，並繼續向英、美兩國購買。[39] 太平洋戰爭爆發後，西方氣象儀器運抵中國的時間更加延宕，情形有下列個案：（1）1940年向美訂購四十套地面測候儀器，直到1945年初才全部運抵印度，同年7月只內運一半的儀器。（2）1941年2月訂購的設備，於1943年才運到印度，且至1944年10月，部分儀器才送到各站場應用。（3）1941年10月向美貸購測候儀器，雖在1943年運抵印度，卻因空運困難等因素，在1944年10月前都未能運抵四川。（4）1941年向英訂購輕便測候儀器，則於1945年6月運到四川。[40] 從以上運送狀況，可知取得儀器之不易，與英、美參戰直接相關，因航委會多向英、美的儀器製造

---

38　「航空委員會民國二十八年度工作計劃」（未標日期），〈航空委員會工作計劃案（二十八年）〉，《國防部史政編譯局檔案》，檔案管理局藏，典藏號：B5018230601/0028/060.25/2041.2。航空委員會編，《空軍沿革史初稿》，頁227。

39　「航空委員會二十九年度工作計劃」（未標日期），〈航空委員會工作計劃案（二十九年）〉，《國防部史政編譯局檔案》，檔案管理局藏，典藏號：B5018230601/0029/060.25/2041.2。

40　「航空委員會軍事工作報告（1944年10月10日起至1945年10月10日止）」（未標日期）〈航委會軍事工作報告〉，《國防部史政編譯局檔案》，檔案管理局藏，典藏號：B5018230601/0033/109.3/2041.4。

公司購買氣象設備。加上中國物資輸入僅能從印度轉運，加深儀器延遲運抵中國現象，造成抗戰期間國府空軍難以大幅度提其升其觀測的準確性。

　　然而，中美同盟後對戰場氣象情報的需要愈亟，取得儀器的過程卻愈形耗時。因此，航委會只得改請國內學術機構和製造商幫忙，製作簡單的測候儀器。例如，1942 年向清華大學訂製簡易的水銀氣壓表五十具；1943 年再訂購風向器、測雲器、雨量器各五十組；1944 年 2 月及 9 月分別交貨，供給各地應用。[41] 由此可見，礙於難以取得測量高空氣象的設備，空軍測候員記錄的天氣數據，仍以地面的氣象資訊為主。但無論如何，能夠多一分掌握各地的天氣狀態，就可以提高一分飛航的安全，抑或取得作戰先機。

　　取得天氣數據往往只完成了一半的工作，能夠順利發送報告才算是全部完成。由於戰時空軍各站場、測候臺及電臺未設於同一地點，導致測候臺必須花費時間請電臺代為傳送觀測報告，空軍站場才能得到天氣數據。這一過程十分耗時，情報常因過時失效引發美軍的抱怨。基於此，1944 年 8 月，航委會決定建立三位一體制，由航空（總）站場、測候臺及電臺在同地執行勤務；繼而要求各路司令與航空總站分別派人攜帶氣象儀器，前往各地測候臺視察，補充氣象設備。[42] 但移動三

---

41　「航空委員會軍事工作報告（1944 年 10 月 10 日起至 1945 年 10 月 10 日止）」（未標日期）〈航委會軍事工作報告〉，《國防部史政編譯局檔案》，檔案管理局藏，典藏號：B5018230601 /0033/ 109.3/2041.4。

42　「航空委員會中華民國三十三年度空軍建設計劃參謀部第四科」

者牽涉甚廣，僅是建築房舍和經費就是一大問題，只能有限地執行這項業務。[43]

　　此外，航委會亦想了解美軍天氣預報的流程。1945年夏天期間，由各航空總站抽派測候人員前往重慶白市驛機場，參觀中美空軍混合團氣象室，了解並嘗試使用美軍天氣預報方法。不久戰爭告終，戰時未完的工作隨著戰後氣象部隊之建立而有新開展。

## 二、尋求合作與拓展情報網

### （一）中研院氣象所的技術協助

　　如前所述，航空署委請中研院氣象所代為訓練氣象人才，然在氣象研究和情報發布方面，雙方也互有協作。學術研究上，1932年中研院氣象所為了獲得高空氣象，曾請航空署協助，利用飛機攜帶氣象儀器，測量高空各項氣象數值。這項工作先後持續數年，有助於學術研究和氣象報告。[44] 氣象情報上，軍政部軍用無線電總電臺自1937年6月1日起，於每天11時30分和23時30分發布全國簡單氣象報告，以供全國各軍事

　　（未標日期），〈航空委員會一九四四年度工作計劃〉，《軍事委員會檔案》，南京二檔藏，典藏號：七六一－397。

43　「航空委員會軍事工作報告（1944年10月10日起至1945年10月10日止）」（未標日期）〈航委會軍事工作報告〉，《國防部史政編譯局檔案》，檔案管理局藏，典藏號：B5018230601 /0033/ 109.3/2041.4.

44　「為函復測候高空已令第一隊指派飛機及駕駛員，請與該隊接洽辦理由」（1932年11月30日）〈軍委、國防部、軍政部及所屬軍事部門所要氣象資料致氣象研究所函〉，《中央研究院檔案》，南京二檔藏，典藏號：三九三－2841。徐寶箴，〈空軍建設與氣象事業〉，頁112。

機關部隊抄錄、應用。但空軍的測候所與測候班所在區域有限，無法支援全國軍事機關所需的氣象情報。在此狀況下，便請中研院氣象所提供相關資訊，於每日9時和20時前供給當日全國氣象報告，內容包含各地氣象簡報、高空紀錄及高低氣壓與颱風中心的移動狀態，再由無線電總電臺將這些情報拍發告知各地軍事機關。[45]就此看來，這段時期雙方透過自身所長，完成對方的需求。

抗戰爆發之初，航委會深知其氣象組織規模簡略，不足以應付軍事上的需要，隨即向中研院氣象所尋求技術支援。氣象所竺可楨所長遂派遣天氣部工作人員盧鋈、曾廣瓊、么振聲、陳學溶、何元晉及樊翰章等六人，參與空軍第一測候所的天氣預報工作，組成「氣象研究所、航空委員會合辦天氣預報部」。何元晉、樊翰章後隨氣象所部分人員遷往漢口，留京四人繼續擔負合作事宜。雙方同意天象預報部的業務由氣象所職員擔任，四人的職務分配如表2-7所示，由曾廣瓊、陳學溶收譯來自各地的天氣報告，盧鋈、么振聲再就取得的資訊進一步研究分析，進行天氣預報。航委會則提供硬體設施，供給辦公地點、職員宿舍、觀測所需的旅費及無線電等耗材；職員薪水亦由航委會發給，並依氣象所薪資增加二十元至五十元不等；辦公費用每月三十元，用

---

45 「為函請於每日九時及二十時前供給氣象材料希查照見復由」（1937年5月22日），〈軍委會、國防部、軍政部及所屬軍事部門所要氣象資料致氣象研究所函〉，《中央研究院檔案》，南京二檔藏，典藏號：三九三─2841。

於支付夫役工資、茶水及燈火。雙方亦同意結束合作後，合辦之天氣預報部由氣象研究所收回單獨辦理，人員返回氣象所述職。[46] 可見航委會提供氣象所的條件相當不錯。

表 2-7 「氣象研究所、航空委員會合辦天氣預報部」職員資料表

| 姓名 | 性別 | 籍貫 | 年齡 | 職別 | 薪給 |
| --- | --- | --- | --- | --- | --- |
| 盧鋈 | 男 | 安徽無為 | 27 | 預告員 | 140 元 |
| 么振聲 | 男 | 河北灤縣 | 27 | 預告員 | 120 元 |
| 曾廣瓊 | 女 | 湖南長沙 | 23 | 譯電兼收報員 | 70 元 |
| 陳學溶 | 男 | 南京 | 22 | 譯電兼收報員 | 70 元 |

資料來源：〈致航空委員會函稿（1937 年 8 月 31 日）〉，《竺可楨全集》，第 23 卷，頁 452。

不過，雙方的合作卻不如預期順利，甚至很快就破局。當時航委會高振華、陳嘉栖告示盧鋈，合作辦法業已通過，故催促他們搬往航委會遺族學校工作。待盧鋈等人遷入後，卻是以航委會第一測候所天氣部的名義辦公；盧鋈認為此與原先討論的合作內容不同，故決定與其他三名同事返回氣象所，值此作戰期間，仍將每日繪製天氣預報與天氣圖供給航委會使用。事後盧鋈伺機前往杭州，向竺可楨面報此事。[47] 1937 年 9 月中，航委

---

46　「允該所天氣部工作人員暫時加入本會第一測候所任務由」（1937 年 8 月 31 日），〈航空委員會要氣象資料、要求氣象合作、購置儀器等與氣象研究所往來文件〉，《中央研究院檔案》，南京二檔藏，典藏號：三九三－2868。「為本會每月補助氣象研究所經費 400 元，並訂該所工作辦法函請查照見復由」（1938 年 1 月 3 日），〈中央研究院與航委會合辦天氣預報的有關文書（附氣象研究所航空委員會合辦天氣預報部辦法草案）〉，《中央研究院檔案》，南京二檔藏，典藏號：三九三－296。

47　竺可楨，《竺可楨全集》（上海：上海科技教育出版社，2005），1937 年 9 月 8 日，第 6 卷，頁 365。竺可楨，〈致宋兆珩函（1937

會告訴竺氏已依合作辦法修正，故希望氣象所人員能回到指定地點工作；惟因氣象所諸多同仁已前往武漢，從事製圖預告業務，竺可楨乃向航委會表明已無適合人手前往工作，且氣象所已在漢口恢復觀測活動，故每天上午 10 時與下午 5 時按時廣播氣象，照例可供空軍參考使用。此外竺還說，氣象所正研擬定時直接向航委會通報天氣狀況的做法，以此支援抗戰。[48]

可惜的是，航委會並未接受竺可楨的解釋和提議，反而請求時任中研院代理總幹事的傅斯年（1896-1950）必須出面解決此事。傅斯年聞此勃然大怒，意欲懲戒四名職員。竺可楨遂向傅斯年說明原委，認為雙方各有缺失，不能只怪盧鋈等人；何況所內職員尚未接受軍方委任，也未支薪，不可認定為棄職。而盧鋈在事情發生後未立即稟報，確實有疏忽之處，應予停職處分；且盧本人為消弭此次風波，亦自願停職以示負責。[49] 此一風波平息後，當事人陳學溶憶及與航委會接觸的過程，認為高振華、陳嘉棪等人官僚氣息濃厚，氣象所四位年輕人因職稱、待遇未與合作辦法相符，當場拂袖而去，令他們顏面盡失，才引發如此事端。[50]

---

年 9 月 14 日）〉，《竺可楨全集》，第 23 卷，頁 464。陳學溶，《中國近現代氣象學界若干史蹟》，頁 197-198。

48 〈致航空委員會函稿（1937 年 9 月 24 日）〉，《竺可楨全集》，第 23 卷，頁 479。

49 竺可楨，〈致傅斯年函（1937 年 10 月 7 日）〉、〈致傅斯年函（1937 年 10 月 8 日）〉、〈致宋兆珩函（1937 年 10 月 9 日）〉、〈致宋兆珩函（1937 年 10 月 18 日）〉，《竺可楨全集》，第 23 卷，頁 492-493、495、498。

50 陳學溶，《我的氣象生涯：陳學溶百歲自述》，頁 76。

　　事實上，雙方事後僅維持著某種互助合作關係。為了應付作戰所需，中研院氣象所每日將天氣預報圖繪製完成後，即用簡短密碼向航委會各總站傳送消息，複印每日的天氣圖，分送航站及相關軍事機關，供飛機起降飛行時使用。[51] 例如1940年8月，中研院氣象所利用電話傳送重慶和西寧兩地天氣的數值，再由航委會協助廣播，也派人前往氣象所商討、分析氣象數據。[52] 就此看來，雙方雖未實際組織成一個合作單位，但中研院氣象所的情報供給，確實成為航委會氣象情報網絡的重要來源，並替該會解決各種有關天氣的問題。[53]

### （二）來自蘇聯的氣象情報

　　抗戰初期中蘇已有軍事合作關係。1937至1941年，蘇聯派遣志願隊訓練中國空軍、支援作戰。[54] 有鑑於

---

51　陳學溶，《中國近現代氣象學界若干史蹟》，頁197-198。劉桂雲、孫承蕊選編，《國立中央研究院史料叢編》（北京：國家圖書館出版社，2008），第6冊，頁433-434。

52　「為派員接洽供給本部重慶地方天氣預告，並由本部傳達西寧一處氣象報告由」（1940年8月21日），〈航空氣象委員會會議及審查會議記錄、空軍總指揮部特種技術工作隊編印《氣象密電情報》以及航委會等聘請氣象教官協助氣象測候等與氣象研究所往來函〉，《中央研究院檔案》，南京二檔藏，典藏號：三九三—2869。

53　「為電復氣象電報傳遞事項由」（1940年7月6日），〈航空委員會索要氣象資料、要求氣象合作、購置儀器等與氣象研究所往來文件〉，《中央研究院檔案》，南京二檔藏，典藏號：三九三—2868。「竺可楨寫給趙九章信函」（1944年9月14日），〈朱家驊、竺可楨、呂炯等關於聘請趙九章為氣象研究所研究員及該所聘德國氣象學家、教育部召開學術會議、購置氣象器材給趙九章的信函〉，《中央研究院檔案》，，南京二檔藏，典藏號：三九三—2879。

54　空軍總司令部情報署編印，《空軍抗日戰史》（出版地不詳：空軍總司令部情報署，1950），第9冊，頁333。

此，航委會也希望透過蘇聯氣象臺的廣播，協助空軍的
軍事行動。最初航委會嘗試收發蘇聯氣象臺的氣象廣
播，可是因蘇聯將國際氣象電碼加密，航委會未能破譯
密碼，以致無法如願。為了改善如此情況，1938 年 10
月航委會透過外交部與蘇聯大使館聯繫，討論索取氣象
密碼、廣播波長、時間等事宜，並希望日後蘇聯更換
密碼時，得以隨時通知航委會。[55] 此後雙方維持一段穩
定的供給與接受關係。1941 年 2 月，國府再次針對西伯
利亞氣象廣播收發問題，向蘇聯大使館詢問西伯利亞、
塔什干及阿拉木圖三處氣象電臺，其廣播的波長和時間
是否有變更狀況，並盼望蘇聯能夠增加提供各地地名代
碼和經緯度。[56] 3 月，蘇聯大使館陸續將這些資訊告訴外
交部，再由外交部轉告航委會。[57] 航委會利用這些來自
中亞的情報，推演中國西北地區的氣象預報。但在是年
9 月，蘇聯以氣象情報係屬軍事機密，不願繼續提供密

---

55 「向蘇方商洽西伯利亞等處電臺氣象廣播所用密碼事」（1938 年
10 月 7 日），〈向蘇方商洽西伯利亞等處電臺廣播所用密碼事〉，
《外交部檔案》，中央研究院近代史研究所藏，典藏號：04-02-
015-02-003。（以下簡稱中研院近史所藏）。

56 「為請查示新西比利亞塔什干及阿拉木圖等處氣象廣播電臺所用
波長等項有無更以及所播各地地名代替號碼等項以便收聽由」
（1941 年 2 月 10 日），〈新西比利亞等處電臺氣象廣播所用波
長等項有無變更〉，《外交部檔案》，中研院近史所藏，典藏號：
04-02-015-02-004。

57 「關於蘇聯新西伯利亞等處氣象廣播事」（1941 年 3 月 3 日），〈新
西比利亞等處氣象廣播〉，《外交部檔案》，中研院近史所藏，
典藏號：04-02-015-02-008。「為復請再飭向蘇外部詢明新西伯利
亞等電臺廣播氣象所用電碼等項見示由」（1941 年 7 月 11 日），
〈請再向蘇詢明新西比利亞電臺廣播氣象所用電碼〉，中研院近
史所藏，典藏號：04-02-015-02-014。

碼。[58] 而值此德蘇開戰之後，蘇聯軍力耗損甚鉅，於是撤回對華的軍事援助，[59] 情報供應也趨於保守，減低洩密的機會，致使航委會缺少了來自蘇聯的幫助。

## 三、氣象情報的管控和保密

　　氣象情報直接影響到軍機出擊，掌握天氣的狀況等於搶得作戰先機，因此戰時天氣消息往往成為情報管制的一環。抗戰開啟後，由於中國境內有數個氣象系統公開廣播天氣，軍委會認為日軍會從這些天氣廣播截獲訊息，用以發動攻擊和空襲，將不利於己。於是軍委會先請中研院氣象所停止公開廣播，改用密電傳送氣象情報，藉此避免日軍獲取中方情報。[60] 像是 1938 年 4 月，航委會發現海關電臺時常互相傳遞氣象消息，為了杜絕日軍從中取得消息，乃要求財政部制止海關電臺互發情報。[61] 與此同時，軍委會也指示長江流域各海關對於氣象、雨量、水位等報告，不再予以廣播與刊報，一概改用密件傳送，且嚴令主管人員不得任意洩漏。[62]

---

58　「關於蘇方廣播氣象事電請查照由」（1941 年 9 月 12 日），〈蘇方廣播密碼事電請查照由〉，《外交部檔案》，中研院近史所藏，典藏號：04-02-015-02-018。

59　施詔偉，〈抗戰前期中蘇軍事關係（1937-1941）〉（新北：臺北大學歷史學系碩士論文，2015），頁 30-33。

60　「密」（1937 年 7 月 26 日），〈軍委會、國防部、參謀本部等軍事部門索要資料並與氣象部門合作等致氣象研究所函〉，《中央研究院檔案》，南京二檔藏，典藏號：三九三－2855。

61　「航委會快郵代電氣象所」（1938 年 4 月 3 日），〈航空委員會索要氣象資料、要求氣象合作、購置儀器等與氣象研究所往來文件〉，《中央研究院檔案》，南京二檔藏，典藏號：三九三－2868。

62　「國民政府軍事委員會辦公廳快郵代電」（1938 年 5 月 3 日），〈軍委會、國防部、參謀本部等軍事部門索要資料並與氣象部門

　　針對在中國從事氣象廣播的外籍人士，航委會也商請外交部向法、義、菲等國提出停止測報沿海氣象的訴求。然而事與願違，義大利率先拒絕軍艦電臺停播氣象，美國也不欲菲律賓電臺停播沿海的氣象消息。[63] 法國政府雖考慮過國民政府的請求，但徐家匯觀象臺臺長茅若虛（Ludovicus Dumas, 1901-1970）表示氣象廣播主要為了提供船艦航行使用，且限於中國沿海與長江流域內依條約開放商埠，並非日軍所需的飛行報告，無意停止氣象廣播。[64] 由於各國配合度不高，導致國民政府無法完全封鎖氣象情報，故決定先停止中研院氣象所與徐家匯觀象臺交換天氣報告。儘管茅若虛力爭，惟氣象所考量軍事航空的安全，強調徐家匯氣象臺的氣象廣播仍會危及國府之作戰。[65]

　　直到 1939 年 1 月 24 日，日本空軍空襲洛陽，一架日機被擊落，從機上竟蒐獲許多繪製寧夏、蘭州、西安、漢中、重慶、成都、宜昌、吉安、韶關、柳州、貴

合作等致氣象研究所函〉，《中央研究院檔案》，南京二檔藏，典藏號：三九三－ 2855。

63　「停止氣象廣播」（1937 年 7 月 22 日至 1938 年 5 月 16 日）〈戰時氣象播報管制〉，《外交部檔案》，國史館藏，典藏號：020-991 200-0285。

64　〈密字第 1502 號／交通部電政司函中研院氣象所，請其對意見詳予核示，並轉函航委會簽示意見〉，中國第二歷史檔案館藏，《中央研究院檔案》，檔號三九三 -2903，「孫敏華、劉粹中等有關工作對調、任職、給薪等事項給竺可楨、呂炯的信函」。

65　「密字第 1502 號（交通部電政司函中研院氣象所，請其對意見詳予核示，並轉函航委會簽示意見）」（未標年份，8 月 5 日），〈孫敏華、劉粹中等有關工作對調、任職、給薪等事項給竺可楨、呂炯的信函〉，《中央研究院檔案》，南京二檔藏，檔號：三九三－ 2903。

陽等處的氣象圖表，事態嚴重方才真相大白。這個發現
使得航委會驚覺：空軍的氣象廣播可能已遭日軍破譯。
為防止這種情況再次發生，航委會開始派人重新編訂航
空站及各地天氣密碼，並嚴令不許洩漏。同時針對此
事進行調查，反思情報洩漏的原因，得出如下兩個可
能因素，其一為我方廣播天氣洩漏，其二則是敵人委
派間諜、利用漢奸深入內地得悉測報天氣，再以無線電
回報。[66]

　　另外，航委會採用中研院氣象所的天氣報告，充當
軍事作戰情報，也須加強其保密強度。1940 年 5 月，
隸屬航委會轄下的測候所即配合其措施，改採有線電傳
遞氣象情報，只有巴安、拉薩、敦煌、康定、西寧、西
昌、騰衝等測候所使用無線電拍發天氣報告。這些測候
所使用的氣象電碼，每月需變換一次改密方法，電碼格
式以四字一組，如同一般電報，藉此將氣象情報隱藏在
普通電報之中。[67] 7 月又增添榆林、西安兩處測候所使
用無線電傳遞氣象報告。其中因榆林測候所接近敵方，
需特別編排、發送不同密碼，防止日軍破獲氣象電碼，
便知悉其他地區的電碼。[68]

---

66　「函請協同注意廣播天氣報告務須嚴密勿使洩漏並所用電碼應隨
　　時更換以保機密由」（1939 年 2 月 28 日），〈航空委員會索要
　　氣象資料、要求氣象合作、購置儀器等與氣象研究所往來文件〉，
　　《中央研究院檔案》，南京二檔藏，檔號：三九三— 2868。

67　「為請對於使用無線電拍發氣象報告各地方測候機關另編氣象密碼
　　以防洩漏氣象報告由」（1940 年 5 月 15 日），〈航空委員會索要
　　氣象資料、要求氣象合作、購置儀器等與氣象研究所往來文件〉，
　　《中央研究院檔案》，南京二檔藏，檔號：三九三— 2868。

68　「1940 年 1 月至 1943 年 3 月大事記」（1940 年 7 月 1 日），〈中
　　央研究院氣象研究所所務日志、大事記〉，《中央研究院檔案》，

　　隨著戰爭的激化，日機在各處肆虐，為防止日軍獲取盟軍的氣象情報，航委會編列數種密碼留待備用。有關保密問題，1942 年 5 月軍委會特別派技術室朱其清與竺可楨聯繫，諮詢、確認國內氣象機關的保密方法及國內氣象情報運作狀況。此時，竺氏提出看法指稱：航委會一直不願提供先前從日機所得的氣象報告，導致氣象所無法查明是否從我方電臺洩漏。事後，僅從私人方面獲知，日機上的天氣資料不同於我國電臺廣播內容，而日人在重慶、貴陽、成都、昆明、桂林等地，均設有祕密電臺，可隨時報告天氣。[69] 顯然在氣象情報的保密上，航委會並不願讓氣象所涉入太多，以致情報洩密問題仍時有耳聞。

　　其實航委會與氣象所在情報提供與保密上早有衝突。戰時氣象所將天氣報告資料供航委會使用，但航委會每次對氣象所索取空軍觀測的氣象紀錄，總以內含軍事機密性、天氣報告供飛行應用與學術研究目的不同，以及氣象紀錄尚在整理等種種理由回絕。竺可楨對此深感不滿，1940 年 9 月寫給學生趙九章的信件中，即痛斥這一現象：

　　　　實際主事者缺常識，不懂何種資料該嚴守祕密，何
　　　　種資料可以與國內氣象機關互相交換。甚至所有紀

---

南京二檔藏，檔號：三九三─2757。

69　「軍委會軍令部技術室朱其清信函」（1942 年 5 月 21 日），〈軍
　　委會、國防部、參謀本部等軍事部門索要資料並與氣象部門合作
　　等致氣象研究所函〉，《中央研究院檔案》，南京二檔藏，檔號：
　　三九三─2855。

　　錄一概不能發表，以此種無知識之人而使之主管航
　　空氣象，甚足以憤。[70]

反映雙方對氣象情報的認知不同，惟考量防範洩密，航
委會不願提供天氣資料亦屬自然。

　　自珍珠港事變後，日本軍方就命令日本境內無線電
臺不得公開天氣預報。各地區氣象臺和測候所的觀測
數據加密發送至東京中央氣象臺，歷經加密後才廣播氣
象。日本民眾已無法掌握天氣狀況，以致 1942 年 8 月
27 日颱風登陸九州，居民防備不及，造成西日本嚴重的
災害。[71] 據此可知，拒絕供給天氣訊息並非是航委會專
擅作為，而是交戰國家經常採行的作法。

　　為了協助軍事活動的情報保密，行政院於 1943 年
10 月公布〈戰時氣象管理規則〉，加強情報管理。[72]
同時，航委會在美軍的請求下，針對飛行氣象報告、氣
壓氣溫報告、區域天氣預報等編列不同的密碼，並定期
更換，維持機密性。[73] 只不過每當重慶天氣晴朗時，日

70　「竺可楨寫給趙九章信函」（1944 年 9 月 14 日），〈朱家驊、竺
　　可楨、呂炯等關於聘請趙九章為氣象研究所研究員及該所聘德國氣
　　象學家、教育部召開學術會議、購置氣象器材給趙九章的信函〉，
　　《中央研究院檔案》，南京二檔藏，典藏號：三九三一 2879。

71　〈太平洋戦争と天気図、天気予報〉，參見バイオウェザーサー
　　ビス網站：https://www.bioweather.net/column/weather/contents/
　　mame091.htm（2022/2/4 點閱）。

72　「繕呈戰時氣象管理規則請備案」（1943 年 10 月 4 日），〈行
　　政院長蔣中正呈國民政府為戰時氣象資料管理規則請備案〉，《國
　　民政府檔案》，國史館藏，典藏號：001-012071-00014-050。

73　「電覆寅馬密電由」（1944 年 4 月 5 日），〈業務雜件（內有戴笠
　　為請派氣象專家參加中美氣象情報網建設、英科學家李約瑟來信、
　　擴充物理所儀器工廠計劃書、植物學研究所研究計劃綱要等）〉，

機即來空襲，故一些軍方人士頗懷疑市內有間諜電臺存
在；後經多方研究，才發現還是氣象報告洩漏的問題。
因此決定自 1944 年 3 月起，國內天氣報告只准以長途
電話或其他代用電碼傳送，且每日須變換一次密碼。[74]
如此一來，雖達成保密效果，應用上卻出現了混亂和延
宕的情況。

迄至 1944 年中，美軍和航委會即就密碼問題進行磋
商。魏德邁（Albert Coady Wedemeyer, 1897-1989）、陳納
德（Claire Lee Chennault, 1893-1958）認為日軍業已失空
戰優勢，建議航委會可將中國的氣象報告改回明碼，藉
此節省人力，增加時效。於是航委會同意美方建議，自
1945 年 8 月 1 日起，先由美軍將地面氣象報告改採國
際氣象明碼，高空探測紀錄仍使用密碼傳遞。航委會依
照美軍編列電碼方式，譯印《中美空軍氣象電碼》，分
送各地空軍使用。在未取得電碼手冊之前，盡量簡化情
報變密措施。[75] 不久之後戰爭結束，氣象情報遂不需再
行加密，直接使用明碼傳送。

總而言之，空軍對氣象情報的管控，在抗戰初期因
外國在華氣象臺不願配合停止廣播，導致無法全面封鎖

---

《中央研究院檔案》，南京二檔藏，檔號：三九三－ 149。

74 「蔣中正快郵代電朱家驊」（1944 年 3 月 16 日）、「電覆寅馬密
電由」（1944 年 4 月 5 日），〈業務雜件（內有戴笠為請派氣象
專家參加中美氣象情報網建設、英科學家李約瑟來信、擴充物理
所儀器工廠計劃書、植物學研究所研究計劃綱要等）〉，《中央
研究院檔案》，南京二檔藏，檔號：三九三－ 149。

75 「航空委員會軍事工作報告（1944 年 10 月 10 日起至 1945 年
10 月 10 日止）」（未標日期）〈航委會軍事工作報告〉，《國
防部史政編譯局檔案》，檔案管理局藏，典藏號：B5018230601
/0033/109.3/2041.4。

消息來源，反令日軍得以參考氣象報告，執行對華作
戰。不過對中國空軍來說，航委會及氣象部門伴隨國民
政府遷往內陸地區後，外國氣象臺廣播的氣象報告也成
為他們掌握中國沿海及淪陷區的消息來源的方式。嗣後
亞洲戰場的變化，氣象廣播因 1942 年 12 月 18 日在華
日本陸海軍最高指揮官頒令限制外國在華氣象臺的無線
電通訊，以致取得沿海天氣報告日益受限。[76] 為此中美
只得另謀他法獲取相關氣象情報了。

## 第四節　小結

　　抗戰時期中國空軍因作戰需求強化和開展氣象組
織。首先，航空委員會建立以氣象總臺為核心，利用各
地總站、站、場單位，設置測候班及觀測點，並就各級
單位規範氣象勤務，構成空軍的氣象情報網。然則，氣
象情報網的運作需要氣象人員、儀器、通信等各條件的
配合；在這些條件不足的狀況下，航委會必須尋求外
援，透過中研院氣象所和蘇聯氣象臺的觀測系統，增加
氣象報告的來源。

　　空軍透過招聘和引介等辦法鼓勵曾從事氣象工作的
人才加入行列，並以「為用而訓」為目的，建立培訓氣
象員的模式。航委會成立測候訓練班，專門培育空軍氣
象的中高階人才；甚至為了補足基本人力，還在各地航

---

76 吳燕，《科學、利益與歐洲擴張—近代歐洲科學地域擴張背景下
　　的徐家匯觀象臺（1873-1950）》，頁 174-175。

空總站、空軍學校下設立測候士訓練班。只不過受限於
現實物資、財力，只能先進行少量培訓。

　　曾任空軍氣象總臺臺長的朱文榮，在 1942 年 12 月
論及戰時空軍氣象工作，指出建立測候網為其首要目
標。原因是當時空軍的觀念只注意執行任務期間的天氣
報告，若要更精確提高勤務的成功率，必須獲取更為精
確的天氣預報。但是此一前提是，必須有一個稠密的
測候網，其基礎則是擁有足夠的氣象人員與儀器。[77] 依
戰時空軍的作為而言，確實也朝向此一目標前進；換言
之，氣象事業和工作的推展，實有其正面的意義。

　　最後，由於美軍重視中國的氣象情報，促使空軍的
氣象業務有了更多開展。其中不僅提增訓練人數，也積
極在西南和西北地區佈署新的測候臺，並盡力完成編列
密碼、調整傳送模式，維持氣象情報保密性。而具有現
代化的美軍重視天氣報告的印象，也留存在許多紀錄之
中，例如 1944 年陳納德在研擬宜昌、沙市的作戰計畫
中，就相當強調如何掌握天氣的重要性。[78] 戰時曾在廣
西百色機場擔任翻譯的蕭醒球，憶及每日工作重點，
即是為機場的美軍翻譯來自各地的氣象報告。[79] 而竺可

77　「工作報告」（1942 年 12 月 15 日），〈朱文榮（朱國華）〉，《國
　　史館侍從室檔案》，國史館藏，典藏號：129-210000-2026。

78　「陳納德來函宜沙攻勢中之空軍活動計劃」（1944 年 11 月 3 日），
　　〈軍委會有關空軍問題的各項文電〉，《國防部史政局及戰史編
　　纂委員會檔案》，南京二檔藏，典藏號：七八七 -16885。

79　貴陽市政協文史資料委員會、貴州省史學學會近現代史研究會合
　　編，《紀念抗日戰爭勝利五十週年文史資料專輯》（貴陽：貴
　　陽市政協文史資料委員會、貴州省史學學會近現代史研究會，
　　1995），頁 42。

楨日記中亦有美軍顧問團向軍令部索取氣象報告的記載。[80] 這些觀念勢將保留在中國空軍人員的記憶裡，並逐步深化空軍體系之中。總之，氣象組織與制度的完善，亦為戰後中國繼續爭取美國軍援、建立現代化空軍構想之一環。

---

80　竺可楨，《竺可楨全集》（上海：上海科技教育出版社，2006），
　　1944 年 3 月 22 日，第 9 卷，頁 59。

# 第三章　中研院氣象所與中央氣象局

　　近代中國的天氣觀測工作分屬多個系統，彼此之間雖有聯繫，始終卻各自發展。1928 年南京國民政府雖成立中央研究院氣象研究所，於各地建立測候所，從事觀測與研究工作，但國家始終缺乏一個主管全國氣象事務、中央層級的行政機關。此時氣象界儘管已有成立全國性氣象行政機關的呼聲，卻未能實現。直到第二次中日戰爭後，為了支援國防需要，遷都重慶的國民政府始於 1941 年 10 月成立中央氣象局，整合中央部門相關業務，並在中國各地設立測候所，而地方政府自設的氣象機關也以其為依歸。就國府的氣象行政體系發展變遷而言，可謂為重要的轉折。

　　本章首先試圖釐清透過「知識支援國防」的這股推力，探討氣象界人士對中國氣象建設與政策的構想。其次是在此一過程中，分析中央研究院及轄下氣象研究所扮演的角色，以及與中央氣象局建立之關係。最後部分說明「戰爭」這把雙面刃對於組織成立後所造成的影響，從而理解戰爭和學術知識間之關係。

# 第一節　戰前全國氣象網的構思

　　中國氣象建設之有全國性規劃，始於中央研究院成立氣象研究所。1927 年 4 月 17 日中國國民黨中央政治委員會召開第 74 次會議，李煜瀛（1881-1973）等人提議成立中央研究院，獲得與會人士的支持，且推派蔡元培（1968-1940）、張靜江（1877-1950）及李氏共同擔任籌備委員。同年 11 月，籌備委員會會議決議建立觀象臺，籌設氣象與天文研究所。隔年 2 月中研院在欽天山北極閣成立氣象所，由留美氣象專家竺可楨擔任首任所長，陸續聘用劉治華、沈孝鳳、全文晟、黃應歡、張寶堃、鄭子政、王學素、黃逢昌、胡煥庸、呂炯等人，從事觀測和研究。氣象所在草創階段受限於設備，採以人工方式輪班定時觀測，記錄天氣數據；且為了加強觀測員的實際經驗，選派所內人員前往菲律賓馬尼拉觀象臺實習，學習預報陰晴、繪製天氣圖及修理儀器等技術。[1] 在眾人篳路藍縷的努力下，該所業務漸邁入正軌，開始向各界提供氣象報告、出版編著書資料，還有培養、指導測候人才，以及保護飛航等協助。[2]

## 一、扮演多重角色的中研院氣象所

　　任職於氣象所的專業人員除從事觀測與研究之外，

---

1　劉桂雲、孫承蕊選編，《國立中央研究院史料選編》（北京：國家圖書館出版社，2008），第 2 冊，頁 1-2。孫毅博，〈民國中央研究院氣象研究所研究（1928-1949）〉，頁 12-13。

2　國立中央研究院氣象研究所編，《國立中央研究院氣象研究所概況》（南京：國立中央研究院氣象研究所，1931），頁 2、6-10。

對中國氣象建設現況亦十分關心。當時這些觀測人員有感於氣象與農林、飛航、水利直接相關，但中國僅有少數的測候所可提供氣象紀錄，記載亦不盡正確，時有闕漏，無法應付國內複雜的天候狀況。為此，他們在1928 年的工作項目中，擬訂了「全國設立氣象測候所計畫」，將全國劃分東北、西北、中央、東南、西南、滿洲、青海、西藏、新疆、蒙古等十區，在各區設置氣象臺、頭等測候所、二等測候所、三等測候所以及雨量站，從事氣象觀測，並累積各地的天氣資料。[3] 氣象所取得這些觀測紀錄後，即以此為基礎，從事中國氣象理論、農業氣象、航空氣象、水利與氣象等四類研究。其中航空氣象的資訊最為欠缺，所以氣象人員除了思考使用氣球進行高空探測外，也打算與飛航單位合作，透過飛機飛行取得不同地面高度的氣象資訊。[4]

　　氣象所在全國各地建設測候所的構想，雖得到國民政府的同意與支持，卻無法獲致經費上的挹注。政府只有訓令各地方省、廳通力合作，意即氣象所舉凡建設測候所，必須另籌經費。氣象所所長竺可楨於是採取了三種做法：第一，考量中國氣候的特性，先利用有限的經

---

3　各區管轄省分如下：東北區為河南、河北、山東、山西、熱河、察哈爾；西北區：陝西、甘肅、綏遠；中央區：江蘇、浙江、安徽、江西、湖北、湖南；東南區：福建、廣東、廣西、雲南；西南區：四川、貴州、西康；滿洲區：遼寧、吉林、黑龍江；青海區：青海；西藏區：西藏；新疆區：新疆；蒙古區：蒙古。竺可楨，〈全國設立氣象測候所計劃書〉，《地理雜誌》，第 1 卷第 2 期（1928年 9 月），頁 1-3。

4　劉桂雲、孫承蕊選編，《國立中央研究院史料叢編》，第 2 冊，頁 7-9。

費,選擇先在西北和西南地區(西伯利亞高壓和印度低氣壓的發源地)的肅州、西寧及拉薩等地,設置直屬測候所。第二,透過合作方式,如代購、商借儀器、代為訓練測候人員等模式,與航空公司、全國經濟委員會、各省建設廳或水利局等合辦測候所。第三是商請海關稅務司、輪船招商局,同意將轄下測候單位和電臺每日觀測的天氣報告,交由氣象所參考使用。[5] 至於國外的氣象消息,則透過無線電臺接收來自朝鮮、南洋、臺灣、日本、蘇聯等地的氣象報告。[6] 由此可知,氣象所利用有限的資源自辦測候所,並藉由向外覓取合作的機會,與需要掌握天氣報告的單位相互配合,蒐集各地天氣資訊,俾便進行科學研究。

設置氣象臺站往往需要大量的觀測人力,因此氣象所也擔負起培訓人才的責任。自 1929 年至 1936 年間,該所總共舉辦了四次氣象訓練班;開辦的目的除了自身所需之外,亦接受相關單位的請託,培養基礎觀測員。[7] 首次是在 1929 年春,為因應軍政部航空署及各省建設廳的需求,由全文晟、黃廈千(1898-1977)[8] 負

5　當時中研院氣象所也向沿海各國租界、軍艦提出提供氣象觀測的請求,未獲同意,因為他們的報告是送往上海徐家匯觀象臺。孫毅博,〈民國中央研究院氣象研究所研究(1928-1949)〉,頁 24-32。

6　劉桂雲、孫承蕊選編,《國立中央研究院史料選編》(北京:國家圖書館出版社,2008),第 3 冊,頁 354-355。

7　孫毅博,〈民國中央研究院氣象研究所研究(1928-1949)〉,頁 36-37。

8　黃廈千,江蘇南通人,名應歡,字以行。1920 年進入國立東南大學文史地部就讀,1924 年7月畢業後留校任教。1928 年擔任中央研究院氣象研究所觀測員,並被派至菲律賓馬尼拉觀象臺學習天氣分析和預報。1929 年擔任清華大學氣象學教師,並擔任清華氣

責上課，並編印《測候須知》為講義。授課過程中他們
告訴學員各種天氣現象的形成原理、測量設備的使用方
法及數據紀錄與氣象電碼發送方式，同時將測候所的分
級辦法帶入中國。第一級為頭等測候所，又稱標準氣象
臺，具體工作為每小時需測量氣壓、氣溫、風力、風
向、日照及雨量等紀錄，並依規定時間目測雲的份量、
種類、走向，以及天氣的特徵。二等測候所又稱標準測
候所，每兩小時至少須測量一次氣壓、氣溫（乾球和濕
球）及風雲天氣狀況，且須記錄一日間最高、最低溫
度、雨量、日照時數及天氣附誌。三等測候所又稱輔助
測候所，觀測內容則與二等測候所相同，差別之處在於
每天僅在規定時間內觀測一次，其紀錄也較為簡略。[9]

　　後來中研院氣象所為因應建置「沿江沿海測候所計
畫」，[10] 先後在 1931 年、1934 年及 1936 年各開設一
期氣象訓練班。學員成員主要分成兩類，第一類招收具
有高中理工科學歷的畢業生接受訓練，他們在學成之
後，必須按照氣象所的指派，前往各地的測候所服務。

象臺臺長，兼任中研院氣象所特邀研究員。1934 年赴美國加州理
工學院氣象系留學，專攻航空氣象、高空氣象。1939 年回國至
重慶沙坪壩中央大學擔任地學系系主任兼氣象組負責人，先後講
授氣象觀測、天氣預報、高空探測、航空氣象等課程。陳學溶，
〈我所知道的黃廈千博士〉，《中國科學史雜誌》，第 33 卷第 3 期
（2012 年），頁 366-370。

9　全文晟、黃廈千編譯，《測候須知》（南京：中央研究院氣象研究
　　所，1930）。

10　此計畫因經費困難後停辦，但中研院氣象所繼續透過與其他機關
　　相互合作，在各地設立測候所。因此，氣象所必須繼續培訓基本
　　的測候員，以應付工作。竺可楨，〈致全曦堂函稿（1932 年 2 月
　　15 日）〉，《竺可楨全集》（上海：上海科技教育出版社，
　　2012），第 22 卷，頁 420。

第二類則為各機關推薦人員，以提升專業水平為目的。訓練班的課程內容包括氣象學、物理學、無線電學、數學等科。每期的上課內容略有調整，目的在符合基層氣象觀測工作之需，且在往後成立測候所的人力上不至於短缺。[11]

中研院氣象所除了指導、協助各地從事氣象觀測與訓練人才之外，本身亦進行地面與高空的觀測活動。該所的地面測候內容相當詳細完整，包含氣壓、溫度、濕度、風向、風力、日照、地溫、草溫、雲向、雲量、雨量、雪量、蒸發量、微塵等項目；1931 年起再增加觀測太陽熱力，記錄太陽垂直輻射和天空平面輻射。高空探測則是從 1930 年開始，意指利用特殊的工具和設備，將探測儀器帶入高空中，藉此探測風力、風向、溫度、氣壓、濕度等。最初，氣象所施放測風氣球，用經緯儀測量高空的風向和風力；接著施放探空氣球（sounding balloon）攜帶自記儀器，記錄高空氣壓、溫度等。[12] 但因施放後經常無法順利尋回氣球，因此中研院氣象所開始與參謀本部陸地測量局合作，從 1931 年 10 月起由測量局派飛機進行高空測候，1932 年之後改由航空署負責此項業務，每月二次將自記氣象儀器置於機翼，並在飛機起飛和降落時記錄氣象數據。這種利用飛機執行觀測工作，一直持續至 1937 年 7 月中日戰爭

11 孫毅博，〈民國中央研究院氣象研究所研究（1928-1949）〉，頁 36-37。

12 國立中央研究院氣象研究所編，《國立中央研究院氣象研究所概況》，頁 2、6-10。

爆發才停止。此外，在 1932 年至 1934 年間，中研院氣象所曾一度運用氣象風箏在北平進行探測，但因探測地點附近設有高壓電線，容易發生危險，因此不得不停止此項業務。

　　由此可見，研究人員透過以上各種方式，多方蒐集地面和高空的氣象紀錄。這些紀錄經過整理後，不僅做為學術研究的資料，發表有關天候學、天氣學大氣環流、動力氣象學等論文，[13] 也嘗試將資訊告知社會大眾。例如：當時觀測員將天氣數據試繪成天氣圖，在南京地區實行未來二十四小時的天氣預告，由中央黨部廣播電臺播放，隔日再將消息刊登在《中央日報》、《首都民生報》；之後更擴大刊發範圍，在《新民報》、《救國日報》、《朝報》、《南京早報》等報登載。中研院氣象所也特別關注航空航線沿線和颱風災害地區，每日提供簡單的航線沿線天氣預報，供航空公司使用，另著手颱風預警工作，訂每年 6 至 11 月為沿海颱風侵襲時段。當颱風來襲之際，就依照觀測結果進行廣播，內容有颱風走向、風力、風向等，之後再透過交通部的沿海電臺，擴大廣播區域，藉此減少颱風災害。[14]

　　職是之故，中研院氣象所不僅從事學術研究和氣象觀測，還兼具指導地方測候機關與培訓人才的作用，一

---

13　孫毅博，〈民國中央研究院氣象研究所研究（1928-1949）〉，頁 40-42、49-52。竺可楨，〈致曹寶清函稿（1932 年 11 月 14 日）〉、〈致晏玉琮函稿（1933 年 5 月 4 日）〉，《竺可楨全集》，第 22 卷，頁 503、565。

14　劉桂雲、孫承蕊選編，《國立中央研究院史料選編》，第 3 冊，頁354。孫毅博，〈民國中央研究院氣象研究所研究（1928-1949）〉，頁 44-45。

定程度上擔負著行政與教育之功能。因此,該所在面對
中國的氣象事業之開創階段,不僅從學術研究角度出
發,更關注到全體的發展。觀測紀錄是氣象工作的基
礎,建立測候所是取得紀錄的方式,故氣象所以建立全
國氣象測候網為其重要措施;但因經費有限,只能選擇
與海關、地方測候機關進行合作,建置一套交換氣象資
訊的情報網。除此之外,為增加基礎測候員的數量與提
升從業者的專業水平,該所舉辦氣象訓練班培養基礎觀
測員,由研究人員教導氣象觀測的新方法、制度及觀
念,也為往後中國建立全國性的測候網絡儲備了基本人
力。這些舉措強化了中央機關與地方上的聯繫,亦使中
研院氣象所成為各地測候機關的依歸,對往後該所推動
各項工作,減少了許多阻力。

## 二、召開全國氣象會議

　　中研院氣象所在中國氣象行政扮演領導者的角色,
曾先後在 1930、1935、1937 年廣邀各地觀測機構於南
京召開全國氣象會議。三次氣象會議皆以協調、解決氣
象行政與工作上的困難為其重點,且為中國氣象事業提
出建言與想法。第一次會議係 1930 年 4 月 16、17 日在
中國科學社召開,商討內容多半不離氣象電報號碼與廣
播的統一化、增加中國各地測候所的質與量、改進氣象
廣播的品質,以及統一氣象名詞與儀器標準等議題。[15]
這些議案反映當時中國氣象觀測工作各行其是,缺乏規

---

15　中央研究院氣象研究所,《全國氣象會議特刊》。

範化的標準，所蒐集到天氣數據也會因為無線電廣播的品質不良，而無法取得來自各地的消息。

　　1935 年 4 月 8 日中研院氣象所召開的第二次全國氣象會議之中，開始出現中央政府成立氣象行政機關，統轄全國氣象事務的呼聲。當時中研院氣象所雖具處理與指導各地觀測機關的功能，但畢竟為學術研究機構，能夠掌握的經費與資源相當有限，更沒有直接行政權可以要求各地的測候機關遵從命令，進而整合全國氣象資訊。會議召開前，中研院氣象所已先蒐集來自各機關有關氣象的提案，多數認為中國必須增設測候所，其中中國氣象學會[16]與廣西省測候所更進一步提出成立全國氣象機關。中國氣象學會建議氣象機關應該仿照郵政電政體制，規定統一氣象測候的行政辦法，甚至可由中研院氣象所做為中央最高機關，直轄各省氣象測候所；各省測候所管轄各縣市的測候所，建立三級制的管理模式。各測候所經費則按照業務繁忙程度，由國庫按月發給，藉此掌握人事變動。除此之外，亦須建立視察制度，由中研院氣象所派遣專員前往各地的測候所視察，協助改善觀測工作。[17]惜是二屆會議中雖有此提議，但會議結束後卻仍無下文。

　　直到 1937 年 4 月 2 日，中研院氣象所舉行第三屆

---

16　中國氣象學會，為中國氣象學術團體，由高魯、蔣丙然、竺可楨等人倡議，於 1924 年在青島成立，作用在於聯絡、組織會員和有關學會之間的交流與合作，並希望能加強中國的氣象研究和教育。參見中國氣象學會編，《中國氣象學會史料簡編》（北京：氣象出版社，2002），頁 3-6。

17　中央研究院氣象研究所，《氣象機關聯席討論會特刊》，頁 74-75、78-79。

全國氣象會議，建置氣象行政主管機關才成為會議的焦點。[18] 當時與會的中國氣象學會、中研院氣象所、南昌航空第二測候所、青島觀象臺、航空委員會第二測候所、浙江省政府、江西水利局等單位代表，針對中國氣象行政的現況，紛紛提出改良氣象行政系統案。[19] 中研院氣象所研究員呂炯整理了這些提案，綜合各方的看法，指稱中國從事觀測的單位因經費有限和主管單位不一，導致現有的氣象行政系統龐雜，造成難以全面進行指導和監督。若在政府行政體系中成立中央氣象局，統一發號施令，即可與中研院氣象所分工合作，改善以往各自為政、制度規章不一的情況。是故，與會代表決定推派航空委員會陳嘉梫、全國經濟委員會水利處胡品先、財政部關務署水侃而（F. L. Sabel）、交通部航政司吳元超、中研院氣象所涂長望、海岸巡防處沈有瑺、地方政府代表劉增冕（山東省）等七人，負責審查修正氣象行政提案。同時，與會代表決議向國民政府呈請撥出經費，在行政院轄下設置中央氣象局，綜理全國氣象業務。會後由中研院氣象所、全國經濟委員會水利處、航空委員會、江蘇省會測候所、交通部航政司等五機關共同組織籌備委員會，商討後續籌組中央氣象局的相關問題。[20]

---

18 李玉海編，《竺可楨年譜簡編（1890-1974）》（北京：氣象出版社，2010），頁 42。

19 著者不詳，《第三屆全國氣象會議特刊》，頁 29-35。

20 「中央研究院氣象研究所函全國經濟委員會水利處」（1937年4月7日），〈氣象機關聯席討論會；第三屆全國氣象會議；籌組中央氣象局會議；中國氣象學會年會〉，《全國經濟委員會檔

　　1937 年 5 月 1 日，籌備委員會在中研院氣象所召開
第一次會議。與會的竺可楨、呂炯、胡品元、陳嘉栻、
陳文熙等人，[21] 依照中央氣象局成立的單位隸屬、經費
來源、組織方案，逐項討論。其中呂炯在籌備會議召開
前，曾對世界各國氣象行政展開調查，以此做為中國設
立中央氣象局之參考。他指出：各國氣象單位多依應用狀
態設於相關部門，例如美國政府偏重農業，美國氣象局
（United States Weather Bureau）便由農部管轄；但在歐洲
國家，如德之帝國氣象局（Reichsamt für Wetterdienst）、
英之英國氣象局（Meteorological Office）、法之國家氣
象局（Office National Météorologique de France）等氣象
機構，則重在維持飛航安全，故將氣象局設於航空部。
呂氏更進一步以德國氣象局為例，說明氣象局在航線沿
線重要地點設有大規模的測候站，每天最多可進行八
至九次的預告。這類的氣象局多指揮全國氣象行政，
並兼任研究工作；純研究者只限於大學研究院之內。
呂炯再舉波蘭農部的氣象機關全名為 L'Institut National
Météorologique de Pologne，直譯即指氣象研究所。他歸
納當時世界各國的氣象機構兼具行政和研究，反映兩者
實屬一體兩面，難以切割。[22]

　　因此，籌備委員認為中國的氣象行政可比照其他國

　　案》，中研院近史所藏，典藏號：26-21-039-04。著者不詳，《第
　　三屆全國氣象會議特刊》，頁 7-11。

21　竺可楨、呂炯為中研院氣象所代表，胡品元、陳嘉栻、陳文熙分
　　別代表全國經濟委員會水利處，航空委員會，及省會測候所，交
　　通部航政處未派人出席。

22　著者不詳，《第三屆全國氣象會議特刊》，頁 186-187。

家的做法，但該如何施行卻有不同的意見。竺可楨考量
中國的情況，主張在行政院實業部之下設置中央氣象
局，再仿照度量衡局做法，由實業部選派職員，各省自
籌經費，展開氣象工作。省會代表陳文熙則從地方角度
出發，表示雖有中研院氣象所指導與協助地方測候所，
惟因經費有限，行政組織簡單，以致無法全面照顧、管
理各省測候業務；若由氣象所推動計畫，行政效率無法
彰顯，故主張在中央政府建立氣象行政機關，負責指揮
監督考核工作。歷經討論後，籌備委員會決議向行政院
提出積極籌設中央氣象局的提案；該局未成立以前，暫
時授權中研院氣象所統轄全國測候事業，由行政院補助
所需經費。[23] 可惜嗣後盧溝橋事變爆發，全國進入戰爭
狀態，只得暫擱此案；但由中央政府成立氣象行政機關
的必要性，做為管理、指導全國各級測候所站，已成氣
象從業人員之共識。

## 第二節　成立中央氣象局

戰前中研院氣象所雖為學術機構，卻身兼部分行政
功能；抗戰爆發後，該所因應戰事需要，更加涉入氣象
與軍務。1937 年 8 月起，日軍進攻上海、威脅首都南
京，隨著戰局快速惡化，氣象所部分工作人員伴隨政府
遷往漢口，同年 10 月底才恢復天氣觀測工作。[24] 當時

---

23 著者不詳，《第三屆全國氣象會議特刊》，頁 187-188。
24 竺可楨，《竺可楨全集》，1937 年 9 月 1 日、1937 年 10 月 29 日，
　　第 6 卷，頁 361-362、391。

竺可楨以觀測業務與航空關係密切，氣象所應配合航空
機關為由，將氣象所設在漢口。[25] 這樣的舉措顯見竺可
楨的觀念裡，氣象所不能僅限於做研究，而觀測與研究
的成果理當支援實際應用，因此氣象所與漢口的各種航
空機關相互合作，成為國府最重要的天氣資訊與預報來
源。武漢會戰失敗後，中研院氣象所又自漢口改遷重慶
曾家岩、北碚，且須設法在艱難的環境下恢復天氣觀測
與研究活動。[26] 所幸甫遷來重慶的國民政府，因需認識
和掌握大後方的自然環境與天氣狀態，以利作戰和發展
航運民生，故轉而積極推動大後方的氣象建設措施。

## 一、推動「國立中央研究院氣象研究所推進
西南測候網計畫」

　　第一次世界大戰以降，軍用機被廣泛使用，致使無
論飛航安全、進行空中作戰或偵察，都需事先獲得氣象
情報。國民政府因應中日戰局，被迫撤至中國西南地
區，竺可楨認為氣象與軍事國防關係密切，故在 1940
年 3 月中央研究院評議會第五次年會中，以氣象所的名
義提出「國立中央研究院氣象研究所推進西南測候網計
畫」，亦即增加後方地區的測候所，為政府提供有效
的氣象資訊。此案提出後甫獲傅斯年、任鴻雋（1886-
1961）、周仁（1892-1973）、陳煥鏞（1890-1971）、葉

---

25　竺可楨，《竺可楨全集》，1938 年 1 月 29 日，第 6 卷，頁 462。

26　竺可楨，《竺可楨全集》（上海：上海科技教育出版社，2005），
　　1939 年 3 月 20 日、1939 年 4 月 11 日、1939 年 9 月 7 日，第 7 卷，
　　頁 52-53、67-68、155。

企孫（1898-1977）等人連署支持，並在評議會中通過。[27]

    中研院氣象所主張戰時必須加強四川、西康、雲南、貴州、湖南、廣西等六省的氣象建設，為此規劃六項主要措施與預算（表 3-1）。六項措施包括：第一，在中研院氣象所內設立氣象行政部，增聘人員，代理中央氣象局處理全國氣象行政事宜。第二，創辦氣象專科學校訓練測候人員。由氣象研究所設立高級與中級各一班，分別招收大學與高中畢業生，教導氣象、氣候專業科目，以及各項實習課程。另外聘請主任一人、教師三人，教授數理、英文、公民、地理等基本科目。學生畢業後，中研院氣象所再依照班別，將高級班畢業生分發二等測候所；中級班畢業生分配至三等及高山測候所服務。第三、四、五項是有關建置後方六省測候所的方式。中研院氣象所擬將六省中已設立之省會測候所，改歸氣象所管轄，並將其擴充為二等測候所，以此為各省氣象中心，負責主管各省境內的氣象事業。緊接著在各省平均建立十所三等測候所，若該省已經設有測候所則加以調整；未滿足十所的省分，增設至十所測候所。根據氣象所的調查，西南各省中除了雲南省，其他各省至少擁有三至六所不等的三等測候所。這些測候所若改由中央撥款辦理，則可減少地方測候開銷費用。另外值得

---

27 「為本院首屆評議會第五次年會提案人竺可楨等提請建議政府資助氣象研究所建設西南測候網俾利全國測候網之逐步推進以應抗戰建國需要案並計畫書呈請鑒核由」（1940 年 9 月 27 日），〈中央氣象局籌設計劃〉，《國民政府檔案》，國史館藏，典藏號：001-128000-00001-001。竺可楨，《竺可楨全集》，1940 年 3 月 23 日，第 7 卷，頁 322。

注意是，氣象所主張在各省設兩處高山測候所，藉此取得高空氣象，為天氣預告與研究供給相關數據。由此可知，中研院氣象所有意建立一套以「中研院氣象所──西南六省省會測候所──三等與高山測候所」三級制的氣象網絡，氣象所即可透過省會測候所取得各地的天氣報告。第六，設立一處氣象儀器修理製造工場。中研院氣象所暫擬與上海大中公司與星星工業社合作，代為製造各種觀測儀器再運銷內地。若無法合作，即在內地新設修理製造工場。[28]

表 3-1　國立中央研究院氣象研究所推進西南測候網
計畫所需經費表

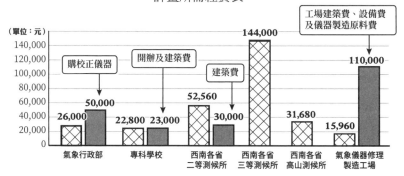

資料來源：「檢送國立中央研究院氣象研究所推進西南測候網計畫及實施說明書函復查照轉陳辦理」（1941 年 1 月 30 日），〈中央氣象局籌設計劃〉，《國民政府檔案》，國史館藏，典藏號：001-128000-00001-005。

---

28　「檢送國立中央研究院氣象研究所推進西南測候網計畫及實施說明書函復查照轉陳辦理」（1941 年 1 月 30 日），〈中央氣象局籌設計劃〉，《國民政府檔案》，國史館藏，典藏號：001-128000-00001-005。

　　表 3-1 是中研院氣象所預計推動西南地區測候網的經費預算表。按照經費比例反映出工作重心在於建立測候所，此亦顯示中國西南地區氣象建設之不足。只不過，該所向政府解釋其安排以節省經費為考量；將測候所劃歸中研院氣象所管理，雖會增加中央的經濟負擔，但在地方上就減少這筆開銷，兩者相互抵銷，等於不增加經費，卻可以讓全國氣象事業達到通盤統籌、統一指揮的目的。若要使西南測候網更加完備，還須在六省各縣設立一處四等測候所，觀測各地的溫度和雨量。可是西南六省約有五百餘縣，若每一縣每年的經常費以五百元計算，則需二十餘萬元。以當時戰爭狀態來說，政府恐無法負擔此項龐大費用，只能請各縣自行籌辦。另外，氣象所也注意到拓展測候網，勢必得面對氣象廣播問題。先前氣象所因為經費有限，未能安置廣播系統，故由交通部為分區廣播天氣消息。戰時交通部的電務繁忙，不見得可以應付增加的氣象廣播業務；而氣象所又無法負擔自行籌辦分區氣象廣播的設備和經費，面對這樣的困境，只得從長計議。[29] 綜上所述，可知推動「國立中央研究院氣象研究所推進西南測候網計畫」有諸多現實的困難，氣象所只能想方設法以最少限度發揮最大效用，完成測候網之骨幹為目標。至於其他相關條件，則待測候網構建之後，再另外尋求解決之道。

---

29　「檢送國立中央研究院氣象研究所推進西南測候網計畫及實施說明書函復查照轉陳辦理」（1941 年 1 月 30 日），〈中央氣象局籌設計劃〉，《國民政府檔案》，國史館藏，典藏號：001-128000-00001-005。

　　推進西南氣候網的計畫在中央研究院評議會通過後，呈交國民政府研議；國府將該提案交由國防最高委員會之教育和財政專門委員會負責審查。經過討論結果，國防最高委員會認為西南測候網實屬需要，但計畫書所提出的名稱，以及由中研院氣象所代理中央氣象局管轄全國氣象行政事務等兩部分，仍需再議。因此，1941 年 1 月國防最高委員會第五十次常務會議，決議將計畫交由行政院處理，並召集中央研究院、航空委員會、交通部、農林部、教育部、財政部等機關，進行修改、明定分期實施方案和預算。[30]

## 二、中央氣象局的成立

　　1941 年 3 月 11 日，行政院召開建立西南測候網會議，商討氣象行政的管轄權與執行層面，結果相關部會各有看法。當時代表中研院出席會議的竺可楨，其日記清楚描繪了討論的過程：

> 三點至曾家岩行政院，討論設立氣象局成立問題。係國民政府訓令行政院，謂依據最高國防委員會交與教育、財政兩專門委員會審查結果，謂建設測候網確有必要，擬交行政院召集各有關機關會商，修改實施辦法。而召集今日到者交通部陶鳳山、吳

---

30　「為前准函送檢中央研究院呈請政府資助氣象研究所建設西南測候網一案經陳奉國防最高委員會常會決議將本案計劃交行政院召集中央研究院等各關係機關會商修改或明訂分期實施方案呈核函請查照轉陳鈞遵由」（1941 年 1 月 15 日），〈中央氣象局籌設計劃〉，《國民政府檔案》，國史館藏，典藏號：001-128000-00001-003。

元超，教部吳士選，農林部劉運籌，財部李修（孫
代），航空委員會朱國華，行政院秘書張平群、科
長宓賢弼。航委會另提計畫，擬將中央氣象局屬於
國防最高委員會，交部、農部代表均贊成直隸行政
院。吳士選主張歸航委會，其理由不可解，但均贊
成設立，惟財部嫌預算太大。結果議決成立中央氣
象局，管理全國氣象行政事宜，直隸于行政院，但
與中央研究院取得密切合作。預算第一年經常費卅
七萬元，臨時卅萬元。[31]

　　從竺可楨日記可看出，中研院氣象所提出在所內設
置氣象行政部的做法，並未獲得其他部會支持，反倒是
建立中央氣象局則是各部會的普遍共識。各部會代表關
心的是中央氣象局該由誰掌理，以及究竟隸屬於何單
位。唯財政部考慮到經費預算過多，雖有反對中央氣象
局成立的意思，但該局的建置已成不可抗拒的態勢。

　　縱使已經確定於行政院內成立中央氣象局，但由何
人負責掌理，尚在未定之數。早在 2 月竺可楨曾與翁文
灝、傅斯年等人談論此事，三人皆認為中央氣象局由
中研院氣象所代為辦理，是最佳的選擇。[32] 1941 年 3 月
18 日竺可楨、朱家驊、李書華、任鴻雋等十七名評議
員在孔祥熙家中用膳，席間眾人亦表達對中央氣象局一
事看法。當時孔祥熙擔任行政院副院長兼財政部長，他

---

31　竺可楨，《竺可楨全集》（上海：上海科技教育出版社，2006），
　　1941 年 3 月 11 日，第 8 卷，頁 36。
32　竺可楨，《竺可楨全集》，1941 年 2 月 16 日，第 8 卷，頁 21。

認為當下政府的財政困難，故不贊成在戰時創立駢枝機關；朱家驊亦表示中央氣象局最好由中研院氣象所代辦，才可節省支出。是故，取得孔祥熙的同意下，眾人決定推翻原先行政院商議的結果，將中央氣象局交由中研院氣象所辦理。

隔日，竺可楨、陳立夫（1900-2001）及吳有訓（1897-1977）前往行政院與參事陳之邁（1908-1978）論及此事，才得知昨日在行政院第五〇七次院會中已通過設立中央氣象局的提案和預算，結論是中央氣象局直隸行政院，掌理全國一切氣象行政事宜。竺可楨隨即向陳之邁表明孔祥熙的決定，但陳氏以兩點理由說明中央氣象局的從屬問題：第一，行政機關只能隸屬行政院；第二，教育部長陳立夫聲明中研院不應插手行政事務。不過，陳之邁也提出但書，建議不妨可循新聞檢查委員會的例子。新聞檢查委員會名義上屬於行政院，實際上卻由國民黨中央黨部負責；意即中央氣象局由行政院管轄，但由中研院氣象所處理所有行政工作。[33] 至此，中央氣象局已確定無法納入中研院轄下，但中研院氣象所可以在檯面下主導該局的行政業務。

同年5月5日，國民政府將此提案再次送交國防最高委員會，且於該委員會第五十七次常務會議通過。在審查之前，竺可楨擔心負責審查預算的財政專門委員會

33　「1940年1月至1943年3月大事記」（1941年3月18日），〈中央研究院氣象研究所所務日志、大事記〉，《中央研究院檔案》，中國第二歷史檔案館藏，典藏號：三九三－2757。竺可楨，《竺可楨全集》，1941年3月18、19日，第8卷，頁40、41。

（由國防最高委員會交辦）刪減經費，特地與該專門委員會副主席彭學沛（1896-1948）[34] 說明此事，且獲得他的支持，未刪減中央氣象局預算。[35] 表 3-2 是行政院籌備中央氣象局的預算表，經費分成常費和臨時費兩種。每個月的常費分配，最多用於新設三等和四等測候所；與先前計畫不同之處，在於提撥部分經費設立四等測候所，而非全由各縣自行負責。此外，補助三、四等測候所的經費亦有逐年增加的趨勢，代表此時政府的目標是以建立大量低階的測候所，以獲得更加廣泛的基礎氣象情報。至於臨時費方面，則用在氣象局的建物和氣象儀器設備購置。[36] 從預算金額的分配，可以瞭解中央氣象局成立之後的工作重點，在於興建測候所，增加氣象情報來源。從另一角度觀察，反映了在 1941 年之前，中國西南地區的氣象觀測站仍然相當缺乏。就政府立場而言，設置中央氣象局在於加強抗戰的基礎工作。質言之，中央氣象局之所以能夠在戰時成立，最初源自政府需要一個專掌氣象的機構，負責統合、架設西南氣象資訊網絡，並符合戰爭的需要。

---

34 彭學沛，字浩徐，時任交通部政務次長。

35 「為准函送行政院所擬籌設中央氣象局計畫及預算書請轉陳核定一案經陳奉國防最高委員會常會決議照教育財政兩專門委員會審查意見通過請轉陳分令飭遵由」（1941 年 5 月 7 日），〈中央氣象局籌設計劃〉，《國民政府檔案》，國史館藏，典藏號：001-128000-00001-011。中國國民黨中央委員會黨史委員會，《國防最高委員會常務會議記錄》（臺北：近代中國出版社，1995），第三冊，頁 345-346。竺可楨，《竺可楨全集》，1941 年 3 月 19 日，第 8 卷，頁 41。

36 「國防最高委員會核定籌設中央氣象局計畫及預算一案令仰轉飭遵照」（1941 年 5 月 17 日），〈中央氣象局籌設計劃〉，《國民政府檔案》，國史館藏，典藏號：001-128000-00001-011。

表 3-2　行政院籌設中央氣象局之經費預算表
（單位：元）

| 項目＼年限 | 第一年每月常費 | 第二年每月常費 | 第三年每月常費 |
|---|---|---|---|
| 薪俸 | 4,000 | 5,000 | 6,000 |
| 辦公購置 | 2,000 | 2,400 | 3,000 |
| 研究設備 | 2,000 | 2,600 | 3,000 |
| 補助各省二等測候所 | 3,000 | 3,000 | 3,000 |
| 設立三等測候所 | 8,000 | 16,000 | 24,000 |
| 設立四等測候所 | 12,000 | 24,000 | 36,000 |
| 合計　每月 | 31,000 | 53,000 | 75,000 |
| 合計　每年 | 372,000 | 636,000 | 900,000 |

| 項目＼年限 | 第一年臨時費 | 第二年臨時費 | 第三年臨時費 |
|---|---|---|---|
| 建築費 | 100,000 | － | － |
| 儀器購置 | 200,000 | 200,000 | 200,000 |
| 總計 | 300,000 | 200,000 | 200,000 |

資料來源：「國防最高委員會核定籌設中央氣象局計畫及預算一案令仰轉飭遵照」（1941 年 5 月 17 日），〈中央氣象局籌設計劃〉，《國民政府檔案》，國史館藏，典藏號：001-128000-00001-011。

　　1941 年 7 月 15 日，行政院第五二三次會議通過〈中央氣象局暫行組織規程〉（參見附錄一），[37] 但組織規模卻不如竺可楨等人的預期與規劃。根據原定的組織規劃，中央氣象局設有測候、預告、設計及總務四處，但因廣大國土受日軍控制，未能全面推展業務；加上經費有限，故行政院決定在〈暫行規程〉中刪減為總務（後改為祕書室）、測候、預報三科，縮減氣象局的人力員額。[38] 是故，當竺可楨收到行政院政務處處長蔣廷黻

37　竺可楨，《竺可楨全集》，1941 年 7 月 18 日，第 8 卷，頁 114-115。「行政院訓令農林部」（1941 年日期不明），〈30 至 36 年中央氣象局組織規程、啟用關防官章；四川省氣象測候所組織規程；戰時氣象資料管理規則；全國氣象測候實施辦法；中央各部會測量業務聯繫委員會組織簡則〉，《農林部檔案》，中研院近史所藏，典藏號：20-21-095-01。

38　「中央氣象局現況及業務計畫草案」（1947 年 1 月 30 日），〈航

（1895-1965）來函，得知如此結果，更加相信氣象局不得不由氣象所兼辦。

人事方面，竺可楨的弟子黃廈千對於掌管全國氣象行政工作則躍躍欲試。黃廈千是中國氣象學界的生力軍，他自美國加州理工學院（California Institute of Technology）取得博士學位後，即返國執教於中央大學地學系。當行政院有成立中央氣象局之議時，黃氏即向竺可楨陳述其想法，亦積極擬定該局的組織架構計畫，藉此爭取局長一職。當時竺本人因其身兼浙江大學校長、中研院氣象所所長而分身乏術，無力再負擔多餘工作，遂有意將氣象局業務交由黃廈千負責，兩人甚至曾數度商討未來中國氣象行政的藍圖。[39] 1941 年 9 月，竺可楨分別與朱家驊、蔣廷黻正式討論氣象局的人事問題。朱氏屬意由呂炯接任氣象局局長，因其考量氣象局成立後勢需由中研院協助推動業務，由院內人員擔任局長較易合作；而竺則認定黃廈千為合適人選，並預料呂炯不願擔任局長的職務；至於行政院方面，蔣廷黻表示仍希望由竺可楨擔任局長。但竺已明示不能再兼任局長一職，黃廈千、呂炯比較適宜。最後在竺可楨的極力推薦下，行政院任命黃廈千擔任首任中央氣象局局長。[40]

---

空氣象預報網計畫），《交通部中央氣象局檔案》，國史館藏，典藏號：046-040300-0033。（以下簡稱氣象局檔案）

39 竺可楨，《竺可楨全集》，1941 年 3 月 13、20 日，第 8 卷，頁 37、41-42。竺可楨，〈致黃廈千函稿（1941 年 4 月 7 日）〉，《竺可楨全集》（上海：上海科技教育出版社，2013），第 24 卷，頁 156。

40 竺可楨，《竺可楨全集》，1941 年 9 月 23、26、30 日、1941 年 10 月 8 日，第 8 卷，頁 154-156、158、163。

　　至此，中央氣象局終於有了基本的雛形。1941 年
10 月該局在重慶沙坪壩設立臨時辦公處，派徐爾灝、
王文瀚技士開始從事天氣觀測，且負責處理購買房地，
至隔年 3 月遷入沙坪壩九石崗高家花園後正式辦公。[41]
中央氣象局也著手建立自身的氣象臺，不過受限於人
力、物力，只好暫時與重慶大學合作，在沙坪壩成立二
等測候所，並利用學校現有的氣象臺和儀器，由氣象局
提供技術和經費，補充不足的設備和技術。此外，為了
增加中央氣象局與軍方的氣象資訊交流，局長黃廈千
亦試圖與航空委員會的相關人士接洽，討論雙方進行
技術合作的可能性。[42]

## 三、中研院氣象所與中央氣象局的合作

　　中央氣象局掛牌之後，竺可楨隨即召開氣象所所務
會議，和所內同仁討論所與局之別，藉此確立兩者間的
合作關係。經眾人討論，決定採取分工合作的原則，由
所方專任學術研究，局方專任氣象行政。氣象所與經濟
部合辦之測候所由氣象局接收管理，負責天氣廣播；氣
象所承擔繪製天氣圖及觀察氣候等研究工作，各測候所
報告必須分別送至局與所。至於西南測候網，則由氣象

41　「呈行政院為擬工作計劃並附預算懇予覆核鑒准由」（1941 年 11
　　月 9 日），〈中央氣象局工作計畫及報告（一）〉，《氣象局檔案》，
　　國史館藏，典藏號：046-040200-0006。〈國防最高委員會核定設立
　　中央氣象局及西南測候網之計畫及預算令仰轉飭查照由〉，《國
　　民政府公報》，渝文字第 474 號（1941 年 5 月 16 日），頁 9-10。

42　「黃耘石謹呈黃廈千有關中央氣象局工作報告」（1942 年 6 月
　　11 日），〈中央氣象局工作計畫及報告（一）〉，《氣象局檔案》，
　　國史館藏，典藏號：046-040200-0006。

局主持，但所方亦有設立測候所之責。[43] 因此 1942 年起，測候所陸續移交氣象局接辦，[44] 而中寧、西寧、拉薩、肅州等四直屬測候所，本由中研院氣象所繼續管理，後來才決定一併交由中央氣象局接收。[45] 在移交的測候所當中，較為特殊者係屬武漢（所址在貴州湄潭）、西安兩處頭等測候所；兩者均設於 1937 年，由中研院氣象所與全國經濟委員會水利處合作而設置，主要任務在研究黃河和長江各處的水文氣象資料、預報天氣及防洪工作。[46]

至於接管的二等測候所，則有大理、松潘、廣元、榆林、南鄭、西寧、中寧、都蘭、肅州、拉薩等十處；三等測候所則接收商縣、華山、保山、昌都、安西等五處，其中以陝西省最為密集。在接收過程中，順便調查、統計各測候所的氣象儀器數量和損壞程度，藉以掌握現有儀器的數量與狀況。[47] 由此觀之，中央氣象局

43 竺可楨，《竺可楨全集》，1941 年 10 月 9 日，第 8 卷，頁 164。

44 「函知中央氣象局成立，本所與經濟部合設之所站，自明年元旦起，移歸氣象局管轄，附送合作大綱，請查照辦理由。」（1941 年 11 月 19 日）、「本所直屬中寧、西寧、拉薩、肅州四直屬測候分所，自本年元月起一併移將中央氣象局管轄由」（1942 年 1 月 24 日），〈中央研究院氣象所與中央氣象局合作大綱及各地測候所移轉管轄的文書〉，《中央研究院檔案》，南京二檔藏，典藏號：三九三－1469。

45 「本所直屬中寧、西寧、拉薩、肅州四直屬測候分所，自本年元月起一併移將中央氣象局管轄由」（1942 年 1 月 24 日），〈中央研究院氣象所與中央氣象局合作大綱及各地測候所移轉管轄的文書〉，《中央研究院檔案》，南京二檔藏，典藏號：三九三－1469。

46 「中央研究院氣象研究所致中央氣象局」（日期不明），〈合設西安、武漢頭等測候所辦法草案、組織規程〉，《氣象局檔案》，國史館藏，典藏號：046-020100-0116。

47 「許鑑明呈黃廈千關於武漢頭等測候所儀器清冊」（1942 年 4 月

的氣象網絡基礎，係建立在中研院氣象所歷年的經營之上，而接收測候所和雨量站，也代表著中研院氣象所在各地的觀測人員，可直接由中央氣象局運用。這樣的做法讓中央氣象局的業務快速步上軌道，減少新設氣象站的經費支出，且避免人手缺乏的窘境。但為求長久發展，竺可楨也叮嚀黃廈千，氣象局必須著重訓練人才與購買儀器，[48]如此一來才可為往後增設測候所進行準備。

　　由於中央氣象局成立之後，不斷向外尋求經費與人力的支援。面對這種情形，1942年3月最高國防委員會提出合併於中研院氣象所的對策，並要求行政院派人與中研院討論此事。中研院代理院長朱家驊認為：氣象局所需的預算甚多，並非中研院足可負擔，故主張維持現狀，不願接受此項提議。[49]雖然雙方合併的討論破局，未能達到最高國防委員會的預期結果，然藉由此次的討論，再次確立了兩者的事權關係。行政院與中研院訂立出六條合作辦法：

　　　（一）關於氣象行政部分歸氣象局，研究部分歸所。直屬所之各測候站由所無條件移歸局方，以後一切費用由局擔任。（二）局方如欲聘用所中人員，須徵求所方之同意，所方欲聘用局方人員時，

---

20日）、「羅從義呈黃廈千關於商縣測候所儀器清冊」（1942年5月14日）、「張克儒呈黃廈千關於安西測候所儀器清冊」（1942年5月6日）、「馮天榮呈黃廈千關於中寧測候所儀器清冊」（1942年5月8日），〈各氣象機關儀器調查（一）〉，《氣象局檔案》，國史館藏，典藏號：046-050300-0016。

48 竺可楨，《竺可楨全集》，1941年10月12日，第8卷，頁166。
49 竺可楨，《竺可楨全集》，1942年3月9日，第8卷，頁306。

亦同。但直屬所之各站於移交以前，所中已決定之
人員，應依照原議進行。（三）局、所兩方職員之
薪給以大致相同為原則。（四）關於局、所二方均
有關係之事業，如氣象電報之廣播與傳遞電碼之改
良、儀器之訂正與製造、研究計畫之進行等，均須
二方時常協商，免有重複掣肘之弊。（五）設立全
國〔氣象〕設計委員會，計畫全國氣象事業進行事
宜，以氣象研究所所長、氣象局局長為當然委員，
外加氣象或物理專家三人至五人組織之。（六）全
國氣象會議應每年召集一次，討論全國氣象行政研
究事項，並得將全國氣象設計委員會擬具之計畫提
付討論，並公決之。[50]

此合作辦法最值得注意的是第一條，明確切割氣象行政
與學術研究機構的任務。自此之後，氣象所不必負擔在
地方設置測候所的責任，完全回歸學術機構的本質。從
後續中央氣象局的業務推動方向來看，其工作主力確實
以建設測候所為主，並資助各省轄下測候所所需的經
費，朝向建立西南測候網。這也是中央氣象局當初得以
成立的目的所在。可是進而探究中央氣象局的職員組
成，自成立之初就十分仰賴氣象所的人力，當時竺可楨
即已商請所內人員擔任該局重要職位，且介紹多位學生
如宋兆珩、劉粹中、宋勵吾等諸人前往中央氣象局工

---

50 竺可楨，《竺可楨全集》，1942 年 3 月 14、31 日，第 8 卷，頁
308、317。

作，維持該局的運作。[51] 而接任黃廈千擔任中央氣象局局長的呂炯，亦任職於氣象所，且代理竺可楨處理所務。[52] 據此可知，局與所的職員重疊性頗高，顯示氣象專業人員的短缺；也透露出雖在制度上劃分行政與學術兩方面，但事實上幾乎由同一批人在處理國家的氣象行政事務，等同證實竺可楨所言「戰時無需增加行政機關」的說法。

## 第三節　小結

　　戰前與戰時中研院氣象所之於中國氣象事業始終扮演著特殊的角色。該所雖為一個學術機關，但工作重心非惟著眼於氣象科學研究，亦深具部分行政功能。中研院氣象所的氣象人員在竺可楨所長帶領下，積極參與、主導有關全國天氣的各項行政事務，投入解決天氣觀測上的各種問題。當重慶成為中國的陪都後，西南地區的重要性也隨之提升；重慶不僅是政治中樞，也是西南交通運輸中心，各地往來重慶的交通路線日益繁忙，掌握天氣並維護飛航安全，國府自是責無旁貸。此外，隨著時間的推移，中日戰線從沿海各省延伸至內陸，國軍必須掌握後方的氣象情報，才可擬定作戰計畫，且提高偵

---

51　竺可楨，《竺可楨全集》，1941 年 11 月 6 日、1941 年 12 月 9 日、1942 年 2 月 24 日，第 8 卷，頁 180、199、300-301。竺可楨，〈致劉粹中函稿（1941 年 11 月 5 日）〉，《竺可楨全集》，第 24 卷，頁 229。

52　竺可楨，《竺可楨全集》，1942 年 12 月 27 日、1943 年 3 月 31 日，第 8 卷，頁 449、537。

察、出戰的成功率。因此，這就是中研院氣象所提出推動建設西南地區測候網計畫，結果獲得國民政府同意、支持的主因。

可惜的是，中央氣象局雖因應建設西南測候網計畫而生，惟政府經費困絀，導致該局的組織編制受到嚴重影響。其組織編制與人事，皆因戰爭而趨於精簡，但竺可楨等人仍想盡辦法給予中央氣象局人力和物力上各方面挹注。中研院氣象所為了減輕中央氣象局建置自身測候網的負擔，將轄下各級直屬測候所轉交由該局接管，意即中央氣象局可在氣象所的基礎上，建立更多的測候所，達成推動西南氣象測候網的目標。竺可楨亦鼓勵他的弟子前往中央氣象局任職。質言之，這反映中央氣象局的專業人才，多與竺可楨或中研院氣象所有關，對於往後中國氣象事業的發展，具有舉足輕重的影響力。

綜上所述，可知竺可楨是國民政府氣象事業不可或缺的人物。抗日戰爭期間，竺氏的構想得以獲致部分實現，其鼓吹、提倡的氣象建設理念與作為，恰恰反映他一生中極為重要的「科學救國」思想。這一思想也源自於任鴻雋、楊杏佛（1893-1933）等歐美留學生身上。他們有感於第一次世界大戰期間，各國科學發展程度，造成國力強弱有別，故決定創立「中國科學社」，藉由傳播科學知識及概念，宣揚利用科學來救亡圖存。無論留學美國期間，或是學成歸國後，竺可楨皆積極參加中國科學社的活動，更常在該社機關雜誌──《科學》上發表多篇論文，成為學社的中堅分子。他的科學救國理念特別強調純粹科學與應用科學並重，兩者不分

軒輊；中國應發展純粹科學才可以提升其應用能力。[53]

　　戰時中研院氣象所與中央氣象局成立的緊密關係，即象徵氣象科學與觀測技術應用之搭配。一般而言，氣象學本係一門集理論與應用為一體的學科，在理想的情況下，各地測候所的觀測紀錄，不僅是了解當下的天氣型態，更是學者研究氣象與氣候的基礎。氣象學者根據觀測資料取得的研究成果，亦有助於氣象局與測候所掌握、推敲各地天候型態，甚至是預報天氣，彼此之間相輔相成。只不過因戰時的限制，中研院氣象所與中央氣象局無法將此效用發揮至最大。但無論如何，竺可楨等人依舊朝此方向而努力。另外值得注意的是，西南地區測候網計畫的實施方式，雖然與竺可楨的構想有所出入，卻依然達成全國氣象會議中，與會人士倡議設立中央主管氣象行政機關的訴求。西南地區測候網的建置，亦部分落實了竺氏早在 1920 年代就為文呼籲政府多設立測候所的期盼。[54]

　　總的來說，中央氣象局於抗戰期間應際而生，卻也因烽火不斷而限制了組織編制的發展。儘管如此，氣象界終能落實「科學救國」，以「知識支援軍國防」的第一步。至於中央氣象局成立之後推動的各項氣象業務與改革措施，以及其衍生的各項問題與影響，將在下章討論。

---

53　張而弛，〈科學救國思想下的竺可楨（1890-1949）〉（臺南：國立成功大學歷史研究所碩士論文，2017），頁 17-23、38-48。

54　竺可楨，〈論我國應多設氣象台〉，《東方雜誌》，第 18 卷第 45 號（1921 年 8 月），頁 34-39。竺可楨，〈全國設立氣象測候所計劃書〉，《地理雜誌》，頁 1-3。

# 第四章　中央氣象局測候網的建置與功用

　　為因應軍事國防需要而成立的中央氣象局，首要任務是在中國西南地區完成測候網。該局在中研院氣象所的協助下，接收了原屬氣象所的測候所，並以此為基石，由黃廈千局長帶領著局內同仁展開多項觀測事務。本章考察中央氣象局成立之後的具體措施與工作進度，分析氣象情報網絡建置的特色與侷限，以及獲取各地氣象資料與應用情況。藉此瞭解氣象界人士如何利用專業知識，落實政府全民抗戰的呼籲，以及在支援國防軍事之餘，又為中國氣象事業帶來何種改變。

## 第一節　氣象情報網絡的建立與擴展

　　測候所是氣象情報網絡的基點，其密集程度影響天氣預測的準確度。中央氣象局正式掛牌後，即以設立測候所為首要任務，但在此之前，必須掌握當下各省的氣象組織狀況，才可根據現況做進一步的安排。然而國民政府過去從未全面普查地方氣象機關，以致中央氣象局無法掌握各省氣象組織與人事的相關資料。因此，黃

廈千上任後的第一個任務，即是普查全國各省，特別是
國統區內的測候所分佈與從業人員數量，掌握實際狀況
後，再決定應對方式。

# 一、各省測候所站的調查與經費補助

　　為了瞭解各省氣象組織的規模與運作情形，1941 年
11 月中央氣象局擬定了兩種做法。第一，由氣象局發
文各省政府，要求各地測候機關根據人員與儀器狀況進
行造冊；第二是派人前往各地測候所和雨量站考察其素
質，再依照個別情況給予補助和支援。這兩種方式雖然
可以直接獲知地方上的情況，但因局內人手不足，且往
來各地交通不甚方便，執行上困難不少。[1] 因此，中央
氣象局只能靜待各地測候所、雨量站的回覆，才可掌
握實際情形。表 4-1 是該局根據地方氣象機關的回報，
整理而成的資料。從調查結果可知，全國共有六所頭
等測候所、五十一所二等測候所、四十四所三等測候
所、一一四所四等測候所，及三二四處雨量站，其中
包括海關與航空委員會轄下的測候所站。[2]

　　從表 4-1 還可看出，全國氣象臺站分佈卻極不平
均。當時各省測候所以四川省最多，廣西省次之，福建
再次之，而江蘇、寧夏、安徽及西藏各僅有一所二等測

---

1　「31 年度工作進行情形」、「31 年度工作進行檢討」（日期不明），
　　〈中央氣象局工作計畫及報告（一）〉，《氣象局檔案》，國史
　　館藏，典藏號：046-040200-0006。

2　「黃耘石呈黃廈千有關中央氣象局工作報告」（1942 年 6 月 11 日），
　　〈中央氣象局工作計畫及報告（一）〉，《氣象局檔案》，國史
　　館藏，典藏號：046-040200-0006。

候所，顯然當下國府的測候資源與需求集中在陪都重慶
的所在地四川。至於廣西省設有較多的測候所，除與抗
戰前省政府積極發展地方民生建設有關之外，另則與桂
林、柳州為國府重要空軍基地，為了因應空軍的作戰，
確實需要測候所供給氣象數據。福建地處東南沿海，為
了航運與防颱，早在戰前就已設有不少氣象設施，供航
運和防颱之用；戰時日軍雖數度進攻福建，但因閩省地
形多山，交通不便，物產亦不豐富，若要全面佔領，勢
必付出相當的代價，故僅佔據少數沿海地區，而國民政
府仍能掌握較多區域，並能取得不少的氣象報告。江蘇
省大部分地區受到日軍控制，安徽省則是戰爭前線，寧
夏、西藏地處偏遠，交通不便，均非國府能夠掌控的區
域。加上各省領導者對於氣象建設認知不同，投入的資
源多寡不一，因而造成測候所的分佈不均。

　　再者，各省以低級的測候所和雨量站為大宗。按照
1930 年中研院氣象所編纂之《測候須知》所述，國際
氣象學會議按照測候所工作內容與配備，從高至低分
為頭等、二等、三等，且以二等測候所做為基準，[3] 即
可知當時中國符合國際標準測候所的比例不高，各省氣
象組織多屬於三等測候所，甚至是更為簡易的四等測候
所和雨量站。除此之外，中國各地雖有五三九個測候所

---

3　頭等測候所為標準氣象臺，每小時記錄一次氣壓、氣溫、風力、風
　　向、日照及雨量等，並在規定時間目測雲量、種類、走向，以及
　　天氣特徵。二等測候所稱標準測候所，至少每兩小時記錄氣溫、
　　氣壓、風、雲天氣狀況，每日最高最低溫度、雨量及日照時數等。
　　三等測候所稱輔助測候所，觀測項目與二等相同，但每日僅在固
　　定時間測量一次。黃廈千、全文晟編譯，《測候須知》，頁 1。

站，但含括了軍事和海關系統的氣象臺站，顯然中央氣象局能夠掌握的氣象站數量勢必更少，甚至可能相當有限。因此，如何提升各省測候所水準及在各地增設氣象臺站，確實是中央氣象局刻不容緩的任務。

表 4-1　1942 年全國測候所站分佈統計表
（截至 1942 年 5 月）

| 數目 等級　省別 | 測候所 | | | | | 雨量站 | 總計 |
|---|---|---|---|---|---|---|---|
| | 頭等 | 二等 | 三等 | 四等 | 小計 | | |
| 四川 | 1 | 10 | 7 | 73 | 91 | 42 | 133 |
| 西康 | | 1 | 4 | 11 | 16 | 7 | 23 |
| 福建 | 1 | 6 | 9 | | 16 | 52 | 68 |
| 江西 | | 1 | 5 | | 6 | 11 | 17 |
| 湖南 | | 9 | | | 9 | 2 | 11 |
| 安徽 | | 1 | | | 1 | 18 | 19 |
| 雲南 | 1 | 2 | 1 | | 4 | 10 | 14 |
| 廣西 | | 5 | 10 | 8 | 23 | 67 | 90 |
| 浙江 | | 2 | | 10 | 12 | 21 | 33 |
| 廣東 | | 1 | | | 1 | 13 | 14 |
| 貴州 | 2 | 3 | 2 | 1 | 8 | 51 | 59 |
| 陝西 | 1 | 3 | 3 | 1 | 8 | 5 | 13 |
| 甘肅 | | 2 | 3 | 10 | 15 | 14 | 29 |
| 江蘇 | | 1 | | | 1 | | 1 |
| 青海 | | 2 | | | 2 | 9 | 11 |
| 河南 | | | | | | 2 | 2 |
| 寧夏 | | 1 | | | 1 | | 1 |
| 西藏 | | 1 | | | 1 | | 1 |
| 合計 | 6 | 51 | 44 | 114 | 215 | 324 | 539 |

資料來源：「黃耘石呈黃廈千有關中央氣象局工作報告」（1942 年 6 月 11 日），〈中央氣象局工作計畫及報告（一）〉，《氣象局檔案》，國史館藏，典藏號：046-040200-0006。

中央氣象局瞭解各地的狀況之後，便延續先前中研院氣象所推動西南測候網的構想，先和四川、西康、雲南、貴州、廣西、湖南等省政府進行合作。這種作法類似於先前中研院氣象所與地方政府合作的模式，不同之

處在於經費的補助。先前各省的測候所站多是地方自籌
經費來維持，其發展取決於省府是否支持；但有了中央
氣象局經費的挹注，就能擴大合作規模。是故，中央氣
象局決定先在各省建立地方氣象中心，總轄全省測候事
務，進而擴充各省氣象建設。首先，中央氣象局補助已
設有省會測候所擴充為二等測候所的相關費用，並且派
人技術指導。接著，對於尚未設置省會測候所的省分，
協助省政府設置二等測候所。最後，提出測候所建置計
畫，預計於三年之內，在西南每一省新設二十處三等與
六十處四等測候所。[4] 事實上，此等的規劃安排依循著
中研院氣象所先前提案，即竺可楨的構想。其中差異之
處惟在氣象局擴大增添三等與四等測候所的數量。

　　為此，中央氣象局依據各省不同的狀況調配補助款
項。表 4-2 是 1942 年該局援助各省的經費運用表，就
援助的對象而言，並不限於西南六省，亦有挹注華中、
華南與西北部分省區。其中四川省獲得補助最多，接近
一半的經費，顯示氣象工作仍以四川為重。事實上，在
1930 年代川省為防止旱澇等天然災害，建設廳長盧作
孚（1893-1952）已與中研院氣象所相互合作，在省區內
籌設測候所。[5] 故中央氣象局將大筆經費補助川省測候

---

4　「籌設中央氣象局計畫及預算書」（1941 年 5 月 10 日）、「黃耘
　　石呈黃廈千有關中央氣象局工作報告」（1942 年 6 月 11 日），〈中
　　央氣象局工作計畫及報告（一）〉，《氣象局檔案》，典藏號：
　　046-040200-0006，國史館藏。「中央氣象局概況」（1946 年 1 月
　　30 日），〈中央氣象局成立〉，《氣象局檔案》，國史館藏，典
　　藏號：046-020100-0150。
5　李茂剛，〈清末至民國時期四川的氣象事業〉，《四川氣象》，
　　第 12 卷第 2 期（1992 年 7 月），頁 50。

所，即是在既有基礎之上發展氣象工作，不但符合戰時
政府建設四川的國策，亦可達事半功倍之效。而位居第
二位的福建省，也是國府控制且氣象建設基礎較完備的
地區，再次為西南各省，最後為零星西北與華中省分。

表 4-2　1942 年各省氣象測候所之經費運用表

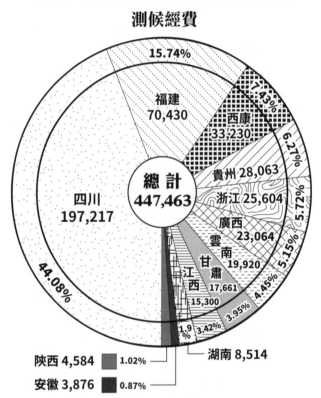

資料來源：「黃耘石呈黃廈千有關中央氣象局工作報告」（1942 年 6 月
11 日），〈中央氣象局工作計畫及報告（一）〉，《氣象局檔案》，
國史館藏，典藏號：046-040200-0006。

綜上所言，中央氣象局成立之初，受限交通與人手

之困難，無法派人前往各地調查，僅能藉由各省的報告，暫時做為補助各省氣象建設的經費依據。但該局並未就此畫地自限，反而主張派人到各地考察仍屬必要之事，故將之羅列在每年的工作計畫之中，希望有朝一日能付諸實施，俾確實瞭解各地測候所的狀態與需求。慶幸的是到了 1943 年，中央氣象局終能指派二人前往四川、陝西、甘肅等三十餘處測候所站視察，進而取得這些所站的觀測實況與成果，[6] 職是之故，我們可以瞭解，中央與地方政府的合作關係是建立在經費補助上，但事實上中央能夠掌握氣象資訊多來自地方的回報，為單向的消息，若是無法確認地方測候所的觀測的品質與準確度，那麼從該地獲取的天氣報告便有待檢驗。

## 二、擴增直屬測候所站

### （一）建立一般型測候所

中央氣象局在補助各省測候所的同時，建置直屬的測候所也是拓展西南測候網的主要措施。自 1942 年起，氣象局先接收原直屬中研院氣象所的測候所，後在湖南沅陵、四川酉陽、達縣、雷波設立第一波的測候所，並於零陵、慈利、奉節、南充、麗江、宜山、雅安、西昌等地籌辦第二波的測候所；更藉此機會裁撤效能較低的雨量站，以節省資源。故至 1942 年 5 月，中央氣象局已可掌握二十二個測候所和八十二處雨量站（參

---

6　「行政院訓令中央氣象局檢發該局考核報告及總評一份」（1944 年7 月 1 日），〈中央氣象局工作計畫及報告（一）〉，《氣象局檔案》，國史館藏，典藏號：046-040200-0006。

見表 4-3）。[7] 就分佈的地理位置而言，多位於中國西南和西北地區要道上，除四川、陝西二省外，在各省的直屬測候所數量僅有一至二處，雨量站因測量方法和設備較為簡單，數量較多。

表 4-3　1942 年中央氣象局直屬測候所、雨量站分佈表
（1942 年 5 月製）

| 省別 | 測候所 | | 雨量站 | | 籌備測候所 | |
|---|---|---|---|---|---|---|
| 四川 | 廣元、松潘、雷波、達縣、酉陽 | 5 | 江津、資陽、威遠、榮縣、瀘縣、什邡、蓮溪、梁山、廣安、合川、灌縣 | 11 | 南充、奉節 | 2 |
| 湖南 | 耒陽、沅陵 | 2 | 大庸、湘鄉 | 2 | 慈利、零陵 | 2 |
| 西康 | 昌都 | 1 | 瀘定、丹巴、德格、得榮、道孚 | 5 | 西昌、雅安 | 2 |
| 陝西 | 西安、榆林、南鄭、商縣、華陰 | 5 | 華縣、潼關、鳳翔、宜君、府谷 | 5 | | |
| 雲南 | 大理、保山 | | 新平、箇舊、石屏、鶴慶、廣通、喜州、陸良、峨山、永仁、元江 | 10 | 麗江 | 1 |
| 貴州 | 湄潭 | 1 | 赫章、遵義、印江、臺江、榕江、錦屏、正安、紫雲、郎岱、大定、丹寨 | 11 | | |
| 甘肅 | 肅州、安西 | 2 | 鎮原、臨夏、西固 | 3 | | |
| 青海 | 西寧、都蘭 | 2 | 樂都、亹源、貴德、湼源、茶卡、祁連、化隆、互助、共和 | 9 | | |
| 寧夏 | 中寧 | 1 | | | | |
| 西藏 | 拉薩 | 1 | | | | |
| 福建 | | | 莆田、安西、永泰、古田 | 4 | | |
| 江西 | | | 萍鄉、泰和、南城 | 3 | | |
| 安徽 | | | 渦陽 | 1 | | |

---

7　「黃逢石呈黃廈千有關中央氣象局工作報告」（1942 年 6 月 11 日），〈中央氣象局工作計畫及報告（一）〉，《氣象局檔案》，國史館藏，典藏號：046-040200-0006。

| 省別 | 測候所 | 雨量站 | | 籌備測候所 | |
|------|--------|--------|---|----------|---|
| 廣西 | | 宜山、武宣、東蘭、昭平、柳城、都安、融縣 | 7 | 宜山 | 1 |
| 浙江 | | 淳安、嵊縣、東陽、遂安 | 4 | | |
| 廣東 | | 台山、惠陽、羅定、保安、饒平 | 5 | | |
| 河南 | | 遂平、內鄉 | 2 | | |
| 總計 | 22 | 82 | | 8 | |

資料來源：「黃耘石謹呈黃廈千有關中央氣象局工作報告」（1942年6月11日），〈中央氣象局工作計畫及報告（一）〉，《氣象局檔案》，國史館藏，典藏號：046-040200-0006。

　　縱然設置測候所的工作順利展開，但若設在交戰激烈的地區，不免受到戰火波及。如設於雲南的保山測候所，因日軍空襲，導致房舍、設備被炸毀，中央氣象局的技術人員只得先撤退至安全之處。由於保山戰事接續不斷，測候人員只好改在麗江籌建測候所。[8]當時除了四川省，各省設置的測候所數量不多，若不能回報當地的氣象紀錄，就無法知曉該省的觀測狀況，連帶影響中央測候人員對氣象之判定，若判讀錯誤，對於使用單位就相當不利。

　　除了規劃新設直屬測候所，中央氣象局還透過多重管道取得氣象儀器，以供新建測候所觀測之用。首先，該局先向中研院氣象所訂購一些基本的溫度計配備，分發、供給各地低階測候所。接著，借用山東大學寄存於中央大學物理系的氣象儀器。最後，透過中國商行，

---

8　「黃耘石呈黃廈千有關中央氣象局工作報告」（1942年6月11日），〈中央氣象局工作計畫及報告（一）〉，《氣象局檔案》，國史館藏，典藏號：046-040200-0006。

向國外儀器公司訂製購買其他所需的氣象設備。但在香港、新加坡相繼淪陷,儀器無法透過兩地運至中國,氣象局只好改向中研院物理所儀器工廠訂購氣象儀器。[9]

　　總之,戰時從事氣象經常在難以預測的狀況下工作,黃廈千局長帶領同仁積極推動業務,並試圖解決各項問題。然而黃氏在人事行政和管理作風上引發了不少批評,例如當時各界抨擊中央氣象局技術人員太少,辦事人員太多;局內工作人員之間的糾紛,黃廈千亦不處理等等。再加上蔣廷黻(行政院政務處處長)與葉企孫(中研院總幹事)都對他有意見,更讓他陷入困境。[10] 1942年12月竺可楨為了消弭紛爭,向行政院建議由呂炯繼任局長。[11]呂炯長期服務於中研院氣象所,並在竺可楨擔任浙江大學校長期間,代為協助處理所務,對於氣象行政與研究均諳熟於心,是十分適當的人選。

　　1943年3月,行政院通過由呂炯接替黃廈千出任中央氣象局局長。[12]呂炯就任後即著手籌備西北測候網,並按照原訂的計畫(表4-4)在沿海廣東和浙江增設三處測候所,其他則以西南地區為主。增設理由除因缺乏當地的氣象資料之外,多以地形複雜、氣候或

---

9　「籌設中央氣象局計畫及預算書」(1941年5月10日),〈中央氣象局工作計畫及報告(一)〉,《氣象局檔案》,國史館藏,典藏號:046-040200-0006。

10　竺可楨,《竺可楨全集》,1942年7月24日、1943年4月2日,第8卷,頁372、538-539。

11　竺可楨,《竺可楨全集》,1942年12月27日,第8卷,頁449。

12　「1943年3月起至1947年2月大事記」(1943年3月2日),〈中央研究院氣象研究所所務日誌、大事記〉,《中央研究院檔案》,南京二檔藏,典藏號:三九三—2757。

是氣旋產生的區域做為考量基準。但有些氣象站的設置則與交通有關，其中部分位於該地交通要道上，如江西瑞金，自古就是贛閩粵三省通衢之地；廣西南丹也是歷史上兵家必爭之地，桂黔川三省交通樞紐等等。至1943年底，中央氣象局實際僅增加十二處測候所（貴州四所、西康二所、廣西二所、四川、湖南、河南各一所），設置的地點與數量皆有落差，其中最特別的是在河南魯山，該地建立的測候所成為該局在河南省的觀測中心。雖然此時中央氣象局已完成西北測候網的計畫，並有意在甘肅西部、青海、新疆全境規劃測候所，打算成立迪化測候所做為新疆的氣象中心，卻因中央未核准經費，只能暫緩實施該項計畫。[13]

表 4-4　1943 年度中央氣象局原預定增設測候所地點一覽表

| 省區 | 擬增設測候所地點 | 人員訓練地點 | 所需訓練人數 | 儀器來源 | 設所理由 | 備考 |
|---|---|---|---|---|---|---|
| 廣東 | 連平 | 永安 | 2 | 永安氣象局 | 測候所過少 | 儀器借用 |
| | 梅縣 | | 2 | | | |
| 浙江 | 泰順 | 永安 | 2 | 永安氣象局 | 氣象報告極為稀少 | 儀器借用 |
| 江西 | 瑞金 | 永安 | 2 | 永安氣象局 | 籌劃佈置測候網，預定先設二處測候所 | 儀器借用 |
| | 大庾 | | 2 | | | |
| 湖北 | 巴東 | 重慶 | 2 | 本局 | 湖北省氣象報告闕如 | |
| | 恩施 | | 2 | | | |
| | 鄖縣 | 成都 | 2 | 成都測候所 | | 儀器借用 |
| 四川 | 懋功 | 成都 | 1 | 原有 | 地處康藏高原邊緣，氣候特殊 | 由昌都移設 |
| | 靖化 | | 2 | 成都測候所 | 四川省最西部 | |

---

13　「中央氣象局移交三十二年度工作計畫綱要表」、「中央氣象局移交三十二年度工作成績考核報告」（1943 年 4 月 16 日），〈中央氣象局工作計畫及報告（一）〉，《氣象局檔案》，國史館藏，典藏號：046-040200-0006。

| 省區 | 擬增設測候所地點 | 人員訓練地點 | 所需訓練人數 | 儀器來源 | 設所理由 | 備考 |
|---|---|---|---|---|---|---|
| 貴州 | 赤水 | 重慶 | 2 | 本局 | 貴州北部唯一有亞熱帶植物縣分 | |
| 貴州 | 鎮遠 | 貴陽 | 1 | 貴陽氣象所 | 貴州東部農業中心 | 由榕江移設 |
| | 威寧 | | 2 | | 貴州西部氣旋產生區域 | |
| 湖南 | 鳳凰 | 貴陽 | 2 | 本局 | 揚子江東岸氣旋東下常經區域 | |
| 廣西 | 南丹 | 貴陽 | 2 | 本局 | 廣西北部丘陵區 | |
| | 龍勝 | | 2 | | 廣西省東北山地區 | 或設三江 |
| 雲南 | 曲靖 | 昆明 | 2 | 本局 | 雲南省測候網急需擴充，先設四所 | |
| | 思茅 | | 2 | | | |
| | 箇舊 | | 2 | | | |
| | 雲縣 | | 2 | 昆明測候所 | | |
| 青海 | 托賴 | 蘭州 | 2 | 蘭州所分用 | 祁連山區氣象報告闕如 | 派胡振鐸負責辦理 |

資料來源：「令派本局總務科程純樞、四川省氣象測候所所長易明暉、本局測候科科長李良騏兼任本局測候人員訓練班成都、重慶、貴陽訓練區主任仰即遵照」（1943 年 8 月 4 日），〈測候人員訓練班〉，《氣象局檔案》，國史館藏，典藏號：046-020204-0022。

　　1943 年中央氣象局的經費運用表（表 4-5）亦透露出設所的困難。隨著戰時通貨膨脹影響，該局 1943 年度的預算金額比 1941 年成立時高出許多。而從經常費和臨時費的使用來看，除了固定的辦公支出，絕大部分的預算羅列用於新建、補助現有的直屬測候所，並編列了新設測候所的設置費和訓練費，但兩者實際支出分別僅為預算的 46% 和 25%，執行率不彰。對比考核報告中，中央氣象局說明因經費見絀，只能新設十二所直屬測候所站，顯然有所出入。根據 1944 年 6 月國防最高委員會考核中央氣象局先前業績的報告，則指出中央氣象局工作效能不彰，人員離職變動過大是主要的因素。[14]

_____

14 「行政院訓令中央氣象局檢發該局考核報告及總評一份」（1944

從前述內容可知，黃廈千局長上任後始終無法處理局內
的人事糾紛，再加上當時氣象專業人員十分有限，自然
影響氣象局的工作效率。為了解決人才不足的問題，氣
象局遂於 1942 年 9、10 月舉辦之第九屆高等文官考試
建設人員項目下開設氣象科，初試考試結果錄取徐爾
灝、王華文、陳其恭、孫月浦、陳學溶五人。錄取者在
隔年 3 月至 8 月間接受中央政治學校公務人員訓練部十
八週的思想、政務、軍事訓練與高考複試。[15] 在這些訓
練與考試通過後，錄取者才獲得高等考試及格，成為正
式的公務員。是故，按照這些流程與錄取的人數，確實
無法解決人才缺乏的燃眉之急。

表 4-5　1943 年中央氣象局經費運用表

| 類別 | 科目 | 預算數（元） | 實支數（元） | 實支數比例 | 保留數（元） |
|---|---|---|---|---|---|
| 經常費 | 俸給費 | 112,620.00 | 112,619.03 | 10.7% | 0.97 |
| | 辦公費 | 389,371.00 | 386,202.63 | 36.8% | 3,168.37 |
| | 購置費 | 91,800.00 | 91,800.00 | 8.7% | |
| | 特別費 | 94,421.00 | 94,421.00 | 9.0% | |
| | 各省測候所補助費 | 70,200.00 | 56,870.00 | 5.4% | 13,330.00 |
| | 直屬測候所經費 | 720,108.00 | 308,503.01 | 29.3% | 453,644.99 |
| | 總計 | 1,520,250.00 | 1,050,415.67 | 100.0% | |
| 臨時費 | 永久性財產購置費用 | 500,000.00 | 250,902.70 | 85.4% | 249,097.30 |
| | 新增測候所佈置費及訓練費 | 170,000.00 | 43,045.00 | 14.6% | 126,955.00 |
| | 總計 | 670,000.00 | 293,947.70 | 100.0% | 376,052.30 |

資料來源：「行政院訓令中央氣象局檢發該局考核報告及總評一份」
（1944 年 7 月 1 日），〈中央氣象局工作計畫及報告（一）〉，《氣
象局檔案》，國史館藏，典藏號：046-040200-0006。

---

　　年 7 月 1 日），〈中央氣象局工作計畫及報告（一）〉，《氣象
　　局檔案》，國史館藏，典藏號：046-040200-0006。

15　陳學溶，《我的氣象生涯：陳學溶百歲自述》，頁 97-105。

## （二）氣象局與甘肅水利林牧公司合辦高山測候所

　　1944 年中央氣象局繼續增設直屬測候所，但河南、湖南兩省受到戰事的影響，境內的測候所皆暫停工作；翌年戰局逐漸平穩後，才重新恢復。其中值得注意的是，為了準備軍事反攻與航線的需要，中央氣象局特別設置高山測候所。另外，在 1943 年建設西北測候網的計畫中，該局曾有意在青海與甘肅兩省交界的祁連山設立多個測候所，並加強張掖測候所（四等）的功能。[16] 不過受到現實的限制，呂炯決定先嘗試選擇一處設立祁連山測候所，派胡振鐸前往籌備。但因在高山設所勢必面對交通不便的問題，相較一般測候所，必須花費更多的時間運送儀器、信件、食糧。最後為了方便行事，中央氣象局決定就近將西寧測候所庫存儀器，運往祁連山測候所使用，網羅工作人員前往工作。該所於 1944 年 1 月開始觀測，由馬維新、李承祖兩人負責，這兩人皆為張掖中學畢業，原在當地從事教育工作，後接受短期訓練投身氣象工作，[17] 開啟了中央氣象局在中國西部高山上的觀測業務。

　　然而，祁連山區的生活和交通條件確實惡劣，從事氣象觀測需要動用較多的資源和經費。加上山上人煙稀

---

16　「中央研究院氣象研究所致中央氣象局」（1943 年 1 月 14 日），〈設置祁連山測候所〉，《氣象局檔案》，國史館藏，典藏號：046-020100-0165。

17　「為籌備青海祁連高山測候所准開辦費一萬元交胡主任主持籌設，並將經臨各費補表呈核由」（1943 年 10 月 16 日）、「呈報職所成立及啟用鈐記日期並附費印模員工履歷表各一份，謹請鑒核備查由」（1944 年 1 月 20 日），〈設置祁連山測候所〉，《氣象局檔案》，國史館藏，典藏號：046-020100-0165。

少，人身安全堪虞，以致許多同仁不願前往。但是為了
取得高空氣象，仍需勉為其難建立測候所。縱然如此，
呂炯局長亦試圖尋求各種可以緩解人力、物力的方法，
當他聽聞甘肅水利林牧公司有意成立測候站，即與該公
司總經理沈怡（1901-1980）提出合設置氣象站一事，
並告知甘肅測候所所長胡振鐸可以提供相關協助。經過
洽商，雙方合作的原則如下：在祁連山各地建立氣象
站，設站位置和工作計畫由雙方洽訂，並由雙方共同負
擔運作費用。觀測工作由中央氣象局負責管理，所獲得
的氣象資料，隨時提供甘肅水利林牧公司開發使用。[18]
1945 年雙方選定六處地點，並派人實地探勘；測量需
要的儀器如乾溼球、最高最低溫度表，由甘肅測候所提
供，量雨器向甘肅機器廠訂購。水銀氣壓表、水溫表、
自記氣壓計、自記氣溫計、自記濕度計、風向儀、風速
儀、雨量自記器等儀器，則向中央氣象局商借、購買，
或向國外代購。至於各氣象站所需工作人員，由水利林
牧公司在河西各地招考中等學校學生十四名，集中蘭
州，由甘肅測候所負責訓練實習三個月，再分發各站
工作。[19]

　　除了在中國西部山區建立高山測候所，中央氣象局
也計劃於 1945 年在福建武夷山設立測候所，以向美軍
提供氣象情報，但因美空軍人員已逕與福建省氣象局接

18　「函復祁連山測候所事」（1944 年 2 月 16 日），〈設置祁連山測
　　候所〉，《氣象局檔案》，國史館藏，典藏號：046-020100-0165。
19　「胡振鐸君致局長函一件」（1945 年 5 月 23 日），〈設置祁連山測
　　候所〉，《氣象局檔案》，國史館藏，典藏號：046-020100-0165。

洽，故由福建省氣象局石延漢[20]全權處理合作事宜。[21]
由此可知，中央氣象局為了軍事需要，想方設法取得高
空氣流觀測、航空氣象的紀錄，甚至計劃向美國申請租
借法案，購買高空觀測儀器，設置高空測候站，藉以加
強氣象預報的能力。[22]我們可以知曉中央氣象局努力獲
取的氣象資料，已從最初僅為獲得各地基礎氣象內容，
逐漸朝向取得更多進階的高空資料。想當然耳，這樣的
轉變與軍事活動是正相關的。

## 三、開辦氣象訓練班

拓展氣象網絡，必須派定足夠的技術人員從事觀測
工作。1943 年中央氣象局因應測候所站的需求，開設
測候人員訓練。該年的訓練班規劃，採取分區訓練的
方式，在永安、貴陽、昆明、成都、重慶設立訓練區，
由每個訓練區最高氣象機關首長兼任區主任，下設教務
員一人，事務員兩人，且由各地推薦適合人選擔任授課
講師。中央氣象局預計在每區各招收十至十五人，年齡

---

20 石延漢，福建績溪人，日本東京帝國大學理學士，戰時為福建省
 氣象局局長。參考「為函送本局工作報告請察鑒由」（1941 年 9 月
 5 日），〈中央研究院氣象所各測候所機關事業概況〉，《中央
 研究院檔案》，南京二檔藏，典藏號：三九三─2892。

21 劉芳瑜，〈戰時中美軍事技術合作：以閩浙皖氣象網設置為例〉，
 《檔案半年刊》，第 20 卷第 1 期（2021 年 6 月），頁 38-51。

22 「中央氣象局移交三十四年度工作成績考核報告」（1945 年 8 月
 31 日），〈中央氣象局改隸教育部呂任交接卷（移交清冊乙全
 份）〉，《氣象局檔案》，國史館藏，典藏號：046-020100-0180。
 「遵令將本局成立經過及工作概況連同組織規程辦事細則職工
 薪餉名冊財產器物清冊三十四年度經費預算等件報請備查由」
 （1945 年 8 月 31 日），〈中央氣象局改隸教育部〉，《氣象局
 檔案》，國史館藏，典藏號：046-020100-0179。

必須在三十歲以下，具備高中畢業的學歷。學員通過考試後，進行兩個月的訓練，課程包括普通氣象學（六小時／週）、氣象觀測實習（六至八小時／週）、統計方法（三小時／週）、儀器管理（三小時／週）、測候法規（二小時／週）、氣候學（四小時／週）、專業講討（一至二小時／週）及公文程式（二小時／週），學理知識與實務操作並重。完成訓練後，學員係以技佐身分派往訓練區附近直屬測候所工作；若未赴指派之測候所報到，需賠償受訓費用，並取消畢業資格。

　　1943 年 9 月 1、2 日中央氣象局舉行招生考試，考試科目計有黨義、國文、數學、常識及口試。[23] 雖然原先計劃在永安等五地進行訓練，但囿限設備經費不足，僅在重慶、貴陽兩地訓練。[24] 以貴陽訓練區為例，這次招考共有四十人報名，錄取的二十一名學員中有三人未報到。[25] 訓練班隨後於同年 9 月 11 日開始上課，由七名專業人員（參見表 4-6）負責授課事宜。這些講師大都服務於貴州省氣象所，學員也多來自貴州省（參見表4-7），平均年齡約二十三歲，具有地緣關係；其中部分學員曾從事過測候工作外，其他學員多在學校、公家

23　「令派本局總務科程純樞、四川省氣象測候所所長易明暉、本局測候科科長李良騏兼任本局測候人員訓練班成都、重慶、貴陽訓練區主任仰即遵照」（1943 年 8 月 4 日），〈測候人員訓練班〉，《氣象局檔案》，國史館藏，典藏號：046-020204-0022。

24　「行政院訓令中央氣象局檢發該局考核報告及總評一份」（1944年 7 月 1 日），〈中央氣象局工作計畫及報告（一）〉，《氣象局檔案》，國史館藏，典藏號：046-040200-0006。

25　檔案名冊中僅標示一人未報到，另外二人未標示，但向中央氣象局呈報的報告中，敘述三人未報到。

機構服務。訓練期間有二人遭到開除,一人退學,最後
有十五人通過考試,完成氣象觀測訓練。[26] 就此觀之,
此時中央氣象局培訓的氣象人才,以基層觀測人員為
主。這些學員經短時間的訓練,掌握基本的氣象知識,
與儀器的操作方法,就需走馬上任,從事氣象觀測、記
錄工作。

表 4-6  1943 年中央氣象局測候人員訓練班貴陽訓練區
講師一覽表

| 姓名 | 年齡 | 籍貫 | 經歷 | 擔任學科 |
|---|---|---|---|---|
| 李良騏<br>(清華大學<br>地理系氣象<br>組畢業) | 34 | 貴陽 | 現職:為貴州省氣象所所長<br>曾任:中央研究院氣象研究所<br>　　　觀測員、貴州省建設人<br>　　　員訓練所主任、中央氣<br>　　　象局測候科科長 | 氣象學<br>測候法規 |
| 羅繼昌 | 37 | 廣西 | 廣西省貴縣測候所所長<br>貴州省氣象所測候人員 | 氣象觀測 |
| 王鍾山<br>(暫由羅繼<br>昌代理) | 32 | 河北 | 貴州省氣象所測候員<br>東北大學副教授 | 儀器管理 |
| 宋銘奎 | 31 | 安徽 | 貴州省氣象所測候員<br>國立十四中學專任教員 | 統計方法 |
| 楊芷佩 | 36 | 貴陽 | 貴州省建設廳主任科員 | 公文程式 |
| 阮鼎生 | 32 | 貴陽 | 貴州省氣象所測候員兼電務員 | 珠算 |

資料來源:「呈報本區各科講師履歷表擬請准予聘任祈核示由」(1943
年 9 月 13 日),〈測候人員訓練班〉,《氣象局檔案》,國史館藏,
典藏號:046-020204-0022。

---

26 「呈報本區招考經過及取錄學員名冊祈備查由」(1943 年 9 月
　　10 日),〈測候人員訓練班〉,《氣象局檔案》,國史館藏,典
　　藏號:046-020204-0022。

表 4-7　1943 年中央氣象局測候人員訓練班貴陽訓練區
錄取學員名冊

| 姓名 | 年齡 | 籍貫 | 學經歷 | 備註 |
|---|---|---|---|---|
| 郭學智 | 21 | 貴州綏陽 | 貴州省立桐梓中學畢業 | |
| 丁蔚群 | 22 | 湖南嶽陽 | 湖北省孝感縣私立啟璟中學畢業<br>曾任貴州氣象所統計員、測候員 | |
| 江長安 | 19 | 貴州桐梓 | 貴州省立桐梓中學畢業<br>桐梓天坪鄉中心小學教員 | 開除 |
| 劉朝海 | 22 | 貴州桐梓 | 貴州省立桐梓中學畢業 | |
| 傅志眉 | 20 | 貴州貴陽 | 貴州省立貴陽高級中學畢業 | |
| 陶儒淵 | 20 | 貴州盤縣 | 貴州省興義高級中學畢業 | |
| 石登國 | 21 | 貴州綏陽 | 四川省黔江中學畢業 | |
| 謝啟麟 | 25 | 貴州貴陽 | 貴州省私立導文中學畢業 | |
| 楊長庚 | 21 | 貴州綏陽 | 貴州省立桐梓中學畢業 | |
| 趙屏 | 22 | 貴州邵陽 | 南京三民高級中學畢業<br>邵陽親義鄉中心小學教員、農業推廣員 | |
| 朱兆松 | 26 | 貴州貴陽 | 貴州省立貴陽師範學校畢業<br>曾任無線電臺臺長兼測候工作 | |
| 姜紹周 | 30 | 貴州長順 | 貴州省立高級農業職業學校農科畢業<br>貴州省氣象所技術員、農業佐理員 | |
| 鄧超林 | 23 | 貴州織金 | 暹羅華僑聯立育僑中學畢業<br>滇緬鐵路南定和細菌檢驗員及該境衛生<br>助理員 | |
| 董道淵 | 25 | 貴州織金 | 貴州黔西縣高級中學畢業<br>織金縣興文鎮小學校長 | 開除 |
| 羅長庚 | 25 | 貴州天柱 | 湖南省私立衡湘中學畢業 | 退學 |
| 盧繼武 | 20 | 貴州貴陽 | 貴州省立貴陽中學畢業<br>平壩縣田賦管理處助理員 | |
| 王學顯 | 20 | 貴州鑪山 | 貴州中學畢業 | |
| 高昌眙 | 28 | 貴州貴陽 | 貴州省立貴陽中學畢業 | |
| 吳朝鈞 | 22 | 貴州鑪山 | 貴州省黃平縣立高級中學畢業<br>金沙縣政府技士兼統計主任 | 暫准畢業，<br>留貴陽 |
| 王澤賢 | 24 | 貴州惠水 | 貴州省立高級中學畢業<br>惠水王佑鄉中心小學教員 | |
| 楊技伯 | 19 | 貴州鑪山 | 貴州省麻江中學畢業<br>鑪山凱棠小學教員 | 未報到 |

資料來源：「呈報本區招考經過及錄取學員名冊祈備查由」（1943 年
9 月 10 日）、「函報本局測候人員訓練班貴陽訓練區招考學員訓
練經過附送表冊請簽收轉呈備案由」（1944 年 1 月 15 日），〈測候
人員訓練班〉，《氣象局檔案》，國史館藏，典藏號：046-020204-
0022。

# 第二節　設所地點的選擇與衍生問題

　　一般而言，新設測候所必須依據目的，如與軍事、農業、水利、交通安全等實際需要，決定設所地點。選定之後還需觀察當地狀況，進一步確認是否適宜從事觀測活動。就自然環境條件來說，氣象觀測位置多屬該地區的制高點或是空曠處，以免受障礙物影響而掌握不住觀測的準確性。前述章節已說明中央氣象局成立之後，首先透過接收原屬中研院氣象所測候所，經費補助各省測候所，以及擴設直屬測候所，完成建立全國測候網的基本硬體框架。接著又開班培訓基礎測候員，為各地測候所培植基礎人力。本節將深入分析中央氣象局在各地建立測候所須做得評估，及其他衍生的問題，藉此思考戰時中國氣象技術專家、從業者，利用所學為政府提供氣象情報，必須面臨的處境。

## 一、挑選測候所地點的原則

　　中國的氣象站在中日戰爭爆發前，集中沿海和沿江地帶，這樣的態勢直至戰時才產生轉變，國民政府因應軍事國防需求，在後方地區增設若干測候所。從中央氣象局的工作計畫，可以瞭解當時建置測候所的基本法則。各地增設的理由多不脫缺乏當地氣象紀錄、氣候具有特殊性、地形等等，比較強調自然環境的因素。但若進一步探究已成立的測候所位置，就可發現自然環境的考量之外，還要具備幾個條件，測候所才得以建設

運作。

　　表 4-8 係戰時中央氣象局直屬測候所一覽表，筆者
整理了當時各測候所建立地點的自然與人文環境，藉此
釐清其中的特色。整體而言，中央氣象局確實朝向構建
西南測候網持續努力，且嘗試在西北部建立一些觀測
點。這些測候所位處山地、丘陵及山谷平原等處，十分
多元，但其中最重要的特點是它們都位在公路、鐵路、
江河沿線。依據各處地理位置可分成四類：

1. 位於公路、鐵路與江河匯集處附近（六所）
   西安、肅州、沙坪壩、西寧、廣元、榆林。
2. 公路與河川交會處（二十九所）
   武漢、康定、武夷山、南鄭、雅安、西昌、沅
   陵、零陵、大理、都蘭、中寧、安西、達縣、南
   充、酉陽、富林、鎮遠、興仁、威寧、羅甸、
   銅仁、三江、玉溪、商縣、祁連山、拉薩、耒
   陽、茶陵、河池。
3. 鐵路、河流處（一所）
   華山。
4. 江河附近（七所）
   松潘、奉節、涪陵、雷波、彭水、麗江、魯山。

　　由此可見，交通便利對於測候所而言不可或缺，推
測其因大致有三：第一，與氣象技術條件有關，當時無
論是氣象儀器的使用、電報的發送、天氣圖的繪製等工
作項目，皆須由觀測員操作、記錄數據，能夠自計的儀
器不多。該局設站的地點應是觀測人員能夠順利到達的
地方，也是天氣紀錄能夠即時送達行政機關代為廣播的

地方。[27] 第二，必須是物資可順利補給之地，觀測人員日常生活用品、食物及紀錄所需用紙和材料，皆須派人運送。若設在交通不便或是無路可通之處，生活補給品與工作材料勢必無法正常供應，便難以持續觀測，亦會降低觀測人員前往任職的意願。第三，與安全有關，在交通不便或是偏僻的地方，觀測人員也容易面臨盜匪搶奪或是野生動物襲擊，有生命安全的疑慮。

除此之外，設站地點若鄰近行政、教育研究以及軍事指揮機關則更佳。舉例來說，中央氣象局接收之武漢測候所，位在貴州湄潭，即與當地是浙江大學校區有關。[28] 當時浙江大學校長是竺可楨，校內又設有氣象系，無論是人才補充和氣象技術的合作，即可就近辦理，也容易獲得支援。然西安測候所地處天水行營駐地，該處是中國北方戰場的指揮哨，等同於軍事作戰的中樞，戰略策畫和防空準備，皆須掌握氣象情報，故可發揮更大的效用。而直屬測候所更多的是依傍於各省行政督察專員公署所在地，[29] 藉以取得執行工作時有關消息傳遞、行政支援等各類協助。

---

27 戰時中央氣象局未有自身的通訊系統，由交通部代為傳送氣象情報。針對當時中央氣象局天氣紀錄的傳遞問題，下一節有仔細的討論。

28 竺可楨，〈致呂炯函（1940 年 2 月 27 日）〉，《竺可楨全集》，第 24 卷，頁 10。

29 沈懷玉，〈行政督察專員制度之創設、演變與功能〉，《中央研究院近代史研究所集刊》，第 22 期（1993 年 6 月），頁 448-449。

### 表 4-8　抗戰期間中央氣象局直轄測候所一覽表

| 直屬測候所 | 地點 | 自然地理 | 人文行政 |
|---|---|---|---|
| 武漢 | 貴州湄潭 | 貴州北部，烏江北岸中游，往北可通長江。 | 1. 公路據點<br>2. 戰時浙江大學所在地 |
| 西安 | 西安 | 黃河流域關中平原中部，南依秦嶺，北臨渭河。 | 1. 鐵路、公路交錯<br>2. 天水行營 |
| 肅州 | 甘肅酒泉 | 甘肅省西北部、北大河（額濟納河上游） | 1. 公路、鐵路沿線<br>2. 甘肅省第七行政督察專員公署駐地 |
| 沙坪壩 | 重慶 | 長江和嘉陵江交匯處，四周大巴山、巫山、武陵山、大婁山環繞，沙坪壩位於平原處。 | 1. 鐵路、公路交錯<br>2. 戰時首都<br>3. 中研院氣象所 |
| 康定 | 西康康定 | 高原地形，川藏要衝，西康省東部，大雪山、大渡河貫穿其中。 | 1. 公路據點<br>2. 西康省第一行政督察專員公署駐地 |
| 西寧 | 青海西寧 | 位於青海省東北部，湟水中游（黃河支流）及三條支流的交匯處。 | 1. 鐵路、公路交錯點<br>2. 西北交通要道和軍事重地（西海鎖鑰、海藏咽喉） |
| 武夷山 | 福建崇安 | 福建省西北部，坐落在武夷山脈的狹谷地帶，東、西、北三面被山脈包圍，境內溪流密佈，崇陽溪（建溪支流）流經其中。 | 1. 公路據點 |
| 廣元 | 四川廣元 | 地處四川盆地北部邊緣，米倉山、大巴山南麓，嘉陵江上游。 | 1. 鐵路<br>2. 公路據點 |
| 松潘 | 四川松潘 | 岷江上游 | 1. 邊陲重鎮 |
| 南鄭 | 陝西南鄭 | 陝西省西南部，漢中盆地西南部，北臨漢水上游，南依大巴山。 | 1. 公路據點<br>2. 陝西省第六行政督察專員公署 |
| 榆林 | 陝西榆林 | 陝西省北部，地處黃土高原，東隔黃河與山西相望。 | 1. 邊陲城市<br>2. 陝、甘、寧、蒙、晉五省區交界地<br>3. 陝西省第一行政督察專員公署駐地<br>5. 鐵路<br>6. 公路據點。 |
| 雅安 | 西康雅安 | 四川盆地西南，大相嶺、青衣江橫貫其中，南部有大渡河。 | 1. 公路據點 |

| 直屬測候所 | 地點 | 自然地理 | 人文行政 |
|---|---|---|---|
| 西昌 | 西康西昌 | 西康省東南部，位在安寧河中游。 | 1. 西昌行轅<br>2. 公路據點<br>3. 西康省第一行政督察專員公署駐地 |
| 沅陵 | 湖南沅陵 | 湖南省西部，酉水、沅江交會處。 | 1. 公路據點<br>2. 湖南省第九行政督察專員公署駐地 |
| 零陵 | 湖南零陵 | 湖南省西南部，位於湘江上游、湘水與瀟水匯合處。 | 1. 公路交錯點<br>2. 湖南省第七行政督察專員公署駐地 |
| 大理 | 雲南大理 | 雲南省西部，位於雲貴高原上的洱海盆地，境內的山脈主要屬雲嶺山脈及怒山山脈，主要河有金沙江、瀾滄江、怒江、紅河。 | 1. 公路據點 |
| 都蘭 | 青海都蘭 | 位於青海省中部、柴達木盆地東南隅，沙柳河、托索河、察汗烏蘇河分佈其中。 | 1. 公路據點<br>2. 青海省第五行政督察專員公署駐地 |
| 中寧 | 寧夏中寧 | 寧夏省東南部，黃河流經其中。 | 1. 寧夏省第二行政督察專員公署駐地<br>2. 公路據點 |
| 安西 | 甘肅安西 | 甘肅省河西走廊西端，境內具有山區、戈壁、走廊沖洪積平原三種地理型態，疏勒河、踏實河流經其中。 | 1. 公路據點 |
| 達縣 | 四川達縣 | 四川東北部，地處大巴山南麓，嘉陵江支流渠江上游。 | 1. 公路據點<br>2. 四川省第十五行政督察專員公署駐地 |
| 南充 | 四川南充 | 四川省東北部，位於嘉陵江與西充河交匯處。 | 1. 公路據點<br>2. 四川省第十一行政督察專員公署駐地 |
| 奉節 | 四川奉節 | 位於重慶東部，北接大巴山，東部和南部為巫山和七曜山環繞，瞿塘峽流經其中。 | |
| 涪陵 | 四川涪陵 | 長江橫貫東西，烏江縱穿南北。 | |
| 雷波 | 四川雷波 | 位於四川西南部，金沙江下游。 | |
| 酉陽 | 四川酉陽 | 四川省東南部，西以烏江與貴州省為界。 | 1. 公路據點<br>2. 四川省第八行政督察專員公署駐地。 |
| 彭水 | 四川彭水 | 位於重慶東南部，地處武陵山區，烏江下游。 | |

| 直屬測候所 | 地點 | 自然地理 | 人文行政 |
|---|---|---|---|
| 富林 | 西康漢源 | 位於大渡河中游，大相嶺貫穿其中。 | 1. 公路據點 |
| 鎮遠 | 貴州鎮遠 | 貴州省東部，地處中原通往雲貴高原要道上，長江上游。 | 1. 為西南邊塞的軍事、交通重鎮，有「滇楚鎖鑰」之稱。<br>2. 公路據點<br>3. 貴州省第一行政督察專員公署駐地 |
| 興仁 | 貴州興仁 | 貴州省西南部，位於南盤江上游。 | 1. 公路交會點<br>2. 貴州省第三行政督察專員公署駐地 |
| 威寧 | 貴州威寧 | 貴州西部，境內有草海，為長江水系上游湖泊。 | 1. 公路據點 |
| 羅甸 | 貴州羅甸 | 貴州省東南部，地處黔南山地西南部，北高南低。境內河流屬於珠江水系，主要河流有南盤江、蒙江、曹渡河。 | 1. 公路據點 |
| 安順 | 貴州安順 | 貴州省中西部，處於長江水系烏江流域和珠江水系北盤江流域的分水嶺地帶。 | 1. 公路據點<br>2. 鐵路 |
| 銅仁 | 貴州銅仁 | 貴州省東北部，黔、湘、渝三省交界武陵山區，境內河川遍佈，以東分屬沅水水系，以西為烏江水系。 | 1. 公路據點<br>2. 貴州省第六行政督察專員公署駐地 |
| 三江 | 廣西三江 | 廣西省北部，位於湘、桂、黔三省交界，境內的三條大江，即榕江、潯江與苗江，屬珠江上游西江水系的一部分。 | 1. 公路據點 |
| 玉溪 | 雲南玉溪 | 雲南省中部，地處雲貴高原西緣，地形複雜，南盤江、元江、綠汁江流經其中，境內湖泊甚多。 | 1. 公路據點 |
| 麗江 | 雲南麗江 | 雲南省西北部，地處橫斷山脈北段向雲貴高原過渡帶，金沙江流經全境。 | 1. 雲南省第七行政督察專員公署駐地 |
| 華山 | 陝西華陰 | 陝西省東部，關中平原中部，南依秦嶺，北鄰渭水下游。 | 1. 隴海鐵路據點 |
| 商縣 | 陝西商縣 | 陝西省東南部，南倚秦嶺，主要河流有洛河、丹江、金錢河、乾佑河、旬河。 | 1. 陝西、湖北、河南三省交界<br>2. 陝西省第四行政督察專員公署駐地<br>3. 公路據點 |
| 祁連山 | 甘肅靖遠 | 甘肅省中東部，黃土高原區，黃河上游與祖厲河匯流處。 | 1. 公路據點 |

| 直屬測候所 | 地點 | 自然地理 | 人文行政 |
|---|---|---|---|
| 拉薩 | 西藏拉薩 | 四面環山，拉薩河（雅魯藏布江支流）貫穿其中。 | 1. 青藏高原的中心<br>2. 公路據點 |
| 魯山 | 河南魯山 | 河南省中西部，位於伏牛山東麓，沙河上游。地勢西高東低，西、南、北三面環山。 | 1. 此地陷敵，觀測暫停<br>2. 1942 年 4 月－1944 年 4 月曾為河南省會 |
| 耒陽 | 湖南來陽 | 湖南省東南部，衡陽盆地南端，西臨春陵水與常寧相望。 | 1. 此地陷敵，觀測暫停<br>2. 公路據點 |
| 茶陵 | 湖南茶陵 | 湖南省東部，地處湘贛邊界、羅霄山脈西麓，洣水流經其中。 | 1. 此地陷敵，觀測暫停<br>2. 公路據點 |
| 河池 | 廣西河池 | 廣西省西北部，主要為喀斯特山區，紅水河流經其中。 | 1. 此地陷敵，觀測暫停<br>2. 公路據點 |
| 備註 | 行政督察專員公署駐地以戰時劃分之區域為主，若在戰時歷經多次更迭，則以 1941 年後之行政調整為主。 | | |

資料來源：筆者自行整理，內容為「遵令將本局成立經過及工作概況連同組織規程辦事細則職工薪餉名冊財產器物清冊三十四年度經費預算等件報請備查由」（1945 年 8 月 31 日），〈中央氣象局改隸教育部〉，《氣象局檔案》，國史館藏，典藏號：046-020100-0179。一柱編譯樓，《最新分省中國地圖：教課 · 物產 · 旅行 · 交通四用》（香港：香港學林書店，未刊日期）。李鹿苹、黃新南，《最新中國區域地圖》（臺北：文化圖書公司，1979）。傅林祥、鄭寶恒，《中國行政區劃通史：中華民國卷》（上海：復旦大學出版社，2007）。

## 二、建所面對的難題

　　測候所地理位置的優勢，也可能是缺點，交通要道常是敵我作戰時兵家必爭之地。舉例來說，1942 年中央氣象局有意在湖南省西北部武陵山東麓、澧水中游的慈利建立測候所，當時該局對於湖南省氣象狀況的認識，以湘西、粵漢鐵路沿線為主，欠缺湘北與湘東地區的情報；為了擴大情報範圍，方有此規劃。其建置工作係決定由湖南省農業改進所氣象系負責，他們根據當地的情勢提出四項考量：第一，中央氣象局應該將慈利測候所改設於湘東的茶陵，因茶陵位於湖南東西航線的重要位置上（北抵長沙，南通廣州，西接衡郴），考量軍

事反攻行動展開之後，空軍若由內地往返江浙淪陷區，或轟炸日軍，茶陵是必經路線，該地的氣象報告是不可或缺的資訊。第二，慈利雖然位於航空要道，但因交通不便、治安不良，在此設立測候所甚是危險。第三，距離慈利五十公里左右的常德，在 1932 至 1938 年間曾設有測候所，後因戰事暫停工作，留存先前的氣象報告可供參考使用。第四，中央氣象局已經計劃在 1943 年恢復常德的氣象測候工作，為了避免未來工作重複，故向氣象局提出更改測候所位置的請求。[30]

不久中央氣象局接受了湖南省農業改進所的建議，改在茶陵設置測候所，[31] 卻也因為茶陵的戰略價值，使得當地的觀測工作不免受到軍事活動影響。1944 年長衡會戰中，該所因距交戰區域（黃沙舖）僅有四十市里（二十公里），多次遭到日軍攻擊，必須暫停運作。工作人員僅能帶走部分輕便的氣象器材和紀錄簿冊，回到城外村落住所避難。但因戰事擴大，工作人員居住之地也淪為戰場，帶回的氣象儀器和紀錄簿冊遭受破壞，以致戰事結束後，茶陵測候所無法立即恢復工作。[32]

再以 1942 年湖南省零陵測候所為例，中央氣象局

<hr />

30 「劉粹中呈黃廈千為慈利測候所改設茶陵事宜」（1942 年 7 月 10 日），〈茶陵測候所籌備〉，《氣象局檔案》，國史館藏，典藏號：046-020100-0108。

31 「竺士芳簽呈黃廈千」（1942 年 7 月 13 日），〈協助各機關興辦氣象事業〉，《氣象局檔案》，國史館藏，典藏號：046-040300-0006。

32 「為呈報撤退後情形並擬具善後辦法請核示祇遵由」（1944 年 10 月 27 日），〈丰陽、茶陵所復所〉，《氣象局檔案》，國史館藏，典藏號：046-020100-0066。國防部史政編譯局，《抗日戰史：長衡會戰》（臺北：國防部史政編譯局，1982），頁 38、46

派專員劉粹中到該地設立時，他的報告中提及零陵是湖南省重鎮，時常遭受空襲，導致他選擇所址時相當苦惱。為了避免氣象儀器遭到破壞，劉粹中有意到零陵城外尋找，但該城西、南兩面有瀟水環繞，不利於發送電報；而東、北地區空地雖多，居民卻很稀少，難以租賃適合的房舍，只能暫租東門外裡許縣之農業推廣所。最後經多方考察，才確定將零陵測候所設在東門外羊角山。[33] 就戰略考量來看，零陵鄰近耒陽、邵陽、衡陽等地，這四縣在 1944 年的長衡會戰中皆承受了猛烈砲火。雖然此處建置氣象站有助於湘西氣象的掌握，不過湖南戰況激烈，零陵測候所的觀測工作屢有停頓，最後被迫遷移。戰後中央氣象局有意恢復零陵測候所，但該所主任唐永鑾認為將測量工作重新遷回零陵，所費不貲；且該測候所位在湘西偏僻地區，工作環境相當困苦，故建議裁撤，將該所工作併入鄰近的測候所。[34] 故此，氣象人員在設站除了人身安全因素，交通與通訊傳遞因涉及天氣數據的時效性，而工作環境的便利性關係著民生補給，這些皆是測候所運作的考量要點。

除此之外，在推廣新設或與地方合作的測候所業務中，地方的配合度相當重要，這又涉及中央權力能否下達地方。一般來說，氣象測候所的籌設人員在選定測候所位置後，必需與當地政府洽商撥用土地，並處理辦

---

33 「劉粹中呈黃廈千報告零陵測候所籌備情形」（1942 年 6 月 22 日），〈零陵測候所籌備〉，《氣象局檔案》，國史館藏，典藏號：046-020100-0107。

34 「中央氣象局零陵測候所中央氣象局」（1945 年 12 月 25 日），〈零陵所遷返〉，《氣象局檔案》，國史館藏，典藏號：046-020100-0081。

公屋舍修繕或建造問題；而在戰時又得面對不斷上漲的物價，以致業務推展困難重重。[35] 但地方政府若能支持，就可降低許多困難。有時地方力量甚至是一個調停的角色，例如 1943 年中央氣象局在雲南設置麗江測候所，借用麗江縣玄天閣的房屋做為辦公室，但因玄天閣已被徵用做為兵工營第六連駐紮地點。在地方首長的協調下，找出一個折衷方案，將玄天閣部分房舍提供麗江測候所使用，其餘房屋仍做軍用，使得彼此互利。[36] 另一例是 1942 年中央氣象局希望能在寧夏設置直屬測候所，但該地區並非中央氣象局能夠掌握，遂請求寧夏省農林局協助。寧夏農林局積極配合，迅速準備辦公屋舍。[37]

反之也有另一種情況，中央氣象局派去籌建測候所人員，受到地方人士的敷衍與刁難。如 1944 年 9 月該局派陳元到河池測候所工作，受到當地工作人員刁難，直至 10 月 6 日才移交儀器與觀測簿等設備。[38] 甚者，也有測候所被強佔，導致無法進行觀測工作的情事。如 1944 年四川西昌測候所獲得軍事委員會同意，搬遷至西昌祁家宅五顯廟辦公，但軍事委員會後方勤務部遠

---

35　「劉粹中呈黃廈千關於零陵測候所址劃撥及辦公室建築發包事宜」
　　（1942 年 9 月 2 日），〈零陵測候所籌備〉，《氣象局檔案》，
　　國史館藏，典藏號：046-020100-0107。

36　「雲南省政府公函」（1943 年 2 月 3 日），〈麗江所房屋所址〉，
　　《氣象局檔案》，國史館藏，典藏號：046-050200-0028。

37　「寧夏省農林局公函」（1942 年 8 月 11 日），〈寧夏省測候所籌
　　設〉，《氣象局檔案》，國史館藏，典藏號：046-020100-0106。

38　「陳元呈呂炯」（1944 年 1 月 11 日），〈河池所人事〉，《氣
　　象局檔案》，國史館藏，典藏號：046-020203-0101。

征軍兵站總監部直屬的西昌第一分監部運輸隊，卻趁機侵佔西昌測候所的辦公室，破壞測量設備與場地。西昌測候所主任蕭勛紀多次與之溝通未果，遂於同年 10 月請求上級協助，亦即由中央氣象局出面與軍方接洽。軍方回應時表示運輸隊屯駐五顯廟，確因該處無人居住，且為前西昌國民兵團部駐地，運輸隊獲得兵團部同意才遷入使用。同時該運輸隊也接到西昌行轅的命令，必須空出幾間房室供西昌測候所使用，且在 10 月中旬前退出五顯廟；西昌行轅還發給西昌測候所軍事權杖，以防止其他部隊滋擾、侵佔。至於損害的觀測設備，則由雙方各負擔一半。[39] 就事情的發展而論，雖然軍隊最終退出了五顯廟，也給予西昌測候所部分的賠償，但受到軍隊破壞的氣象儀器和設備，必須修理或是換新，如此一來西昌測候所的觀測工作不免延遲。而西昌行轅特別給予西昌測候所權杖，避免再遭其他部隊侵擾的舉措，反映了在抗戰時期，地方上部分國軍在面對其他機關的強橫態度，亦透露了軍隊素質及基層部隊缺乏氣象觀測的觀念。

## 三、改善氣象情報傳遞方式

戰場上的情報傳遞十分重要，氣象情報對於軍事作戰更具時效性。戰時中國的電信傳遞，由交通部和軍政

39 「蕭勛紀呈呂炯關於辦公地址被親無法繼續工作」（1944 年 10 月 3 日）、「軍事委員會後方勤務部直屬第一兵站代電中央氣象局」（1944 年 11 月 5 日）、「國民政府軍事委員會西昌行轅快郵代電中央氣象局」（1944 年 11 月 7 日），〈西昌所房屋所址〉，《氣象局檔案》，國史館藏，典藏號：046-050200-0081。

部組織而成。電信的主幹線由交通部主導，分有線電報電話與無線電報電話。為了配合軍事通信需要，抗戰爆發之初交通部即在前線設置電信專員，1939 年為加強電信調度，進而將全國分成東南、西南、西北三區，改設駐戰區電信專員，並設立西南、西北長途電話網工程總隊。駐戰區電信專員負責與所在地的戰區長官聯絡，調度戰區內所轄各級電信單位，以配合作戰需要。軍方的通訊體制分為師通信、軍通信及軍團通信，有各自的有線電和無線電之通信網。戰爭爆發時，行政通信系統必須配合軍事通信使用。[40]

　　戰時中央氣象局成立之後，限經費與人力，重心放在籌建各地的測候所形成情報網，情報傳遞工作則委託交通部負責。各地測候所將每日觀測所得的天氣報告，透過交通部的電信系統傳送至中央氣象局，由局內氣象人員整理後供給所需機關使用，但此流程中卻常因交通部電報傳達時間過慢，使氣象情報失去效用。為了改善這樣的困境，中央氣象局一方面著手籌設無線電訊網，派人與交通部交涉、討論改善電報傳遞的方法；另一方面利用長途電話，向有關單位傳達每日的氣象狀況，例如當時糧食部調查處指定一名專員，負責致電中央氣象局，詢問各地每日的雨量紀錄。不過一旦電話線路失效，就只能採取按日列表郵寄氣象資訊方式，難免會延誤到消息的傳播。[41]

---

40　王庭傑、沈壽梁、唐連傑，《戰時電信》（臺北：交通部交通研究所，1968），頁 73-77。

41　「糧食部致中央氣象局」（1942 年 5 月 1 日），〈全國天氣雨量〉，

　　針對中央氣象局提出的問題，行政院不斷商討對策。1943年行政院命令各省電臺必須代收當地天氣情報，再透過行政院無線總臺，將訊息轉給中央氣象局，解決傳訊問題。雖然行政院力圖解決問題，但氣象資訊仍須經由好幾手，才可送至中央氣象局。事實上，該局有意在各地測候所站安置電訊設備，直接取得聯繫，藉此解決通訊問題，卻一直未有下文。[42] 考量當時中國的狀況，中央氣象局縱然有經費可以購買電信設備，但從國外進口通訊器材卻相當困難；特別在日軍佔領香港、新加坡之後，添購進口設備的管道更加艱難。因此，該局雖有購買電信設備的想法，卻難以實踐。直到美國與中國達成軍事同盟，美國要求中國提供氣象情報之後，情況才有所改變。1943年10月，美軍央請行政院交通部改善中國氣象電報傳遞現況，加速傳播速度；且進一步向軍事委員會調查統計局（簡稱軍統局或軍統）、軍令部第二廳電臺，及航空委員會的情報電臺等軍事機構，表明願意協助中央氣象局傳遞氣象情報。[43] 儘管如此，中央氣象局的氣象情報仍舊得仰賴其他單位的電

　　《氣象局檔案》，國史館藏，典藏號：046-030200-0028。「行政院訓令中央氣象局檢發該局考核報告及總評一份」（1944年7月1日），〈中央氣象局工作計畫及報告（一）〉，《氣象局檔案》，國史館藏，典藏號：046-040200-0006。

42　「中央氣象局移交32年度工作計畫綱要表」（1943年4月16日）、「行政院訓令中央氣象局」（1944年7月1日），〈中央氣象局工作計畫及報告（一）〉，《氣象局檔案》，國史館藏，典藏號：046-040200-0006。

43　「梅樂斯呈戴笠備忘錄」（1943年10月26日），〈中美合作所建撤案（一）〉，《國防部軍事情報局檔案》，國史館藏，典藏號：148-010200-0019。（以下簡稱軍情局檔案）

信系統發送訊息，免不了受制於人，改善情況有限。

# 第三節　氣象情報的整理與應用

　　戰時中央氣象局的工作人員在國府控制範圍內，努力建立測候所，完成構建測候網的硬體設施基礎。此後該局便透過這一測候網絡，彙整各測候所回傳的天氣紀錄，再依據不同用途，整理為各種形式的氣象資料與書籍，供需要氣象資訊的政府機關參考。中央氣象局亦嘗試利用這些氣象資料，繪製天氣圖，從事天氣預報工作。然而，由於近代中國的特殊歷史發展，不同國家或系統的觀測標準同時存在於中國境內，導致各地測候所採用各不同的度量單位。雖然中研院氣象所在 1930 年代召開的三次全國氣象會議中，與會人士已有統一度量衡的主張，卻未能做到統一氣象紀錄的標準與格式，這種現象一直延續到抗戰爆發後。中央氣象局鑒於各地回傳的天氣紀錄，呈現各式各樣的樣貌，故而著手擬訂氣象紀錄規格與觀測時間，改善此軟體措施。如此一來，中央氣象局透過測候網蒐集天氣數據，編列而成的各種氣象資料，才能發揮最大的效用。本節以中央氣象局出版之氣象資料，說明其在戰爭期間的作用與特點，以及編列資料帶來的氣象格式改革。

## 一、出版《全國天氣旬報》

　　中央氣象局研擬各種天氣數據紀錄標準之規定，是伴隨著編列出版各種氣象資料而來。各處的測候所在記

錄天氣數據後，透過拍發電報讓局內人員取得。為了讓
各界充分獲知大後方天氣，中央氣象局決定根據每日收
到的氣象資料，先印行《全國天氣旬報》（簡稱《天氣
旬報》）。此刊物以一旬（十天）為單位，分上、中、
下旬依序出版，每期末頁說明刊載內容的基準，例如
平均溫度是每天 6 時與 14 時測量溫度的平均值，晴、
陰、雨天的劃分標準等等，以便讀者利用。[44] 第一期
《天氣旬報》於 1942 年 4 月 9 日發行，為 1942 年 3 月
上旬的氣象紀錄。內容分成兩部分，第一部分依照自然
地理，陳述西北、西南、長江中游各地理區的天氣概
況，其中主要地區的溫度和雨量分佈狀況，比較各省之
間不同的天氣型態，並且特別標示降雨量極少或未降雨
的地區。第二部分利用各省測候所回傳的紀錄，公佈各
地的溫度、雨量、各種天氣日數及雜記四項。[45]

　　表 4-9 為刊於 1942 年 11 月上旬的《天氣旬報》，
透過深入分析這份天氣報告，可得知旬報不是初階的氣
象紀錄，也未帶有即時和預告性質，而是一份「事後」
且經「整理統計後」的天氣資料。一般而言，使用者可
以透過《天氣旬報》記錄的各種溫度統計、降雨量，以
及各種天氣日數，推測各地的乾濕度，有助於掌握各地
短期間的天氣概況。其中值得注意的是，《天氣旬報》

---

44　中央氣象局編印，《全國天氣旬報》，第 1 卷第 1 期（1942 年
　　4 月），頁 6。

45　「交辦彙輯本局工作報告」（1942 年 6 月 11 日），〈中央氣象
　　局工作計畫及報告（一）〉，《氣象局檔案》，國史館藏，典藏
　　號：046-040200-0006。「全國天氣旬報」（1942 年 11 月上旬），
　　〈31 至 32 年中央氣象局編印：全國天氣旬報〉，《農林部檔案》，
　　中研院近史所藏，典藏號：20-21-098-02。

雜記中特別記錄了與能見度有關的霧（水氣）、霾（沙
塵）、雪等天氣現象，這是當時氣象資料較為少見的。
而中央氣象局成立目的就是在西南建立測候網，藉此保
障軍事國防活動。這些影響能見度的天氣現象，與後方
各地航空交通來往密切相關，多掌握一分等於多提高一
分飛航安全。而戰爭活動亦與天氣變化有關，國軍若能
掌握天氣能見度，自能提升對敵作戰的準備。當時軍事
部門利用《天氣旬報》，再配合其他資訊，繪製各種
天氣圖，有助於後方地區防空安全，或是推測日軍轟炸
時間。[46]

表 4-9　1942 年 11 月上旬《天氣旬報》

| 省分 | 項目<br>地名 | 溫度 | | | 雨量 | 各種天氣日數 | | | | | 雜記<br>（其他天<br>氣日數） |
| --- | --- | --- | --- | --- | --- | --- | --- | --- | --- | --- | --- |
| | | 平均<br>℃ | 最高<br>℃ | 最低<br>℃ | mm | 晴 | 曇 | 陰 | 雨 | X | |
| 甘 | 蘭州 | 4.6 | 13 | -2 | 0.0 | 4 | 5 | 1 | | 8 | 霧 1 |
| | 酒泉 | 4.7 | 12 | -3 | 0.0 | 2 | | | | 2 | |
| | 岷縣 | 4.3 | 15 | -5 | 6.5 | 1 | 3 | 3 | 1 | | |
| 寧<br>青 | 中寧 | 6.5 | 16 | -4 | 0.0 | 8 | 1 | 1 | | | |
| | 西寧 | 3.4 | 13 | -5 | 0.0 | 2 | 5 | 3 | | 2 | |
| 陝 | 西安 | 12.1 | 22 | 3 | 0.0 | 5 | 1 | 2 | | 1 | |
| | 榆林 | 6.1 | 15 | -3 | 0.0 | 6 | 3 | | | 3 | |
| | 商縣 | 13.2 | 22 | 4 | 0.0 | 3 | 2 | 2 | | 3 | |
| | 南鄭 | 13.1 | 20 | 0 | 0.5 | 1 | | 5 | 1 | | 霧 3 |
| 川 | 重慶 | 16.9 | 24 | 13 | 21.5 | 1 | 1 | 4 | 4 | | 霧 3 |
| | 成都 | 16.4 | 21 | 12 | 4.5 | | | 7 | 3 | 1 | 霧 3 |
| | 廣元 | 15.4 | 22 | 8 | 0.0 | 1 | 2 | 6 | | 1 | 雪 1 |
| | 松潘 | 4.0 | 14 | -5 | 18.5 | 1 | 4 | 2 | 2 | 5 | |
| | 遂寧 | 16.0 | 20 | 10 | 14.0 | | | 3 | 2 | 1 | |
| | 峨嵋 | 16.0 | 24 | 13 | 58.5 | | | 3 | 6 | 2 | 雪 1 |

---

46　陳敬林，〈中央氣象局《天氣旬報》研究（1942-1947）〉，頁 38。

| 省分 | 地名 | 溫度 平均 ℃ | 最高 ℃ | 最低 ℃ | 雨量 mm | 晴 | 曇 | 陰 | 雨 | X | 雜記（其他天氣日數） |
|---|---|---|---|---|---|---|---|---|---|---|---|
| 康 | 康定 | 6.0 | 14 | -1 | 1.5 | 3 | 3 | 1 | 1 | 3 | 霧2 |
| | 雅安 | 15.5 | 21 | 11 | 4.0 | | 5 | 2 | 4 | | |
| | 西昌 | 15.8 | 21 | 8 | 23.5 | | 2 | | 4 | 2 | |
| | 巴安 | 13.4 | 22 | -1 | 0.0 | 1 | 4 | 3 | | 3 | |
| 藏 | 拉薩 | 5.1 | 14 | -4 | 0.0 | 5 | 2 | | | 1 | |
| 滇 | 大理 | 16.6 | 32 | 10 | 21.5 | | 3 | 1 | 5 | 3 | |
| | 麗江 | 12.1 | 16 | 7 | 46.0 | | 1 | 1 | 5 | 2 | 霧1 |
| 黔7 | 貴陽 | 16.8 | 22 | 11 | 19.0 | | 3 | | 5 | | 霧3 |
| | 湄潭 | 15.1 | 21 | 11 | 19.0 | | 2 | 4 | 4 | 1 | |
| | 桐梓 | 14.8 | 25 | 10 | 11.0 | | 1 | 5 | 3 | | 霧2 |
| | 畢節 | 12.4 | 21 | 10 | 18.0 | | 2 | 4 | 4 | | 霧1 |
| | 獨山 | 15.8 | 22 | 10 | 84.0 | | 2 | 3 | 5 | 1 | 霧2、霾1 |
| | 盤縣 | 15.0 | 23 | 10 | 19.0 | | 1 | 3 | 5 | 2 | |
| 桂 | 桂林 | 20.1 | 28 | 13 | 0.0 | 1 | 3 | 2 | 2 | 2 | |
| | 龍州 | 21.8 | 28 | 10 | 150 | 1 | 2 | 3 | 3 | 3 | |
| | 蒼梧 | 20.9 | 35 | 15 | 0.0 | 1 | 3 | 3 | | 3 | |
| | 邕寧 | 22.5 | 28 | 18 | 0.0 | 3 | 1 | 3 | | | 霧1 |
| | 百色 | 21.7 | 28 | 11 | 5.5 | | 1 | 5 | 4 | 1 | |
| 湘 | 長沙 | 16.9 | 23 | 12 | 81.5 | 1 | 4 | | | 4 | |
| | 邵陽 | 17.0 | 26 | 11 | 7.5 | | 3 | 4 | | 1 | 霧1 |
| | 郴縣 | 19.0 | 31 | 12 | 0.0 | | 6 | 3 | | 1 | 霧1 |
| | 芷江 | 17.0 | 24 | 10 | 17.0 | 1 | | 3 | 4 | | |
| | 沅陵 | 17.2 | 25 | 11 | 19.5 | 4 | | 3 | 3 | | |
| | 零陵 | 18.7 | 31 | 13 | 2.5 | 2 | 2 | 4 | 2 | | |
| 贛 | 泰和 | 18.7 | 28 | 13 | 13.5 | 1 | 5 | 2 | 2 | 1 | 霧2、霾5 |
| | 寧都 | 19.2 | 28 | 13 | 0.5 | 2 | 5 | 1 | 1 | 3 | |
| | 吉安 | | | | 1.0 | 2 | 2 | 1 | 2 | 1 | |
| 閩 | 長汀 | 18.1 | 31 | 10 | 1.0 | 2 | 2 | 4 | 1 | 4 | 霧2 |
| | 永安 | 19.7 | 32 | 11 | 1.0 | | 2 | 2 | 2 | 5 | |
| | 南平 | 20.6 | 31 | 6 | 4.0 | 1 | | 2 | 2 | 4 | |
| | 邵武 | 19.0 | 32 | 10 | 0.0 | 1 | 1 | 4 | | 1 | |
| | 浦城 | 18.5 | 31 | 6 | 0.0 | | 3 | 6 | | 3 | |
| | 龍岩 | 19.7 | 30 | 12 | 0.0 | 2 | 2 | 3 | | | |

資料來源：「全國天氣旬報」（1942年11月上旬），〈31至32年中央氣象局編印：全國天氣旬報〉，《農林部檔案》，中研院近史所藏，典藏號：20-21-098-02。本表項目依據〈天氣旬報〉羅列，氣象資料缺漏或是電報不明，皆用X表示。

這份旬報包含了十三省四十八處的氣象紀錄，集結

來自中央氣象局直屬測候所與各省測候所的天氣數據，
可知該局資助各省測候所、發展直屬測候所的努力，確
實產生效果。但就供給天氣數據的地點而言，卻發現
並未完全含括該所已接收、擴建的直屬測候所的氣象紀
錄，其中落差大致有兩個原因：一，部分氣象站可能因
為戰事衝擊和破壞、經費不足、沒有專業人員或儀器不
足等因素，造成測量工作停頓；二，收到的氣象紀錄可
能資訊有所謬誤或不全，以致許多資料尚未統整，不能
有效利用。這兩項因素中，前者是中央氣象局無法預期
的，但後者則可著手改善；因此該局決定統一格式，編
訂各地標準紀錄列為 1943 年的重點項目。

　　職是之故，中央氣象局研擬一套氣象格式標準紀
錄，規定其中內容必須包括氣壓、氣溫、溫度、雲量、
日照時數、降雨量、風速、最多風向、蒸發量、能見度、
天氣日數（晴、曇、陰、降水）等項目。該局通知各地
測候所，必須按照此套標準紀錄天氣數據。同時，該局
氣象人員嘗試依照此標準編訂 1942 年的氣象報告，他
們整理多達九十七處測候所站回報的資料，但因各站設
備不一，紀錄不全，挑選過後僅剩六十九處的天氣紀錄
可供編訂使用。[47] 這一現象反映長久以來中國各地氣象
機關各自為政的型態，中央氣象局勢須統一各地的氣

47　「中央氣象局移交32年度工作計畫綱要表」（1943 年 4 月 16 日）、
　　「行政院訓令中央氣象局」（1944 年 7 月 1 日），〈中央氣象局
　　工作計畫及報告（一）〉，《氣象局檔案》，國史館藏，典藏號：
　　046-040200-0006。「中央氣象局移交三十四年度工作成績考核報
　　告」（1945 年 8 月 31 日），〈中央氣象局改隸教育部〉，《氣
　　象局檔案》，國史館藏，典藏號：046-020100-0179。

象紀錄形式與項目,方使耕耘於各地的測候所發揮更
大的功效。

## 二、編印《氣象通訊》、《氣象年報》與 氣象叢書

　　除了對內統一氣象紀錄格式,中央氣象局亦思考如
何將中國氣象工作與世界接軌。呂炯局長決定依照國際
標準做法,將每日中國本部天氣圖的繪圖時間,訂為清
晨 6 時和下午 2 時;並整理先前觀測資料,編印《氣
象通訊》和《氣象年報》。這是兩種提供政府機關內部
運用的出版品,《氣象通訊》按月編寫,於次月 5 日
完稿,15 日前寄發政府各單位,並在 1944 年 1 月正式
出刊。內容分為三部分:(一)工作、設施、消息;
(二)人事;(三)氣象消息。第一部分以中國本土為
範圍,記錄每月政府氣象機構彼此之間的業務消息,例
如 1945 年 7 月的《氣象通訊》,記述中央氣象局宋勵
吾與航空委員會氣象科朱文榮,針對重複設置氣象站地
點問題進行磋商;也有福建氣象局與美軍合作,組織中
國東南氣象學會的消息。內容類別甚多,但在戰時多以
氣象與軍事有關的消息為主。第二部分記述中央氣象局
及其轄下測候所的人事升遷、離職、考核獎懲等。第三
部分則是各地氣象人員回傳各地極端氣象造成的災害和
狀況。[48]

　　《氣象年報》的內容來自於每年整理全國各地氣象

---

48　中央氣象局,《氣象通訊》,第 2 卷第 7 期(1945 年 7 月),頁 1-9。

數據，為詳盡的氣象紀錄。如前所述，各地的氣象紀錄相當不一，1943 年從各地蒐羅的資料，可供使用者相當有限。有鑒於此，中央氣象局設計了紀錄格式，要求直屬和地方測候所、雨量站自 1944 年起，必須按照規定的格式記錄天氣，再送往中央氣象局。至 1945 年，中央氣象局一面整理去年的氣象資料，一面催繳各所未上繳的紀錄，且由專人審核，編製《氣象年報》。[49] 此外，為了深入瞭解氣象觀測技術，氣象局派人編印氣象技術指導叢書、中英文氣象研究論文等著作，如編印《氣象電碼說明書》、《雨量觀測法》等，分發有關單位使用。針對氣象研究，設立學術研究獎助金，歡迎專業人才研究中國各類氣象問題為主題，特別是長江氣旋產生原因、長期預報、西南山地、青康藏高原等天氣議題。[50] 而此趨勢也符合戰時竺可楨鼓勵學生等輩，在大後方從事在地研究的呼籲。[51]

## 三、發布〈重慶月令〉與天氣報告

　　1943 年中央氣象局籌劃發佈〈重慶月令〉，這是一份公開的氣象資訊。自 1944 年 1 月開始，中央氣象局在

---

49　「中央氣象局移交三十四年度工作成績考核報告」（1945 年 8 月 31 日），〈中央氣象局改隸教育部〉，《氣象局檔案》，國史館藏，典藏號：046-020100-0179。

50　「中央氣象局成立經過與工作概況」（1945 年 8 月 31 日），〈中央氣象局改隸教育部〉，《氣象局檔案》，國史館藏，典藏號：046-020100-0179。「中央氣象局移交 34 年度工作計畫進度表」（1945 年 8 月 31 日），〈中央氣象局改隸教育部呂任交接卷（移交清冊乙全份）〉，《氣象局檔案》，國史館藏，典藏號：046-020100-0180。

51　竺可楨，《竺可楨全集》，1941 年 3 月 25 日，第 8 卷，頁 44。

每月朔日（農曆初一）將氣象內容刊登在《中央日報》、
《大公報》，以及《新民報》，供給一般民眾使用。[52]
針對〈重慶月令〉的特點，呂炯局長在報紙上特別向大
眾說明：〈重慶月令〉並不是天氣預報，內容是數十年
氣象資料的統計平均值和極端氣象，目的在告知每個月
大概的氣象概況。[53] 除了月令，戰後中央氣象局也不時
嘗試發布天氣預報，或是重要城市的溫度表。[54]

圖 4-10　1944 年 2 月發布之重慶月令

資料來源：
〈二月份全國月令 中央氣象
局發表〉，《中央日報》，重
慶，1944 年 1 月 31 日，版 3。

---

52　「行政院訓令中央氣象局」（1944 年 7 月 1 日），〈中央氣象局
　　工作計畫及報告（一）〉，《氣象局檔案》，國史館藏，典藏號：
　　046-040200-0006。

53　〈從天氣預告談到月令〉，《中央日報》，重慶，1944 年 1 月 3 日，
　　版 3。

54　查詢中央日報 1945 年 1 月至 1947 年 6 月期間報紙內容。

　　觀察每個月刊登的月令，可以反映當下氣象局對於
全國氣候變化的掌握和理解，並試圖讓民眾瞭解這些天
氣現象與原理。舉例來說，內容講解了氣壓流動，造成
各地不同時間的氣候型態；亦會以等溫線、等雨線等
概念，分析各區域風向、氣溫及雨量的特色。若當月正
值特殊的天氣狀況，會在月令中特別說明。整體而言，
〈重慶月令〉就是一個「概況」的概念。但從另一層面
來看，中央氣象局透過〈重慶月令〉傳播基礎的氣象學
知識，利用淺顯易懂的行文方式，帶給人們經緯度、高
低氣壓、等溫線、等雨線、冰點等觀念，使氣象學的概
念和名詞融入民眾的生活之中。

## 第四節　小結

　　1941 年 10 月中央氣象局正式掛牌後，依其成立目
的在中國西南地區建構測候網。首先，中央氣象局在中
研院氣象所的同意下，接收其轄下各級氣象站，接著調
查各省所屬測候所的情況，透過經費補助，強化地方觀
測機構的規模與設備。最後，再思考籌劃新設測候所，
建立國民政府的氣象情報網絡。就實際的狀況來說，中
央氣象局未能完全按照每年度的計畫，增設數量相符的
測候所，但在戰時艱困的狀態下，能夠增設氣象站已屬
不易。除了觀測設備難以取得，更需有人前往預定設站
地點籌劃工作，亦須補給、通訊廣播、交通等條件的配
合，氣象人員才得以投入觀測天氣、記錄數據及繪製氣
象圖表。

　　然而，由於測候所的地點多在各地交通要道上，又是國民政府地方行政機關所在地，也常是日軍意圖攻佔的地點。因此，這也導致氣象觀測業務在兩軍交戰時，容易受到戰火的波及，使工作停頓，這反映了戰時氣象人員工作環境的不穩定與危險。而技術人員在高山進行觀測，亦須忍受環境的不便。如此惡劣的工作環境，或許解釋了前章提及的中央氣象局人員變動甚大的現象。即便如此，若干氣象人員積極拓展測候業務，甚至在兵荒馬亂時，還帶著氣象儀器與紀錄逃難，充分展現了他們對氣象工作的堅持以及強烈的愛國心。

　　氣象網路的建立，也展現了戰時國民政府對於西南的經營。中央氣象局在四川省投入的資源最多，促使川省在原有的基礎下得以建設更為完整氣象體系。其次為西南各省，雖不及四川，卻仍有不少發展。再次則是西北地方。造成這樣的情況，除了與經費分配有關之外，更需考慮政治因素。國民政府在西北地區的控制力原就不足，自然難以在陝西、甘肅、青海、寧夏、新疆等省大力發展測候網，僅能在零星地區設立測候所。不過，縱使如此，中央氣象局至少還能擁有些許氣象資料，可以初步掌握當地天候的特點，對於繪製天氣圖，推測中國西北到東南地區的氣象概況，仍稍有幫助。

　　中央氣象局藉由各地測候所蒐集多種地面觀測的數據，再結合過去的氣象統計材料，編寫各種不同用途的氣象情報資料，供給各界使用。在此過程中，中央氣象局試圖統一觀測表格，努力解決長久以來天氣紀錄標準不一的實況。只不過這些資料雖能提供部分的軍事應

用，但是航空作戰須有更多的高空數據，方能發揮更大
的效用。無論如何，中央氣象局為國民政府在大後方地
區建構一套氣象體系，其中獲得的天氣數據，成為氣象
研究的養分。戰時中研院氣象所的研究人員透過觀測資
料，在戰爭期間完成許多有關中國西北與西南地區的
論文，如〈中國西北部變旱問題〉、〈四川氣候區域〉、
〈四川南部高空氣流〉、〈陝西省之氣候〉、〈西藏高
原及附近之雨量〉、〈巴山夜雨〉、〈內西北之氣候〉、
〈黃土高原初冬大雷雨天氣之分析〉、〈重慶之霧〉、
〈蘭州之高空氣流〉等文。[55] 就此觀之，因應軍事國防
建置的測候所，無意間也帶動了國人對於中國大後方地
區氣候知識的生產與認識。

---

55 劉桂雲、孫承蕊選編，《國立中央研究院史料選編》，第 6 冊，
　　頁 541-542、585-587、631-633。

# 第五章　中美特種技術合作所的氣象情報

　　1941 年 12 月 7 日，日本偷襲珍珠港後，美國立即向日本宣戰，並決定以海空戰做為軍事戰略，因此氣象情報的掌握就變得十分重要。美軍為了掌握日軍在亞洲戰場的動態和東亞的氣象資訊，需要中國的協助。1942 年 4 月美國海軍派遣梅樂斯中校到華考察，與重慶國民政府商討兩國之間的軍事合作。1943 年 4 月 15 日兩國簽訂「中美特種技術合作協定」（附錄二），成立「中美特種技術合作所」，做為軍事技術合作組織，其中獲取氣象情報是首要的任務。然而，美軍在面對中國氣象事業發展尚不完善的狀態下，勢必得提升中國的觀測技術和設備，商討取得氣象情報的運作方式；中方又如何面對美軍的想法與要求？其中的折衝與考量值得深究。而在中美合作所展開觀測工作後，蒐集氣象情報的成果與特色，對於中國氣象事業帶來的轉變與突破，更是本章探索的重點。

# 第一節　梅樂斯來華考察與
　　　　合作交涉

　　1937 年 7 月中國與日本進入交戰狀態後，中國多方尋求外國的軍事協助，其中美國是中國政府亟欲合作的對象。當時美國從口頭的呼籲，進一步透過實質的借款、對日禁運戰略物資等方式，表達反對日本侵略中國的立場。而日軍在東亞的軍備擴張，美方認為已經影響到西太平洋的安全。珍珠港事變之前，美方已有意監控日軍在太平洋地區的活動。不料事變之後，美日隨即交戰，當時美軍評估世界各地的戰況，得出美軍極可能必須單獨和日軍對戰的結論。若是如此，美軍必須蒐集更多來自亞洲的情報。但美軍在遠東地區僅在澳洲達爾文（Darwin）和印尼巴達維亞（Batavia，今雅加達）二處設有無線電臺，獲得的資訊有限。美軍必須設法在中國各地建立通訊站，取得各種情報，特別是氣象數據，因為他們認為西太平洋的氣象變化，多從中國西北向東南推展，若能事先得知氣象狀態，就可以事先擬定亞洲的作戰計畫。[1]

## 一、美方抵華調查與合作交涉

　　為了牽制日軍，考察與中國合作的可能性，美國海軍軍令部長金恩（Ernest Joseph King, 1878-1956）祕

---

[1]　吳淑鳳等編輯，《戴笠先生與抗戰史料彙編：中美合作所成立》
　　（臺北：國史館，2011），頁 4-5、14。

密派遣曾在亞洲艦隊與基地服役的梅樂斯中校到華調查。[2] 1942 年 4 月 5 日梅樂斯動身前往中國執行祕密任務，他從紐約搭機赴巴西，再經非洲的奈及利亞、開羅至南亞的印度，於 5 月 3 日抵達中國戰時首都重慶。次日，梅樂斯與軍統局局長戴笠（1897-1946）及其他人員會面。5 月 5 日，他和美國駐華大使館海軍武官麥克胡（John McHugh），參加了軍統局高層人員的工作會報，透露美國想要取得西太平洋氣象報告、日軍的意向和作戰活動等情報。若中國能與美國合作，他希望中方可以提供淪陷區日方情報的無線電臺數量，以便截取日軍情報，設法破譯。[3]

　　戴笠為了取得與美國海軍的合作機會，向梅樂斯展示軍統局蒐集情報的能力，並派人陪同他偽裝為傳教士與平民，通過淪陷區前往福建沿海地區進行調查和攝影。[4] 經過這些經驗後，梅樂斯向美國海軍推薦可由軍統局做為合作的對口機構，於是中美開始洽談細節，美方主張在重慶建立兩座電臺，將西太平洋的情報消息，直接送往美國本土和太平洋艦隊，並在中國各地廣設氣象報告站和情報通訊網。[5] 在氣象合作方面，雙方將氣象與偵察、攝影歸屬於情報部門，並將氣象觀測視為偵

---

2　Milton E. Miles, *A Different Kind of War*, p. 18.

3　Milton E. Miles, *A Different Kind of War*, pp. 34-35, 51. 國防部軍事情報局，《中美合作所誌》，頁 13-15。

4　國防部軍事情報局，《中美合作所誌》，頁 15-17；國防部情報局編印，《戴雨農先生年譜》（臺北：國防部情報局，1976），頁 186、191-193。

5　吳淑鳳等編輯，《戴笠先生與抗戰史料彙編：中美合作所成立》，頁 3-18。

察活動的一部分。他們預計在每個電臺配置小型方便移動的氣象設備，所以電臺報務員在前往工作地點前，必須接受氣象觀察及報告等訓練。值得注意的是，為使氣象蒐集工作更加順利，決定由美海軍派遣一名氣象軍官執掌此部門，並派氣象測繪員利用蒐集而來的數據，繪製天氣圖。同時希望國府的氣象機關──中央氣象局──同意將每天記錄的民用、軍用及官用氣象報告，抄交美海軍聯絡官參考；而中美合作所搜集的氣象報告，另繕一份供中央氣象局使用。[6]

　　梅樂斯與戴笠等人經過多次洽商，初步擬定了一份合作協定，準備由相關單位與人士簽准後，建立正式合作關係。事實上，美方內部對此項軍事合作意見不一，但在整合各方建議後於華盛頓簽訂合作協定。中美雙方各有三名代表簽字，中方代表為外交部長宋子文（1894-1971）、軍統局副局長戴笠、駐美大使館副武官蕭勃（1905 - ？）；美方代表為戰略局（The Office of Strategic Services，縮寫為 OSS）局長鄧諾文（William J. Donovan, 1883-1959）、海軍部部長諾克斯（Frank Knox, 1874-1944）及梅樂斯。至此，中美軍事技術合作關係正式開啟。[7]

---

6　吳淑鳳等編輯，《戴笠先生與抗戰史料彙編：中美合作所成立》，頁 129-134。

7　事實上，美國戰略局與軍統局早在梅樂斯來華前已有聯繫，但未有結果，故當戰略局局長鄧諾文得知梅樂斯將與軍統局進行合作，決定以梅樂斯充任戰略局在華代表，商討軍事技術合作事宜。因此，中美合作所是由軍統局、戰略局及美國海軍部共同組成。只不過中美合作所成立後，鄧諾文發現所務皆由梅樂斯主導，戰略局無法取得來自中國各項情報，遂有另組合作機構的想

## 二、梅樂斯與軍統局的氣象合作構想

### （一）梅樂斯的初步想法

　　事實上，梅樂斯來華調查期間，就已注意中國的氣象事業。他曾從觀念、制度及技術等層面，分析中國天氣觀測與應用上的問題。首先，在觀念上他指出：中國官員不瞭解氣象組織健全與航空安全的重要性。中國若想發展先進的航空事業，乃至開闢空中航線，那麼各地需有二十四小時專責觀測氣象的單位，否則飛機航行勢將有所顧慮。尤其對空軍作戰而言，無論從中國或是海上基地攻擊敵軍，也須先瞭解當地的氣象狀況，始可擬定作戰計畫。其次，關於制度面向的分析，梅樂斯指出：中國的氣象機構繁雜，航委會、中央氣象局等單位皆有各自的觀測組織，儘管彼此尚能互通有無，卻沒有一個中心首腦來全面指揮、督導，致使各機構蒐集的情報內容經常重複。而且，航委會認定自身蒐集的氣象情報係屬軍事機密，不願將情資送達中央氣象局相互查驗，以致無法及時修正錯誤的氣象訊息。

　　再次，技術層面上，梅樂斯發現存在通訊傳遞與內容質量兩項問題：中央氣象局各地測候所的氣象情報受交通影響，情報傳遞到總部經常過於遲緩。航委會利用

法。但因軍統局不願與戰略局另組合作機構，故由美國海軍部與戰略局協議分割中美合作所的業務，海軍部負責氣象、偵譯、通訊、特警、海岸監視及海軍情報等業務；戰略局處理情報、爆破、研究分析、心理作戰及祕密行動等工作。吳淑鳳，〈軍統局與美國戰略局的合作與矛盾（1943-1945）〉，收入呂芳上主編，《戰時政治與外交》（臺北：國史館，2015），頁127-145。吳淑鳳等編輯，《戴笠先生與抗戰史料彙編：中美合作所成立》，頁231-242。吳淑鳳，〈軍統局對美國戰略局的認識與合作開展〉，《國史館館刊》，第33期（2012年9月），頁151-152。

無線電傳送氣象報告，速度相當迅速，但資料數據多不
可靠，必須改善質量且大幅增加氣象報告的項目。最後
是人才與設備，各地負責氣象紀錄的測候所，普遍缺乏
器材，也缺少受過相關訓練的觀察員。這些因素導致各
地的氣象報告很少能用於氣象預測。有鑑於此，梅樂斯
認為中美兩國若要進行軍事技術合作，必須改善上述情
況，如加速中央氣象局傳遞情報的速度，請交通部優先
拍發該局蒐集的氣象報告。除此之外，梅樂斯也主張
在中國各處遍設氣象測候網，再透過蒐集敵方各地的
氣象情報，就可進行完整地氣象預測，擬定正確的攻擊
策略。[8]

　　雖然中國的氣象觀測有極大地改善空間，但基於戰
局考量，美國仍決定與中國合作。梅樂斯為使氣象情報
工作能順利進行，故雙方尚在討論合作協定時，便已請
求美方先派遣氣象專家來華。1942 年 9 月，具有氣象
專業背景的泰勒少校（Howard C. Taylor）、考諸拉上
尉（Raymond A. Kotrla）及其他技術人員陸續抵華，由
軍令部魏大銘（1907-1998，第二廳第四處處長身兼軍
統局電訊處處長）負責接洽。為了使美方氣象人員充分
瞭解中國氣象研究概況，11 月 16 日軍事委員會派魏大
銘、林葆恪（海軍總司令部代表）及劉鎮芳（譯員）陪
同拜訪位於四川北碚的中研院氣象所，由呂炯、鄭子政

---

8　「梅樂斯呈戴笠備忘錄」（1943 年 10 月 26 日），〈中美合作所
　　建撤案（一）〉，《軍情局檔案》，國史館藏，典藏號：148-010
　　200-0019。

（1903-1985）[9]等人負責接待。呂、鄭兩人介紹氣象組織與研究資源，梅樂斯與考諸拉亦詢問有關中國各種氣象問題，藉此分享彼此對氣象合作的想法。[10]

　　就美方的合作立場，自然希望付出最小的成本，換取最高的收益。基於此，梅樂斯希望運用中國現有的氣象機構，透過美國技術及儀器援助，強化其功能，如此一來就無需自行架設氣象站。他深知中國的觀測水平無法立即改變，卻可藉由中美合作所的協助，逐步改變中國氣象建設的困境。梅樂斯願將中美合作所的氣象人員與物資，提供中國氣象機構使用；他在乎的是要能充分運用人員和物資，獲得精確的情報足可直接打擊敵人。因此，梅樂斯建議應立刻將現有的氣象機構改組，符合作戰之需，再由蔣介石任命改組後的組織負責人，各地機構再與之合作；甚至可授予軍職給新組織內的工作人員，成為軍民合作的單位。梅樂斯也向蔣介石建議：可讓具有氣象專長的貝樂利中校（Irwin F. Bylerly）[11]擔任

9　鄭子政（1903-1985）字寬裕，江蘇吳縣人。1925年畢業於南京高等師範，1928年進入中央研究院氣象研究所工作，1937年6月赴美國麻省理工學院深造，1939年回國後繼續在氣象研究所從事氣象研究工作，1944年8月借調到軍統局，在中美合作所負責敵後淪陷區的氣象情報工作。戰後擔任中央氣象局上海氣象臺臺長，1951年10月奉擔任中央氣象局局長兼臺灣氣象所所長，並在中國文化學院地理系教授氣象學，1966年7月自氣象局退休，專心從事教職，其當選中華民國氣象學會名屆理事長，且曾多次代表中華民國出席氣象國際會議。參見劉昭民，〈懷念鄭子政先生（1903-1984）〉，《氣象預報與分析》，第102期（1985年2月），頁1-3。

10　「1940年1月至1943年3月大事記」（1942年11月16日），〈中央研究院氣象研究所所務日志、大事記〉，《中央研究院檔案》，南京二檔藏，典藏號：三九三－2757。

11　貝樂利生於俄亥俄州，1924年進入美國海軍學院就讀，1928年

負責人的顧問或助手。[12]

## （二）軍統局的回應

　　針對梅樂斯的建議，軍統局採去若干步驟。首先，
軍統局派人調查中國境內氣象機關的營運情況，得悉戰
時僅有航委會與中央氣象局持續從事天氣觀測，而海軍
部氣象部門則狀況不明。航委會是軍事機構，設有氣象
科與氣象總臺，在大後方約有三十餘所的氣象站。這些
氣象站負責記錄天氣資訊，然後將之回報氣象總臺；總
臺再向上報告，最後由軍令部氣象人員研究各地天候與
軍事關係。中央氣象局是一處新成立的行政機構，直轄
行政院，組織尚不完整，在後方地區設置四十六所觀察
站，以從事氣象觀測。中央氣象局工作上最大問題，在
於消息傳播速度緩慢，主要是因為使用交通部有線電傳
遞的緣故，因而大多未能及時利用氣象報告，故大多僅
為農林、水利建設的參考資料。[13]

---

畢業，至軍艦上服役。1935 年至 1938 年先後至美國海軍研究
院、麻省理工學院進修，專攻航空工程，取得碩士學位。之後陸
續在第一指揮官巡邏聯隊、南太平洋指揮官飛機參謀部、舊金山
海軍氣象中心、美國駐華海軍擔任航空官。1944 年 4 月，貝樂利
為美國中國海軍集團司令部參謀長，後來進而擔任司令官一職。
"Irwin F. Beyerly," Naval History and Heritage Command, accessed
August 18, 2021, https://www.history.navy.mil/content/history/
nhhc/research/library/research-guides/modern-biographical-files-
ndl/modern-bios-b/beyerly-irwin-forest.html.

12　「梅樂斯呈戴笠備忘」（1943 年 10 月 26 日））、〈中美合作
　　所建撤案（一）〉，《軍情局檔案》，國史館藏，典藏號：148-
　　010200-0019。

13　「魏大銘簽呈」（1943 年 10 月 8 日）、「為呈報梅樂斯與蒙巴
　　頓晤談要點及利用中美合作所氣象器材建立中國氣象業務由」
　　（1943 年 11 月 3 日），〈中美合作所建撤案（一）〉，《軍情

　　第二，軍統局調查與觀測天氣相關的組織，依性質
分為三類。第一類是研究組織中研院氣象研究所，因
業務停頓無法預測天氣。第二、三類是教育機關與實
用單位，前者為中央大學、浙江大學，後者有中國航空
公司、中央航空公司及農林部所屬農場；然而，這些機
關皆無預測氣象的能力。[14] 從這些調查，可以看出軍統
局對於中國氣象機構的認識與想法。軍統局認為，無論
是軍事、行政、研究類的氣象機構，氣象觀測等業務，
幾乎是停頓或未開展，即使處於運作狀態，多屬簡單的
觀測。[15] 但就前述章節所言，我們發現戰時的氣象機構
並非毫無作用，反而在有限的資源下，積極開拓新的氣
象站，並嘗試整合各地的氣象業務。縱然提供氣象情報
未能完全符合軍事作戰的需求，仍可看出氣象單位的努
力。中研院氣象所亦經常協助行政、軍事機關，解決觀
測業務上的問題，甚至是培養觀測員。因此，軍統局對
中國氣象機構的觀察，並未深入了解實情。

　　第三，軍統局內部人員揣測梅樂斯的想法，且提出
對應之策。他們針對梅樂斯有意將氣象設備交給其他機
關使用的作法，提出三個可能原因：其一，中國未派有
氣象專家在中美合作所工作，氣象情報只是部分合作
的業務；其二，梅樂斯認為中國其他的氣象機構運作效
能甚高；其三，梅樂斯企圖利用氣象設備，直接與中央
氣象局接觸，謀求進行氣象合作。他們猜測梅樂斯可能

　　局檔案》，國史館藏，典藏號：148-010200-0019。
14　「魏大銘簽呈」（1943 年 10 月 8 日）
15　「魏大銘簽呈」（1943 年 10 月 8 日）。

已探知中央氣象局和中研院氣象所正缺乏充足的氣象儀
器，若將美援設備撥給使用，可解其困境。職是之故，
他們告訴梅樂斯氣象情報應由中美合作所主辦，且說明
中央氣象局最大的問題在於沒有通訊設備，氣象報告仰
賴交通部電報，氣象情報須經輾轉幾手才可獲得，不符
合該具備的時效性。所以軍統局決定向梅樂斯強調若由
中美所主導蒐集氣象情報，不但可以統整國府來自各氣
象機關的天氣報告，並可避免召開多方會議導致延誤情
報的狀況。中美合作所需要專業氣象協助，可直接聘請
中研院氣象所的研究人員來所工作。[16]

## 三、美英的氣象情報需求與軍統局的對應

　　與此同時，亞洲戰場變化也促使英國急於獲得中
國的氣象情報。英美對太平洋戰場的作戰共識，源自
1943 年 8 月在加拿大召開的「魁北克會議」（Quebec
Conferences）。該次會議討論對日作戰策略，特別關於
緬甸作戰；由於這是英軍作戰的區域，極需中國方面情
報。但當時英美認為：中國掌握不願公開的秘密敵情，
因此中美正式簽訂了軍事合作之後，英國即與美方聯
繫。1943 年 10 月，英國在東南亞戰區的最高總司令蒙
巴頓爵士（Lord Louis Mountbatten, 1900-1979）與梅樂
斯在重慶會晤。蒙巴頓表示：鑑於中國的氣象情報將影
響英軍在遠東作戰，願和中美合作所副主任身分的梅樂
斯合作。此外，蒙巴頓也邀梅樂斯前往印度新德里參加

---

16　「魏大銘簽呈」（1943 年 10 月 8 日）。

軍事會議，氣象問題是會議討論的重點。[17]

　　蒙巴頓特別向梅樂斯說明：此次到重慶任務之一，就是蒐集中國氣象報告。過去英方曾派人調查中國氣象事業的現況，卻發現中國沒有一個統一有效的機構，故擬採自行收集情報。針對英國的需求，中國同意英國在華設立十二座電臺，並擬再提增設八座，以利蒐集情報。再者，蒙巴頓也與英國在華特務負責人赫門（Gordon Harmon）[18] 聯繫，希望從美國陸軍獲得更多的氣象訊息。梅樂斯甚至告訴蒙巴頓，美國國務院已應中方請求，物色專家來華，後由貝樂利及其助手前往中美合作所。從美國訂購的氣象設備，先運至印度，假以時日即可運華使用。[19]

　　梅樂斯與蒙巴頓兩人談話後，決定合作關係。梅樂斯擬派威廉姆斯中校（Harold S. Williams）擔任駐印聯絡軍官，藉此加強英美之間的聯繫。不過，梅樂斯的決定事前未與戴笠討論，故當戴笠得悉英美已達成協議，為求顧全梅樂斯信用，只得同意其人事命令。蓋就中國的立場而言，威廉姆斯係屬中美合作所的工作人員，調

17　「為呈報梅樂斯與蒙巴頓晤談要點及利用中美合作所氣象器材建立中國氣象業務由」（1943 年 11 月 3 日），〈中美合作所建撤案（一）〉，《軍情局檔案》，國史館藏，典藏號：148-010200-0019。齊錫生，《劍拔弩張的盟友：太平洋戰爭期間的中美軍事合作關係（1941-1945）》（臺北：中央研究院、聯經出版公司，2012），頁 289-292。

18　Gordon Harmon 或譯名赫戈登，在英大使館掛名上校秘書。

19　「為呈報梅樂斯與蒙巴頓晤談要點及利用中美合作所氣象器材建立中國氣象業務由」（1943 年 11 月 3 日）、「報告」（1943 年 10 月 20 日），〈中美合作所建撤案（一）〉，《軍情局檔案》，國史館藏，典藏號：148-010200-0019。

派工作需獲雙方同意。軍統局認為：英國需要中國的氣
象情報，應向國民政府接洽，同意後才可由中美合作所
提供。如此做法，國府甚可拒絕英國提出在中國增設八
處電臺傳遞情報的請求。為了避免往後發生類似情況，
戴笠告訴梅樂斯：中美合作協定裡並無將氣象情報告知
同盟國的義務，故當蒙巴頓提議時，反該暗示他若要中
國境內的氣象報告，須向蔣介石委員長提出。[20] 由此可
知，隨著戰局變化，美英兩國在亞洲與日本交戰之際，
對來自中國的情資愈發重視。這令軍統局充分意識到氣
象情報的重要，可藉此強化與兩國的聯繫。

　　英美對於氣象情報的重視和要求，不禁讓軍統局意
識到中國的氣象水平與英美海空軍作戰標準相差甚遠，
也瞭解提升氣象技術，有助往後中國軍事與國防建設。
基於這些考量，軍統局遂向梅樂斯表達應在中美合作
所設置氣象組，由該局統籌戰時中國的氣象情報。這樣
一來，除幫助海空軍作戰，也能建立中國氣象工作的基
礎，待戰爭結束後，再協助中央氣象局成為統一全國氣
象資訊的機關，使氣象事業趨於完備。[21] 磋商到最後，
雙方同意五項工作要點：（一）除了後方二十三所及淪

20　「梅樂斯上校今日約魏處長商討氣象及無線電部門工作，因中國
　　政府無依統一氣象機構，不能得到良好之氣象情報以供盟軍，故
　　此次蒙巴頓欲以美國陸軍在中國各地搜集氣象情報以供英美兩國
　　駐軍之用，此項氣象工作應由吾人之中美合作所統籌辦理，故
　　梅上校擬于本星期五即飛昆轉印代表美海軍商討氣象工作由」
　　（1943 年 10 月 20 日）、「劉鎮芳報告」（1943 年 10 月 20 日），
　　〈中美合作所建撤案（一）〉，《軍情局檔案》，國史館藏，典
　　藏號：148-010200-0019。

21　「報告」（1943 年 11 月 18 日），〈中美合作所工作案（二）〉，
　　《軍情局檔案》，148-010200-0010。

陷區三十餘所之外，可再增加淪陷區的氣象站。（二）
將中美所一部分氣象設備，提供給航空委員會增設後方
氣象觀測所使用，航空委員會再將各地獲得的氣象情
報，讓中美合作所直接收譯。（三）將中美合作所一部
分氣象設備，提供給中央氣象局增建後方氣象觀察所所
需，並需下令改進交通部氣象電報，使其能迅速傳達有
效資訊。此外軍統局、軍令部第二廳電臺及航委會情報
電臺的後方公開電臺，均協助中央氣象局傳遞情報。而
中央氣象局也會延聘氣象專家貝樂利中校為該局顧問，
進行氣象技術指導，協助各機關調整氣象業務。（四）
中美合作所擬請調中央大學黃廈千教授與中研院氣象所
鄭子政研究員來所工作，與美方貝樂利中校共同研究；
再依協定將氣象預測報告供給航空委員會利用。這些預
測報告獲中美雙方同意後，可以中美合作所的名義，發
給英方利用。（五）戰後中美合作所的氣象業務，將移
交中央氣象局，其情報繼續供應陸海空軍應用。[22]

　　由此觀之，軍統局利用中國氣象機構的缺點，以及
當時英美對中國氣象情報的需求，設法將美國的氣象技
術設備軍援，掌握在己方手中。該局強調僅有軍統局具
有整合資訊的功能，且提出可以增設淪陷區氣象站，在
中美合作所內聘請氣象顧問，拓展情報網絡與提升專業
技術等誘因，說服梅樂斯將中美合作所建設成戰時中國
氣象的情報樞紐，且確定了往後雙方合作的原則。

---

22　「梅樂斯呈戴笠備忘錄」（1943 年 10 月 26 日），〈中美合作
　　所建撤案（一）〉，《軍情局檔案》，國史館藏，典藏號：148-
　　010200-0019。

# 第二節　中美合作所的氣象組織與業務

經過一番折衝，中美雙方終於決定在中美合作所內設置專門氣象技術組織。最初，中美所將氣象業務置於技術組之下，分成工作隊、氣象中央機構、專題研究及訓練四個部分。另外，再由偵譯組接收、翻譯來自日本的氣象消息（見附圖 1）。[23] 因此，各地二十三個工作隊、負責蒐集日本情報的偵譯組及國府的中央氣象機構，三者構成原來中美合作所的氣象情報網絡。但在中美達成協議，於所內設置專門氣象組織後，此一模式產生了轉變。

## 一、建立氣象組與設置測候所

為了讓中美合作所成為氣象情報集結中心，戴笠與梅樂斯決定調整原有的組織架構，重新分配所有工作，氣象從技術組分出為氣象組（附圖 2）。他們重新確認氣象組的任務，包含管理各地氣象站測量狀況、統轄中央氣象機構的情報、對氣象進行專題研究，及人才訓練四部分。[24] 氣象組內部分設三個部門：（1）氣象室設有主任一人、副主任一人、主任情報員一人、情報員三

---

23　「宋子文呈（蔣中正）」（1945 年 4 月日期不明），〈中美合作所成立協定案（二）〉，《軍情局檔案》，國史館藏，典藏號：148-010200-0013。吳淑鳳等編輯，《戴笠先生與抗戰史料彙編：中美合作所成立》，頁 170。

24　「報告」（1942 年 10 月 31 日）、「報告」（1942 年 12 月 8 日），〈中美合作所成立協定案（二）〉，《軍情局檔案》，國史館藏，典藏號：148-010200-0013。

人、書記一人、打字員一人、測候員二十四人。（2）
專題研究部門設有主任研究員一人、研究員二人、書
記一人及打字員一人。（3）訓練班：設主任一人、主
任教務員一人、教務員二人及書記一人。各地氣象人員
由各地通訊情報人員兼任。[25] 這樣的規劃與先前不同的
是，中美合作所將擴增氣象觀測的工作站，軍統局也同
意在自身的情報網絡，增加蒐集氣象報告的功能，氣象
組的規模因需要隨之擴大。另外值得注意的是，1943
年9月，美方派任氣象專家貝樂利上校來中美合作所主
持氣象工作，與其合作的中方人員為程浚，[26] 而程浚同
時也是通訊組負責人。[27] 就客觀角度而言，氣象情報的
蒐集與傳送，需仰賴通訊系統的配合，若通訊組的負責
人熟悉氣象業務，將有助於情報運作的協調。氣象組和
通訊組的負責人同為程浚或許就有此種考量。

　　雙方完成中美合作所總部的氣象組織規劃後，緊接
著即是選擇設立氣象站地點，對此他們各有不同的想
法。建立日本領土西側的氣象網絡，是美方戰略的第一
步；選擇氣象站的地點是組織情報網不可或缺的環節。

25　「中美合作所組織編制」（日期不明），〈中美合作所建撤案（五）〉，
　　《軍情局檔案》，國史館藏，典藏號：148-010200-0023。

26　程浚，生於1911年，浙江海寧人，浙江大學工學院肄業，軍事
　　委員會無線電訓練所畢業、中央訓練團黨政班。曾任職外交部駐
　　滬電臺、國際間無線通訊（中菲通訊）、交通部、警校教官及軍
　　委會調查統計局科長。「程浚人事資料片稿」（未標日期），〈程
　　浚〉，《軍事委員會委員長侍從室檔案》，國史館藏，典藏號：
　　129-030000-0108。

27　「蔣中正快郵代電戴笠」（1946年2月20日），〈中美所有關
　　資料案（三）〉，《軍情局檔案》，國史館藏，典藏號：148-
　　010200-0016。國防部軍事情報局，《中美合作所誌》，頁30。

根據美方的調查，日本的氣象服務體系完整，無論本
島、殖民地及占領地區，皆有密切的網絡；日本的祕密
網絡，甚至可以獲得俄國和中國的氣象資料。[28] 為了能
與日本抗衡，且可預測天氣狀態，梅樂斯希望在西北、
西南各地，如保山、五原、安西、迪化、拉薩等處建立
氣象站。面對梅樂斯提議，軍統局人員頗感不解在中國
西北地區設立氣象站的用意，向美籍人員表示這些地點
多為後方各省的政治、軍事中心，情況複雜，甚有蘇
聯、英國等外國勢力，國府未能全面掌握這些區域。[29]
為此，梅樂斯進而解釋中國西北區的氣候變化對沿海地
區影響甚大，若迪化等地不能建立氣象站，便無法推測
美海空軍在太平洋作戰的沿海氣象。[30] 就此觀之，中美
雙方的主事者對於氣象認知和重視程度，是有明顯的
差異。

　　時在軍統局任職的沈醉也提及這種認知差異的狀
況。沈醉描述美方曾數度向國民政府索取中國的氣象資
料，但國民政府始終無法回應美方的要求，其因在於政
府根本沒有重視過氣象工作。當時飛機起飛仰賴無線電

---

28　Roy Olin Stratton, *SACO: The Rice Paddy Navy*, p. 96.

29　Roy Olin Stratton, *SACO: The Rice Paddy Navy*, p. 96；吳淑鳳等編，
　　《戴笠先生與抗戰史料彙編：中美合作所的成立》，頁 4-5、14；「遵
　　渝會商擬具中美情報合作辦法謹呈鑒核」（1942 年 5 月 5 日），
　　〈中美合作所建撤案（五）〉，《軍情局檔案》，國史館藏，典
　　藏號：148-010200-0023。

30　「中美合作結束總報告」（日期不明），〈中美合作所建撤案
　　（六）〉，《軍情局檔案》，國史館藏，典藏號：148-010200-
　　0024。「報告」（1942 年 10 月 31 日）、「報告」（1942 年 12 月
　　8 日），〈中美合作所成立協定案（二）〉，《軍情局檔案》，
　　國史館藏，典藏號：148-010200-0013。吳淑鳳等編輯，《戴笠先生
　　與抗戰史料彙編：中美合作所成立》，頁 308。

臨時向目的地聯絡；政府遷至內陸後，氣象設備更殘缺
不全，形成癱瘓的狀況。[31] 而此也是中研院氣象所向國
府提出建設西南地區測候網的重要因素。當時美國亦清
楚國民政府氣象觀測的實際狀況，故中美合作所自成立
後，首要著重氣象合作與情報取得。雖然雙方對取得氣
象情報的想法明顯不同，但中方表示若美方認為在這些
地區有興建氣象站的必要，會設法利用美國的關係，取
得當地設置氣象站機會。因此，雙方達成共識，決定分
五期完成一個建立一一六個氣象站的計畫，並且由前進
工作隊與軍統局在各地的勢力，擴大中美合作所氣象情
報蒐集來源。[32]

　　首先，中美所要求前進工作隊成員必須蒐集或測量
當地的天氣狀況。根據〈中美特種技術合作協定〉第
十九條規定，中美雙方必須成立二十三個前進工作隊，
在其駐地負責辦理爆破、偵察、研譯、瞭望、氣象、對
策、宣傳及交通等事宜，工作人員必須將當地的氣象報
告回傳總部，做為判斷氣象研究的材料。[33] 表 5-1 是前
進工作隊的工作地點，可知以華中、華南地區為主，多

---

31　沈醉，《沈醉回憶錄（軍統內幕──一個軍統特務的懺悔錄）》
　　（北京：中國文史出版社，2015），頁 193。

32　「報告」（1942 年 10 月 31 日）、「報告」（1942 年 12 月 8 日），
　　〈中美合作所成立協定案（二）〉，《軍情局檔案》，國史館藏，
　　典藏號：148-010200-0013。「組織與業務」（日期不明）〈中美
　　合作所建撤案（六）〉，《軍情局檔案》，國史館藏，典藏號：
　　148-010200-0024。

33　「劉鎮芳函天公」（1943 年 12 月 30 日），〈中美合作所成立
　　協定案（一）〉，《軍情局檔案》，國史館藏，典藏號：148-
　　010200-0012。「蕭勃電戴笠」（1944 年日期不明），〈中美合
　　作所建撤案（一）〉，《軍情局檔案》，國史館藏，典藏號：148-
　　010200-0019。

屬於日本占領區，配給的氣象設備，計有溫度計、自動紀錄式氣壓表、乾溼球式濕度表、風向器、風速儀、雨量器、最高最低氣壓表等基本的儀器，[34] 可取得航空氣象所需的溫度、風向、風速、氣壓等資訊。除此之外，推測其他觀測項目應該包括常見的目測雲量、雲的種類及天氣狀況，這些與航空氣象亦直接相關。然而，從工作隊的氣象設備與內容，亦顯示工作隊僅能處理基本的氣象訊息，畢竟工作隊業務內容多屬於秘密行動，若是在日本占領區施放高空氣球等測量高空氣候，等於自曝藏匿地點；加上工作隊成員多為軍統局相關單位的情報人員，其專業並非氣象，僅因工作需要，接受基本的觀測訓練，[35] 無法從事高階的氣象測量活動。

---

34 「劉鎮芳函天公」（1943 年 12 月 30 日），〈中美合作所成立協定案（一）〉，《軍情局檔案》，國史館藏，典藏號：148-010200-0012。

35 「為呈各訓練班訓練計畫請核備由」（1945 年 3 月 30 日），〈中美合作所建撤案（二）〉，《軍情局檔案》，國史館藏，典藏號：148-010200-0020。

表 5-1　中美合作所前進工作隊工作地點

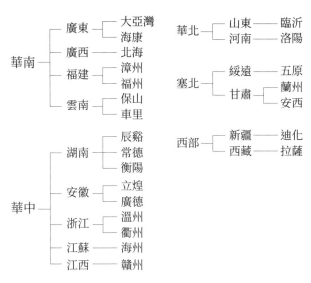

資料來源：筆者自行整理。「劉鎮芳函天公」（1943 年 12 月 30 日），
〈中美合作所成立協定案（一）〉，《軍情局檔案》，國史館藏，典
藏號：148-010200-0012。「蕭勃電戴笠」（1944 年日期不明），〈中
美合作所建撤案（一）〉，《軍情局檔案》，國史館藏，典藏號：
148-010200-0019。

　　其次是籌措建置測候網所需的設備。依據〈協定〉

二十一條：「中美合作所所需用之爆破、無線電、武

器彈藥、交通、氣象、化學、印刷、醫藥以及各項工

作所需要之一切器材，均由美方供給並負責運抵重慶，

交本所派員管理；其自重慶運往各地之運輸，均由華方

負責。」[36] 基於此，梅樂斯便以中美合作所的名義向美方

────────────

36　吳淑鳳等編輯，《戴笠先生與抗戰史料彙編：中美合作所成立》，
　　頁 386。

選調物資，這些器材從美國經印度轉運中國。就中國現況，梅樂斯採購三種等級的氣象設備，分述如下：

（一）甲種設備：訂購十二套，是最優良且完整的裝備，比照美國規模最大空軍站配置的裝備，氣象設備包括測量高空氣壓的無線電器材。待第一批送達中國後，預計再訂製十三套。

（二）乙種裝備：已訂四十套，內容與甲種器材類似，但無錄音機和高空氣壓無線電測量機；其設備較中國現有氣象儀器精良，之後預計再訂四十套，供觀測氣象使用。

（三）丙種裝備：已訂二百套，是氣象站基本配備，就中國現有氣象站儀器完備，丙種配備計有自動紀錄式氣壓表、乾溼球式濕度表、風向器、風速儀、雨量器及最高最低氣壓表。[37]

這些儀器在運送過程中，受到飛機空運噸位限制，部分氣象設備在印度加爾各答，依照工作需求而進行改裝，最後運抵重慶的配備約有風力計、天平氣球、氣壓自計器、氣壓計、高空測風儀、氣溫計、無線電、測空儀、發報機、收報機等八十一種相關器材。除了等待美援，中美所亦透過搶救戰場上的物資來強化設備。例如1944 年 9 月美陸軍從廣西柳州撤退時遺留許多物資，當時中美所駐華東供應官 Maurice L. Nee 中尉派人搶救

---

37　「「劉鎮芳函天公」（1943 年 12 月 30 日），〈中美合作所成立協定案（一）〉，《軍情局檔案》，國史館藏，典藏號：148-010200-0012。「梅樂斯呈戴笠備忘錄」（1943 年 10 月 26 日）、「蕭勃電戴笠」（1944 年日期不明），〈中美合作所建撤案（一）〉，《軍情局檔案》，國史館藏，典藏號：148-010200-0019。

大批航空氣象器材。[38]

　　表 5-2 是中美合作所分配各級氣象站儀器的種類和數量，從中所示可以看出一、二等氣象站配置多種氣象儀器，可對溫度、風向、氣壓、風力、濕度、方位等進行觀測，還配有測風氣球可測量高空氣象，氣象儀器也較為精緻、完備，並有同性質測量儀器可互補使用，獲得的資訊也較為正確。而一等氣象站配置的雷聲高空儀器，係利用趨短波無線電探測一萬尺以上高空情形，包含高空溫度、氣壓等。因操作此項儀器必須接受長期的訓練，中方無具有此專業的人員，遂由美方派人操作，中方派技術人員在旁學習。[39]

　　三、四等氣象站多配備輕便、可攜的氣象儀器。三等氣象站的裝備與前進工作隊大致相似，至於四等氣象站，應指附設於軍統局情報網下電臺或是情報站，其觀測設備更為簡易；三、四等氣象站只能提供氣溫、氣壓、風力和濕度等基礎測量。此外，為加強重慶氣象總站的功能，美方配置五部大發報機、八部大收報機，以供情報的收發，添購氣象圖書全部送往總站供研究參

---

38 Milton E. Miles, *A Different Kind of War*, p. 279。Maurice L. Nee 於 1944 年 2 月至 1945 年 8 月在中美合作所服務，主要在重慶、昆明、加爾各答、第二基地、柳州、貴陽、海軍補給站活動。Sino-American Cooperative Organization, accessed May 21, 2020, https://saconavy.net/saco-men/. 以下使用美國「中美合作所聯誼會」網站資料，說明美籍人員基本資料，省略網站連結。

39 「中美合作結束總報告」（日期不明），〈中美合作所建撤案（六）〉，《軍情局檔案》，國史館藏，典藏號：148-010200-0024。「為有關在東、西南、西北、華中、長江下游與沿海設置氣象站由」（1944 年 9 月 27 日），〈中美所有關資料案（一）〉，《軍情局檔案》，國史館藏，典藏號：148-010200-0014。

考，並配有短距離傳真與繪圖設備，[40] 希望能廣收各地
氣象紀錄，且利用這些數據提高研究分析的質量。

表 5-2　各級氣象站配置各種氣象器材數量統計表

| 項別 | 單位 | 一等站 | 二等站 | 三等站 | 四等站 |
|---|---|---|---|---|---|
| 碼錶 | 只 | 1 | 1 | | |
| 氣溫計 | 只 | 2 | 2 | 2 | |
| 指北針 | 只 | | 1 | 1 | 1 |
| 發電機 | 具 | 1 | | | |
| 雨量器 | 只 | 1 | | | |
| 測風氣球 | 個 | 300 | 300 | | |
| 天平氣球 | 個 | 50 | 30 | | |
| 雷聲收報機 | 付 | 1 | | | |
| 雷聲發報機 | 付 | 12 | | | |
| 自記測風器 | 具 | 1 | 1 | | |
| 小號百葉箱 | 只 | 1 | | | |
| 水銀氣壓表 | 只 | 1 | | | |
| 氫氣製造機 | 架 | 2 | 1 | | |
| 最低氣溫計 | 只 | 2 | 2 | 2 | |
| 最高氣溫計 | 只 | 2 | 2 | 2 | |
| 雷聲平衡校準儀 | 付 | 1 | | | |
| 陸用氣象經緯儀 | 付 | 1 | 1 | 1 | |
| 精確定盒氣壓計 | 具 | 1 | 1 | 1 | 1 |
| 輕便快讀海里風力計 | 具 | 1 | 1 | 1 | 1 |
| 三杯式海里風力計 | 具 | 1 | 1 | | |
| 一週紀錄氣壓自記器 | 具 | 1 | 1 | 1 | |
| 一週紀錄溫濕自記器 | 具 | 1 | 1 | | |
| 雷聲氫氣球及什件 | 只 | 100 | | | |
| 四天紀錄精微器壓紀錄器 | 具 | 1 | | | |
| 乾溼溫度計（無旋轉者） | 具 | | 2 | 2 | |
| 乾溼溫度計（有旋轉者） | 具 | 2 | 1 | | 1 |

資料來源：「供給有關機關氣象報告按月統計表」，〈中美合作所圖
表案〉，《國防部軍事情報局檔案》，國史館藏，典藏號：148-010
200-0025。

最後是測候站的建置。中美合作所在此項業務推動

40　「中美合作結束總報告」（日期不明），〈中美合作所建撤案（六）〉，
　　《軍情局檔案》，國史館藏，典藏號：148-010200-0024。

之初，因器材供應不易，技術人員不足，優先將僅有的
設備與人力投注於重要據點。氣象人員先在重慶總部設
置氣象總站與補救總站，但因總部所在的自然環境容易
形成局部特殊的天氣，影響觀測的準確度，遂在鄰近馬
鞍山設立一個氣象站。[41]

　　氣象設備與技術人員陸續抵華後，中美合作所氣象
組著手在淪陷區和後方各地安置一等、二等、三等氣象
站。例如中美所派遣美籍人員 Robert C. White 到西北地
區蘭州、肅州，Angus A. MacInnes[42] 前往寶雞、平涼、
寧夏，Henry J. Mastenbrook 則試圖在廣源、安康、老河
口等地設站。在這個過程中，安康氣象站受到日軍的
佔領未能完成，老河口氣象站也曾因日軍的進攻而撤
離，暫改在白河設站。[43] 截至 1944 年底，該所已在西
安、蘭州、陝壩、嘉裕關、贛州、恩施、桂林、華安、
南平、建陽建立十個一等站；在雄村、福州、漳州、泰
和、韶關、梧州建六個二等站；在平涼、雅安、萬縣、
老河口、南寧、惠陽、韶安、嵩嶼、蓮河、高山、惠
安、連江、南關、玉環、奉化、溫州、定海等設十七處
三等站。[44] 表 5-3 是中美合作所分別在 1944 年底及二
戰結束前後完成設置的氣象站，從中也顯示若干變化，

---

41　「組織與業務」（日期不明）〈中美合作所建撤案（六）〉，《軍
　　情局檔案》，國史館藏，典藏號：148-010200-0024。

42　Angus A. MacInnes 於 1944 年 9 月至 1945 年 10 月在中美合作所服
　　務，主要在重慶、白河、寧夏、蘭州等地活動。

43　Roy Olin Stratton, *SACO: The Rice Paddy Navy*, pp. 103-104.

44　「軍事委員會中美特種技術合作所 33 年度年終工作總報告」（日
　　期不明），〈中美合作所建撤案（六）〉，《軍情局檔案》，國
　　史館藏，典藏號：148-010200-0024。

自中美合作所展開工作至 1944 年底福建是設置最多氣象站的區域，佔 33.3％；其次是浙江省，佔 12.1％，四川、甘肅、廣東、廣西皆佔 9.1％，湖北、江西佔 6.1％，陝西、綏遠、安徽佔 3％。其中閩、浙、粵、桂為東南沿海省分，這四個省分設立二十個氣象站，佔全部 60.6％，西北地區陝、甘、綏三省設五個氣象站，佔 15.6％。就此看來，中美合作所的設站重心以東南沿海為主要目標。

東南沿海地區選擇設站的地點，多在浙東、浙南、閩北、閩東及閩南等沿海城市或島嶼，以此獲得華南地區與臺灣海峽的氣象訊息。就自然環境而言，臺灣海峽氣候多變，海面下礁石甚多，在此區建立多處氣象站，掌握這一水域精準的氣象情報，即可減少美軍潛水艇、軍艦行經此處發生意外；況且日軍在菲律賓、臺灣、廈門一帶移動頻繁，在此區的氣象站也可以隨時掌握其動態，蒐羅相關的軍事資訊。[45] 另就氣象站的「質」而言，西北與內陸地區的氣象站擁有較優良的設備，從一等氣象站（十個）的分布即可發現，則集中於西北和後方地區。沿海地區僅有福建有三個一等氣象站，四個二等氣象站，其餘皆是三等氣象站。然而，以設備質量決定氣象站的級等，並不代表一等氣象站最為重要。就當時供應組負責人史屈萊頓（Roy Olin Stratton）中校的回憶，氣象站的重要性取決於戰略位置而非等級，但中

---

[45] 「謹將中美特種技術合作所現已進行之業務概況與卅三年之工作成果」（日期不明），〈中美所有關資料案（一）〉，《軍情局檔案》，國史館藏，典藏號：148-010200-0014。

方人員常以被分配到一等氣象站工作為榮，認為氣象組
較不重視二、三等氣象站。為了這個問題，美方甚至想
出用字母來代替分級，以降低中國人的差異感。[46] 氣象
站的層級也不代表就具有完整的氣象技術和設備。隨著
戰局緊張導致交通困難，及美方氣象人員缺乏，也影響
到部分氣象站無法配置無線電測空儀，如南平、桂林、
蘭州、西安、陝壩、恩施都曾出現這類狀況。[47]

　　除了正規的氣象站，中美合作所也要求軍統局情報
人員協助蒐集地方氣象情報。該所透過軍統局在淪陷區
（上海、廣州、南通、湖口、汕頭、南昌、合肥、開
封、徐州、蚌埠、馬尾、天津）、後方地區（迪化、
西昌、江山、肅州、武威、西峯、武原、拉薩）及海
外地區（諒山、仰光、馬尼拉、香港）的情報電臺，
配給當地情報人員一些基本觀測配備，由其回報各地的
氣壓、風力及溫度等資訊；或是代為接收當地的氣象廣
播。[48] 梅樂斯的回憶錄中也曾提及此種協助，當時戴笠
在上海至香港之間佈建五個情報網，每個情報小組下配
有五至十二位海岸觀察人員，有時美籍人員也會一起行
動，他們攜帶小型無線電搜集氣象和戰情報告後回傳到
重慶。[49] 綜上所述，中美合作所透過這樣的做法，增加
氣象數據的數量，拓展情報範圍與來源，再配合氣象站

46　Roy Olin Stratton, *SACO: The Rice Paddy Navy*, p. 100.
47　「為有關在東、西南、西北、華中、長江下游與沿海設置氣象站
　　由」（1944 年 9 月 27 日），〈中美所有關資料案（一）〉，《軍
　　情局檔案》，國史館藏，典藏號：148-010200-0014。
48　國防部軍事情報局，《中美合作所誌》，頁 32。
49　Milton E. Miles, *A Different Kind of War*, p. 419.

的資訊，可提高該地氣象的分析與準確性。

　　隨著戰況的發展，中美所氣象站也有所變動或調整。至 1945 年二戰結束前後，中美合作所將杭州、廣州、陝壩、雄村、廈門、蘭州、貴陽、西安、建甌、桂林、肅州、北平等地的氣象站設為一等站；昆明、恩施、常德、鎮遠、衡陽、寶雞、廣元、老河口、樂山、海門、福州、長汀、北海、南京、汕頭、溫州、南昌、平涼、漢口設二等站，梧州、平海、南關、長沙、濟南設三等站。[50] 相較於 1944 年底的建置，一、二等站數量增加，三等站數量減少，總數量差異不大，但大部分的氣象站的等級予以提升，可見中美合作所在這一年內對於加強氣象站的裝備，有明顯的成效。就二戰結束前後中美合作所各地氣象站的分布（表 5-3），已大幅減少在福建設立氣象站，華南、華中、西北及西南各省陸續建有氣象站，惟獨東北地區未能設置，顯示在中美軍事反攻下，氣象站也隨之推展。但此時中美合作所建立的氣象站數量遠不及協定計劃的一一六處，僅完成三分之一左右，氣象情報網規模尚未完善，故在二戰後中美合作所結束工作，氣象業務仍是中美持續合作的項目。[51]

---

50　國防部軍事情報局，《中美合作所誌》，頁 32。

51　「報告」（1945 年 8 月 25 日），〈中美合作所建撤案（三）〉，《軍情局檔案》，國史館藏，典藏號：148-010200-0021。

表 5-3　1944 年底及二戰結束前後中美合作所氣象站

| 省分 | 1944 年底氣象站站等 | 合計 | 百分比 | 二戰結束前後氣象站站等 | 合計 | 百分比 |
|---|---|---|---|---|---|---|
| 四川 | 重慶（總）萬縣（3）雅安（3） | 3 | 9.1% | 重慶（總）廣元（2）樂山（2） | 3 | 8.1% |
| 陝西 | 西安（1） | 1 | 3% | 西安（1）寶雞（2） | 2 | 5.4% |
| 甘肅 | 蘭州（1）嘉峪關（1）平涼（3） | 3 | 9.1% | 蘭州（1）肅州（1）平涼（2） | 3 | 8.1% |
| 綏遠 | 陝壩（1） | 1 | 3% | 陝壩（1） | 1 | 2.7% |
| 廣西 | 桂林（1）梧州（2）南寧（3） | 3 | 9.1% | 桂林（1）北海（2）梧州（3） | 3 | 8.1% |
| 湖北 | 恩施（1）老河口（3） | 2 | 6.1% | 恩施（2）老河口（2）漢口（2） | 3 | 8.1% |
| 江西 | 贛州（1）泰和（2） | 2 | 6.1% | 南昌（2） | 1 | 2.7% |
| 福建 | 華安（1）南平（1）建陽（1）福州（2）漳州（2）嵩嶼（3）蓮河（3）高山（3）惠安（3）連江（3） | 10 | 30.3% | 廈門（1）建甌（1）福州（2）長汀（2） | 4 | 10.8% |
| 安徽 | 雄村（1） | 1 | 3% | 雄村（1） | 1 | 2.7% |
| 廣東 | 韶關（2）惠陽（3）南關（3） | 3 | 9.1% | 廣州（1）汕頭（2）平海（3）南關（3） | 4 | 10.8% |
| 浙江 | 玉環（3）奉化（3）溫州（3）定海（3） | 4 | 12.1% | 杭州（1）溫州（2） | 2 | 5.4% |
| 貴州 | | | | 貴陽（1）鎮遠（2） | 2 | 5.4% |
| 北平 | | | | 北平（1） | 1 | 2.7% |
| 雲南 | | | | 昆明（2） | 1 | 2.7% |
| 湖南 | | | | 常德（2）衡陽（2）長沙（3） | 3 | 8.1% |
| 江蘇 | | | | 海門（2） | 1 | 2.7% |
| 南京 | | | | 南京（2） | 1 | 2.7% |
| 山東 | | | | 濟南（3） | 1 | 2.7% |
| 總計 | | 33 | | | 37 | |

備註：本表依據檔案內容所列，國防部軍事情報局編寫之《中美合作所誌》中，1944 年三等站部分增加了大埕、東山、六鰲、南太武、圍頭五處，皆在福建省內。
資料來源：「軍事委員會中美特種技術合作所 33 年度年終工作總報告」（日期不明），〈中美合作所建撤案（六）〉，《軍情局檔案》，國史館藏，典藏號：148-010200-0024；國防部軍事情報局，《中美合作所誌》，頁 32。

## 二、氣象人員的來源與訓練課程

　　訓練氣象觀測人員是中美合作所氣象組重要的業務。中美達成合作協議後，美方隨即規劃中國人接受氣象觀測訓練。一方面，先由魏大銘從軍統局第四處挑選具有傳送情報經驗的技術人員，學習有關氣象觀察與敵軍監視方法，並負責所內氣象情報業務。[52] 接著在 1943 年 9 月美籍氣象專家貝樂利和麥克尼（Thomas G. McCawley）[53] 先前往蘭州，翌月又在貴州息峰成立簡易的訓練學校，訓練約七百名的學員，其中一百多位受訓學員是來自各地電信學校。之後美方也派人訓練在泰國、中南半島工作的情報人員，以教導使用簡單且易於攜帶的氣象儀器相關課程為主。當時海軍上尉希吉（Daniel W. Heagy）[54] 更將密碼本設計成只有郵票大小尺寸，讓這些在外蒐羅情報的人員可將所得情資直接譯為國際氣象密碼傳播消息。[55]

　　另一方面，氣象組也在總部附近設立訓練班，為往後成立氣象站預備充足的氣象員，更希望他們在戰後能夠成為中國氣象事業的領導者。因此，中美合作所十分重視訓練班的師資，審慎地選擇適合的專家人選，決

---

52　「分送鄧諾文將軍與梅樂斯上校之備忘錄」（1943 年 12 月 3 日），〈中美合作所建撤案（五）〉，《軍情局檔案》，國史館藏，典藏號：148-010200-0023。魏大銘、黃惟峰著，《魏大銘自傳》（臺北：文史哲出版社，2015），頁 29。

53　Thomas G. McCawley 於 1942 年 11 月至 1944 年 6 月在中美合作所服務，主要在重慶、加爾各答活動。

54　Daniel W. Heagy 於 1942 年 9 月至 1945 年 11 月在華服務，主要在重慶、第四基地、第二醫院及上海活動。

55　Roy Olin Stratton, *SACO: The Rice Paddy Navy*, pp. 97-98. Milton E. Miles, *A Different Kind of War*, p. 146.

定邀請具有留美背景的中央大學氣象系主任黃廈千（前
中央氣象局局長），與中研院氣象所鄭子政研究員擔任
教師。為此，中研院朱家驊院長還一度詢問竺可楨的意
見，竺氏認為盟軍正擬由海陸空三方攻擊日本，我國氣
象方面應與美合作，故贊成讓鄭子政前往中美合作所工
作。而鄭子政接到這個邀請，本人也極有意願，他與貝
樂利又為麻省理工學院同窗舊識，故由氣象所轉調至中
美合作所工作，充實該所研究與教學實力。美方也派遣
具有氣象與電信專業的技術人員，共同擔任訓練班的教
師。他們規劃受訓課程，上課內容無論深度與廣度更勝
之前，甚至可與美國氣象員訓練相比。[56]

　　1944 年 2 月氣象組開辦第一期訓練班，從軍統局
調任三十名報務員，進行為期十週的課程。內容包括高
空大氣探測，學習測風氣球和無線電探空儀的使用。在
授課的過程中，翻譯人員的角色相當重要，他們必須理
解美籍教員的授課內容，才能將氣象知識與原理譯出告
知學員。因為這個緣故，氣象教學的速度相當緩慢，美
籍教員還需花費許多的時間與翻譯人員討論。每天的課
程約七小時，晚間從事二小時的研習，美籍教員除了仔
細教導學員在氣象觀測的種種知識，也分享自己工作上

---

56 「戴笠函朱家驊」（1943 年 12 月 18 日），〈業務雜件（內有
戴笠為請派氣象專家參加中美氣象情報網建設、英科學家李約瑟
來信、擴充物理所儀器工廠計劃書、植物學研究所研究計劃綱要
等）〉，《中央研究院檔案》，南京二檔藏，典藏號：三九三一
149。「組織與業務」（日期不明），〈中美合作所建撤案（六）〉，
《軍情局檔案》，檔號 148-010200-0024。「訃文、事略」，〈鄭
子政〉，《個人史料》，國史館藏，典藏號：1280040110001A。

的趣聞。[57]

1944 年 4 月第一期訓練班結束，有二十八人畢業，這些學員被派至各地氣象站工作。氣象組規劃的第二期訓練班於同年 7 月開班，為期四個月，有二十七人接受訓練。[58] 此次訓練由麥斯頓布洛克（Henry J. Mastenbrook）、[59] Reno G. Luchini、[60] 黃廈千、鄭子政等人擔任氣象教官。第一個月學員多在課堂學習氣象知識，第二、三月除課堂上課外，每日花費約三小時實際練習觀測；最後一個月則以實習和複習課程為主，受訓學員一天須進行五小時地面和高空氣象觀測，再做二小時的學科複習。氣象教官以漸進的教學方式傳授基本的天氣知識，使學員熟稔儀器操作與氣象學知識；同時透過學員操作實習，觀察學員進行觀測時容易發生的狀況，再給予適當的指導與修正。此次課程安排，由黃廈千和鄭子政負責教導一般

57　Roy Olin Stratton, *SACO: The Rice Paddy Navy*, pp. 99, 106.

58　在此部分，第二期至第四期訓練班的訓練時間有兩種說法，一種為四個月，另一種為二個月。本文採 Roy Olin Stratton 回憶錄的說法，Stratton 為中美合作所供應組美方負責人，實際參與中美合作所的工作，其回憶錄於 1950 年出版，距離二戰戰爭結束時間接近，在其回憶錄其餘部分與現有檔案比對多能吻合，筆者認為該回憶錄可信度甚高。二個月的訓練期出現於《軍統局檔案》之〈中美合作結束總報告〉，但因該份檔案為祕書室草擬稿件，現有檔案未發現總報告最後定稿，草擬內容尚須修改調整之處，基於此考量，故正文以實際參與工作的美籍人員回憶錄為行文依據。基於這種狀況，筆者推測訓練期的差異有幾個可能，其一是 Stratton 所指四個月可能是最初理想的規劃，之後訓練可能依實際狀況調整為二個月；其二是中美合作所針對不同任務的中方人員進行氣象訓練，其訓練時間可能都不太相同，撰寫報告者不一定了解全貌。

59　Henry J. Mastenbrook 於 1944 年 1 月至 1945 年 4 月在中美合作所服務，主要在重慶、老河口、白河、廣源活動。

60　Reno G. Luchini 為氣象人員，於 1943 年 10 月至 1945 年 3 月在中美合作所服務，主要在昆明、重慶、加爾各答活動。

氣象學知識，黃、夏兩人皆曾留學美國學習氣象學，加上兩人和學員之間並無語言隔閡的問題，可以直接將美國氣象學的知識傳授給學生。這樣一來，不但可以改善之前緩慢的授課速度，還可增添講述更多的氣象知識，授課教師也不須花費大量時間與翻譯人員討論課程內容。接著開設的第三、四期氣象訓練班，維持這樣的教學模式，[61] 截至 1945 年 4 月第四期氣象訓練班結業為止，共訓練一五一名氣象員。[62] 結訓的學員就被陸續分配到各地的氣象站。

綜上所述，中美合作所培訓的氣象人員多出身軍統局通訊報務相關單位。這種從內部選派人才的方式，不但節省招考人員時間，亦可防止機密外洩，且因受訓人員具有通訊傳遞情報的知識，掌握觀測天氣要領之後，即可前往各地工作，可謂符合當下現實狀況。不過如此一來，氣象觀測的技術也鎖定在軍統局的情報和軍事人員之內。

## 三、氣象情報的整合與分析應用

氣象數據的分析基礎在於情報網絡的完成。合作初期中美所的氣象站尚未完備，氣象組一方面只能根據國府各機關提供之氣象紀錄，由美籍人員輪流繪成天氣圖，提供美國艦隊使用。另一方面，考諸拉等人則將中

---

61　Roy Olin Stratton, *SACO: The Rice Paddy Navy*, p. 101.

62　「各訓練班辦理期數及畢業人數統計」（未標日期）、「中美合作結束總報告」（日期不明），〈中美合作所建撤案（六）〉，《軍情局檔案》，國史館藏，典藏號：148-010200-0024。

央氣象局度藏過去五十年來蒐集的中國氣象統計資料，予以照相存檔，欲送回美國氣象局。做為研究全球氣象預測系統的基礎。[63] 1944 年 9 月之後氣象組的分析研究工作才逐步進入軌道，工作人員每日須記錄來自各地的氣象報告，高階人員如貝樂利、黃廈千、鄭子政等人則於每日上午討論、判定資料的準確性，繪製二十四小時至三十六小時內的「普通氣象預報」和「分區概況預報」。接著氣象組再利用高頻的無線電廣播將天氣情報每天數次傳至美國的參謀本部、海軍部、艦隊總司令部、太平洋艦隊總司令部、第十四航空隊，以及第二十航空轟炸總隊等，每次傳送時間控制在一小時之內，以追求其時效性。最後，氣象組每日另行製作「預報氣象圖」、「分區圖」，及一份推測中國海岸與北緯 17 度至 32 度範圍內離岸五百英里的天氣預報。[64]

除此之外，中美合作所也加強氣象組的通訊系統，由 Donald D. Harkness 少尉、[65] Robert C. White 中尉[66] 負責規劃，以取得更多來自其他氣象中心的廣播。故自

---

63　Milton E. Miles, *A Different Kind of War*, p. 145.

64　「蔣中正快郵代電戴笠」（1946 年 2 月 20 日），〈中美合作所有關資料案（三）〉，《軍情館檔案》，國史館藏，典藏號：148-010200-0016。「請抄附美方在昆設臺案卷及詳敘經過情形見復以便查考由」（1943 年 11 月 13 日），〈中美合作所工作案（二）〉，《軍情局檔案》，國史藏，典藏號：148-010200-0010。Roy Olin Stratton, *SACO: The Rice Paddy Navy*, p. 103. Milton E. Miles, *A Different Kind of War*, p. 297; 費雲文，《戴雨農先生傳》（臺北：國防部情報局，1979），頁 190。

65　Donald D. Harkness 於 1944 年 1 至 7 月在中美合作所服務，主要在重慶活動。

66　Robert C. White 於 1944 年 3 月至 1945 年 6 月在中美合作所服務，主要在重慶和蘭州活動。

1944 年中期以後，氣象組可以收到來自美駐華陸軍、
駐印美軍、珍珠港氣象中心、阿留申群島，以及蘇聯的
氣象報告。[67] 根據中美合作所的統計，自 1944 年 4 月
至 1945 年 8 月，共蒐集八六七三二筆氣象情報，每月
供給氣象情報的數量，如表 5-4 所示，整體氣象情報呈
現向上增加的趨勢，反映中美合作所可以取得越來越多
的氣象報告評估天氣演變。

表 5-4　1944 年 4 月 -1945 年 8 月中美合作所與國府
其他機關氣象數據統計表

| 項別 | | 中美所氣象站及軍統局各臺 | 中國航空公司 | 中央航空公司 | 航空委員會 |
|---|---|---|---|---|---|
| 1944 年 | 4 月 | 425 | 305 | 58 | 208 |
| | 5 月 | 285 | 313 | 110 | 469 |
| | 6 月 | 272 | 270 | 110 | 286 |
| | 7 月 | 618 | 271 | 100 | 286 |
| | 8 月 | 1,303 | 262 | 99 | 285 |
| | 9 月 | 1,680 | 264 | 350 | 286 |
| | 10 月 | 1,534 | 264 | 359 | 486 |
| | 11 月 | 2,301 | 251 | 346 | 286 |
| | 12 月 | 1,900 | 187 | 389 | 256 |
| 1945 年 | 1 月 | 3,710 | 317 | 315 | 284 |
| | 2 月 | 3,079 | 244 | 105 | 98 |
| | 3 月 | 4,502 | 319 | 320 | 290 |
| | 4 月 | 3,471 | 300 | 205 | 180 |
| | 5 月 | 4,012 | 222 | 227 | 228 |
| | 6 月 | 4,342 | 354 | 232 | 4,319 |
| | 7 月 | 4,497 | 462 | 334 | 423 |
| | 8 月 | 4,130 | 414 | 308 | 3,786 |
| 合計 | | 42,061 | 5,019 | 3,967 | 12,456 |
| 百分比 % | | 48.5 | 5.8 | 4.6 | 14.4 |

67　Roy Olin Stratton, *SACO: The Rice Paddy Navy*, pp. 102.

| 項別 | | 航空委員會監察總隊 | 軍令部 | 中央氣象局 | 七項共計 |
|---|---|---|---|---|---|
| 1944年 | 4 月 | | 288 | 378 | 1,662 |
| | 5 月 | | 289 | 1,226 | 2,692 |
| | 6 月 | | 206 | 1,300 | 2,444 |
| | 7 月 | | 96 | 1,400 | 2,771 |
| | 8 月 | 349 | 92 | 1,413 | 3,803 |
| | 9 月 | 742 | 126 | 1,216 | 4,664 |
| | 10 月 | 742 | 156 | 283 | 3,824 |
| | 11 月 | 592 | 120 | 324 | 4,220 |
| | 12 月 | 599 | 180 | 1,440 | 4,951 |
| 1945年 | 1 月 | 451 | 401 | 478 | 5,956 |
| | 2 月 | 816 | 80 | 198 | 4,620 |
| | 3 月 | 575 | 1,900 | 134 | 8,040 |
| | 4 月 | 413 | 320 | 183 | 5,072 |
| | 5 月 | 725 | 340 | 228 | 5,982 |
| | 6 月 | 296 | 12 | 147 | 9,702 |
| | 7 月 | 636 | 118 | 199 | 6,669 |
| | 8 月 | 753 | 68 | 201 | 9,600 |
| 合計 | | 7,689 | 4,792 | 10,748 | 86,732 |
| 百分比 % | | 8.8 | 5.5 | 12.4 | 100 |

資料來源:「供給有關機關氣象報告按月統計表」,〈中美合作所圖表案〉,《國防部軍事情報局檔案》,國史館藏,典藏號:148-010200-0025。

　　這些情報中,來自中美氣象站與軍統局電臺的氣象情報有四二〇六一筆,其餘相關機構有四四六七一筆。各單位供給情報的比例,中美合作所本身蒐集的情報數量,佔總數48.5%,軍事單位佔28.7%,行政及航空公司佔22.8%,就此可知中美合作所的氣象情報來源,大約有二分之一來自於外部的單位,這也顯示該所的研究人員在研究、推測天氣預報,除了自身的資料外,還需大量仰賴來自外部的報告。航委會及其轄下監察總隊,以及中央氣象局是外部情報的主要供應者,佔全部35.6%。航委會及其轄下單位能夠提供氣象報告,本屬正常,因氣象對空軍作戰與飛航安全至關重要;而中央氣象局是

一個在 1941 年成立的機關，卻能在短期之內成為中美
合作所的情報供給者，重要的原因就是該局在成立後，
接收中央研究院氣象研究所原有的測候所與雨量站，以
致在短時間內得以建立西南地區測候網，從事天氣觀測
有關。值得注意的是，從外部取得的資料來自軍方或行
政部門的資訊同等重要，中美合作所採取廣納消息的態
度。換言之，在戰爭的狀態下，無論是民用或是軍用氣
象報告，皆屬於軍事情報的範圍。

　　而各單位提供中美合作所情報的數量，隨著時間推
移也有所變化（參見表 5-4）。首先，就中美合作所及
軍統局的電臺而論，1944 年 4 月業務的重心在建設氣
象站。由於氣象儀器設備尚未充足，屬於初建時期；且
第一批基礎觀測員剛完成訓練課程，在人員和儀器仍未
完整的情形下，能收取的情報自然極為有限。從表 5-4
呈現的變化可看出：1944 年 4 月至 1945 年 1 月間，中
美合作所來自外部的氣象資料多由中央氣象局提供，之
後其重要性逐漸降低。1944 年 8 月後，主要情報來源轉
為中美合作所氣象站及軍統局電臺，情報數量大幅度地
攀升。至於其他單位如航委會航監總隊、中國航空、中
央航空公司等，大多維持每月五百件以下供給量，唯有
軍令部與航委會變化較大。氣象情報的數量亦與亞洲
戰場的戰事遙相呼應，1945 年起美軍全力轟炸日本本
土、臺灣、沖繩等地；在中國戰場，日軍開始進攻老河
口空軍基地，以解除中國空軍對豫鄂戰場與平漢鐵路南

段的威脅。[68] 交戰與空襲過程中，自然需要大量的氣象
情報，充當戰略安排的參考。

　　中美合作所取得的氣象情報，以轄下的測候所與軍
統局電臺為主要來源，觀察各站臺的情報供應，亦有
助於瞭解其中的變化。表 5-5 是 1944 年兩者蒐集氣象
情報統計表，各有四二七一、六○四七筆氣象情報，來
自軍統局電臺的情報多於氣象站。就軍統局電臺部分，
中美合作所自 1944 年 4 月開始蒐集氣象情報，前三個
月的情報來自軍統局電臺，透過當地情報人員從事簡單
觀測，並接收附近的氣象廣播，因軍統局的情報工作多
位在敵方地區，故得到的氣象報告多來自沿海浙江、江
蘇、福建等省。除此之外，軍統局也透過在海外地區香
港、菲律賓、越南及緬甸等地的海外電臺，蒐集日本占
領區與交戰區的氣象報告，這些地區的情報十分符合美
軍的需要。但可惜的是，由於這些電臺位於前線或是
日軍控制力較強的區域，難以穩定供給情報消息。在
三十五個供給氣象情資的電臺中，僅有安徽合肥、江蘇
海門、西藏拉薩及天津四地每月可回傳天氣報告，其
中拉薩位於中國西南方，在淪陷區只有三處電臺可達成
工作目標，由此可見在淪陷區蒐集情報之難。在氣象站
部分，1944 年 7 月位於廣西省的桂林與南寧氣象站開始
回報天氣報告，8 月中美合作所的氣象業務陸續步入軌
道，情報量隨著氣象站的增加而上升，雖然部分氣象站

---

68 近代日中關係史年表編集委員會編，《近代日中關係史年表》
　　（東京：岩波書店，2006），頁 654、656、658。

如前文所述，受到戰爭影響而停頓，但部分的氣象站因位在內陸等後方區域，相較於軍統局電臺所處淪陷區與前線，環境較為平穩且設備較全。因此，氣象站在擁有技術和設備的狀況下，每個月自然可以供給穩定數量的情報。

而在提供情報的質量問題上，氣象站自運轉後獲得的情報數量大致都高於軍統局電臺，軍統局僅有海門、合肥、仰光、拉薩、天津及馬尼拉的電臺可以相比。就常理而言，因氣象站配有較多的儀器設備，且有專業的氣象技術人員，在觀測與判別天氣的準確度，理應優於軍統局電臺的情報人員，可以供給中美合作所總部更多的天氣資訊與數據。但不可諱言，軍統局電臺分布之廣，在海外與淪陷區設有多個電臺，確實從旁填補中美合作所氣象站不足的現象，使得中美合作所在短時間之內，建立一套氣象情報網。此外，氣象組人員前往預定地建設氣象站，也仰賴軍統局情報人員的接應。就此觀之，若無軍統局的情報系統，僅仰賴美方人員和設備，在短時間內確實無法在各地推展情報工作。

## 表 5-5　1944 年中美合作所與軍統局電臺蒐集氣象情報統計表

| 項別 | | 4月 | 5月 | 6月 | 7月 | 8月 | 9月 | 10月 | 11月 | 12月 | 合計 |
|---|---|---|---|---|---|---|---|---|---|---|---|
| 測候所（共計4,271筆） | 重慶 | | | | | | | 57 | 92 | 75 | 225 |
| | 萬縣 | | | | | | | 9 | | 9 | 18 |
| | 雅安 | | | | | 74 | 34 | 90 | | | 198 |
| | 蘭州 | | | | | 70 | 66 | 90 | 71 | | 297 |
| | 平涼 | | | | | | | | 36 | | 36 |
| | 老河口 | | | | | | 6 | 9 | | | 15 |
| | 西安 | | | | | | 63 | 93 | 90 | 75 | 321 |
| | 福州 | | | | | | 68 | 80 | 7 | 73 | 228 |
| | 高山 | | | | | | | | | 27 | 27 |
| | 漳州 | | | | | | 6 | 36 | 77 | 75 | 194 |
| | 嵩嶼 | | | | | | | | 71 | 75 | 146 |
| | 鉛山 | | | | | | | 28 | 81 | 65 | 174 |
| | 桂林 | | | | 37 | 93 | 39 | 18 | 77 | 60 | 324 |
| | 華安 | | | | | | 6 | 69 | 90 | 75 | 240 |
| | 南寧 | | | | 25 | 93 | 70 | 60 | 30 | 14 | 292 |
| | 梧州 | | | | | 34 | 30 | 32 | 15 | | 111 |
| | 泰和 | | | | 50 | 71 | 53 | 78 | 72 | | 324 |
| | 恩施 | | | | | 72 | 94 | 93 | 90 | 75 | 424 |
| | 韶關 | | | | | 76 | 88 | 64 | 79 | 69 | 376 |
| | 南平 | | | | | 63 | 85 | 70 | 37 | 46 | 301 |
| 軍統局電臺（共計6,047筆） | 上海 | | | | 32 | 25 | 21 | 3 | | | 81 |
| | 廣州 | | | | 19 | | | | | | 19 |
| | 迪化 | | | | 23 | 3 | | | | | 26 |
| | 南通 | 9 | | | | | 15 | | | | 24 |
| | 溫州 | 30 | 15 | | 5 | 60 | 10 | | | | 120 |
| | 湖口 | | | 32 | 25 | 21 | 3 | | | | 81 |
| | 汕頭 | | | | | | | 2 | | | 2 |
| | 西貢 | | | | | 33 | 40 | | | | 73 |
| | 桐廬 | | | | | | | | | 12 | 12 |
| | 諒山 | | | | | 68 | 70 | 24 | 66 | | 228 |
| | 會理 | | | | | | | | 69 | 64 | 133 |
| | 西昌 | | | | | | 67 | | 76 | 82 | 225 |
| | 永修 | | | | | | 20 | 60 | 18 | | 98 |
| | 立煌 | | | | | | | | 4 | | 4 |
| | 安西 | | | | | | | | 24 | 69 | 93 |
| | 江山 | | | | 22 | 79 | 86 | | 30 | | 217 |
| | 南昌 | 17 | | | 3 | | 12 | 3 | | | 35 |
| | 合肥 | 24 | 50 | 40 | 90 | 92 | 70 | 40 | 39 | 25 | 470 |
| | 肅州 | | | | | | | 18 | 57 | 65 | 140 |

| 項別 | | 4月 | 5月 | 6月 | 7月 | 8月 | 9月 | 10月 | 11月 | 12月 | 合計 |
|---|---|---|---|---|---|---|---|---|---|---|---|
| | 開封 | | | | | | 15 | 27 | 60 | | 102 |
| | 徐州 | 6 | 2 | | 10 | 63 | 12 | 25 | 3 | 8 | 129 |
| | 古河 | | | | | 3 | 4 | 4 | | | 11 |
| | 武威 | | | | | | | 24 | 6 | | 30 |
| | 西峰 | | | | | | | | 9 | 60 | 69 |
| | 五原 | | | | | | | 30 | 21 | 61 | 112 |
| | 海門 | 48 | 32 | 45 | 50 | 90 | 86 | 40 | 78 | 68 | 537 |
| | 仰光 | 18 | | | 21 | 93 | 85 | 75 | 90 | 72 | 454 |
| | 蚌埠 | | | | | | | 10 | 65 | 35 | 110 |
| | 拉薩 | 44 | 71 | 80 | 82 | 80 | 63 | 75 | 75 | 65 | 635 |
| | 馬尾 | | | | | | | 10 | 68 | | 78 |
| | 三都澳 | | | | | | | 12 | 60 | 4 | 76 |
| | 天津 | 52 | 55 | 35 | 90 | 25 | 83 | 60 | 72 | 72 | 544 |
| | 馬尼拉 | 38 | 60 | 40 | 84 | 90 | 90 | 54 | 83 | 51 | 590 |
| | 香港 | 49 | | | | | 65 | | 30 | 26 | 170 |
| | 鼓浪嶼 | 90 | | | | | | 70 | 90 | 69 | 319 |
| 共計 | | 425 | 285 | 272 | 618 | 1,303 | 1,680 | 1,534 | 23,01 | 1,900 | 10,318 |

資料來源：「供給有關機關氣象報告按月統計表」，〈中美合作所圖表案〉，《軍情局檔案》，國史館藏，典藏號：148-010200-0025。

　　故從上述討論中可以了解，中美合作所自成立之後，在軍統局的協助下，蒐集氣象情報的能力與數量很快就超越國府其他機構。但更為重要的是，在氣象情報上，該所可以收到國府軍事機構、行政單位及航空公司各處的消息，打破原本各自為政，或是軍事機關不願與學術、行政機關分享一般天氣狀況的情形。[69] 換言之，中美合作所集結其他機構的力量，共同為戰事提供

---

[69] 針對這樣的現象，竺可楨曾對軍隊不願提供一般天氣訊息表示不滿，在他寫給學生趙九章的信件曾提及：「實際主事者缺常識，不懂何種資料該嚴守秘密，何種資料可以與國內氣象機關互相交換。甚至所有紀錄一概不能發表，以此種無知識之人而使之主管航空氣象，甚足以憤。」參見「竺可楨寫給趙九章信函」（1944年9月14日），〈朱家驊、竺可楨、呂炯等關於聘請趙九章為氣象研究所研究員及該所聘德國氣象學家、教育部召開學術會議、購置氣象器材給趙九章的信函〉，《中央研究院檔案》，南京二檔藏，典藏號：三九三－ 2879。

前置情報而努力。

　　究竟氣象情報對於作戰有何功效？透過當時的作戰
計畫，可更理解氣象情報在前線作戰的作用。1944 年
底，陳納德為收復宜昌、沙市提出一個作戰計畫，由空
軍配合地面部隊，讓中國軍隊攻擊對方陣地。在計畫中
陳納德提到在作戰前必須在天氣許可之下做好各種偵察
與準備，如在出擊前十五天需先派機前往偵察、拍照，
了解敵人的軍事布置；在作戰日前一週再一步步破壞敵
人交通運輸與補給，並在作戰日取得制空權，對日軍進
行轟炸。陳納德對聯合作戰的要求，除了地面部隊必
須告知地面作戰計畫，最好在攻擊前能將二十四小時
的天氣紀錄告知空軍。如此一來，在天氣和各方的策
應之下，作戰計畫就能適時執行。[70] 但若不事先考慮氣
象的因素，空軍的任務就容易以失敗坐收，如 1944 年
5 月 7 日空軍第四大隊準備攻擊河南龍門至白沙之間的
日軍，因沙塵暴無功而返。同日中美混合團也在河南襄
城、郟縣投彈，因能見度不佳，未能知道投彈效果。[71]
由此可知，氣象情報不僅是擬定作戰計畫的前置要素，
也用於評估出戰的可行性。無論大小型的軍事活動，氣
象的掌握關係作戰的成敗。

　　因此，美國與日本在進行大規模的海空戰，勢必要

---

70 「陳納德來函宜沙攻勢中之空軍活動計劃」（1944 年 11 月 3 日），
　　〈軍委會有關空軍問題的各項文電〉，《國防部史政局及戰史編
　　纂委員會檔案》，南京二檔藏，典藏號：七八七 -16885。

71 「空軍出擊戰況經過要圖共 20 張」（1944 年 5 月 7 日），〈航委
　　會呈報中美空軍在豫鄂湘及南海等地戰況（航委會報軍令部中美
　　空軍每次出擊狀況經過圖）〉，《國防部史政局及戰史編纂委員
　　會檔案》，南京二檔藏，典藏號：七八七 -16917。

掌握更多來自亞洲地區的氣象情報。而經中美合作所分
析後的氣象報告與預報，能讓美軍有效偵察知悉敵軍船
隻在海面的行動，進而出擊。舉例來說，1944 年 10 月
菲律賓的「雷伊泰灣戰役」（Battle of Leyte Gulf），中
美合作所便提供美方有關的軍事作戰情報；而美國艦隊
在西太平洋作戰時，氣象報告和相關情報亦由該所負責
供給。當美國航空母艦之機群準備空襲日本本土與臺灣
時，因天候變化不定，美軍更加仰賴中美合作所提供的
氣象情報。[72] 當時中美所甚至受到美國海軍作戰部副部
長（Deputy Chief of Naval Operations (Air)）H. T. Orville
（1901- 1960）的鼓勵與支援設備，[73] 中美所提供的氣象
情報成為美軍太平洋艦隊司令部、第二十轟炸總隊，及
第十四航空隊轟炸長崎、八幡、琉球群島及日本本島的
重要資訊。[74] 1945 年 5、6 月在馬尼拉舉辦的氣象會議
（International Meteorological Conference），甚至有與會
者透露：所有遠東地區需要使用氣象數據的活動，都抄

---

72 二戰甫結束，美國軍方派人撰寫美國陸軍航空隊在二戰期間的軍
　事行動，曾提及 1944 年在印度基地對日本和東南亞進行作戰時，
　於中國成都新成立的氣象中心，不但提升航空安全和警報範圍，
　亦供給美太平洋海軍相關氣象報告。筆者按照當時中國氣象事業
　的情況，推測此新建立之氣象中心應是位於重慶的中美合作所。
　Wesley Frank Craven; James Lea Cate, *The Army Air Forces in World War II*
　(Washington, D.C.: Office of Air Force History, 1983), vol. 7, p. 325.「美
　海軍部擬在中美各報發表關於中美合作所抗日經過之新聞稿」，
　〈中美合作所建撤案（三）〉，《軍情局檔案》，國史館藏，典
　藏號：148-010200-0021。

73 Milton E. Miles, *A Different Kind of War*, p. 297.

74 〈「中美合作結束總報告」（日期不明），〈中美合作所建撤案
　（六）〉，《軍情局檔案》，國史館藏，典藏號：148-010200-0024。
　費雲文，《戴雨農先生傳》，頁 190。

錄過中美合作所總臺的氣象廣播，並發現其提供的數據最可靠也最有用。[75] 易言之，中美合作所的氣象情報已成為當時亞洲戰場重要之作戰憑據。

# 第三節　各類型氣象站及其特色

儘管中美合作所利用多元管道取得氣象情資，惟在中國各地籌建氣象站，仍係直接掌握地方天氣最為便捷的方式。因此，該所想方設法推展該項任務，甚至認為戰爭結束後，這些氣象站即可成為中國建立全國氣象網的基礎。前述章節已就中美合作所成立過程、氣象網絡計畫的規劃與實施情形，及天氣情報蒐集應用，讓我們得以對中美合作所的氣象組織與任務，有一整體的輪廓。接下來，將透過中美合作所打造氣象站的實際案例，更進一步深入討論建置的過程、遭遇的難題及其特色。由於資料缺漏不全，本節僅能針對資料保留較多者的陝壩、福建、昆明的氣象站做為討論對象。

## 一、綏遠陝壩的第四基地

取得中國西北的天氣報告是梅樂斯規劃氣象情報網不可或缺的環節，故在氣象組成立後立即派人前往西北重要城市設站，但梅樂斯認為僅此還不足，必須在戈壁中或是沙漠的邊緣建立氣象站。為此，美方調查西北各地狀況，得出陝壩的地理位置極適合興建氣象站的結

---

75　Roy Olin Stratton, *SACO: The Rice Paddy Navy*, p. 107.

論。但陝壩並非是雙方商定的設站地點，美方必須與華方洽談，才可進行後續工作。美方透過氣象原理，試圖以客觀的方式說服華方。戴笠對此卻甚表疑慮；他認為那裡是蒙古人的聚居地，當地民眾對外來者向來多疑，且又與國民政府保持相對獨立的關係，實非軍統局所可控制和保障安全之區，因此意興闌珊。然而，梅樂斯告訴戴笠：陝壩位於東京西北方大概四百英哩之處，大陸氣團經由內、外蒙古南下，若要取得太平洋日本到菲律賓的氣象資料，在此進行觀測，可獲得更為精準的氣象預報。基於此項考量，中美所若能在陝壩設立氣象站、架設無線電臺，不但足以傳遞北方的氣象情報，更可監聽日軍的電訊往來，甚至還能干擾華北海域日本海軍的無線電通訊。經過多次斡旋後，戴笠最後同意建立據點。1943 年 10 月梅樂斯籌劃建立以蒐集氣象情報為主的第四基地（Camp Four），前往當地軍工人員，大都是具有特殊技巧與生活經驗，以應付當地困苦與寒冷的生活環境。[76]

　　1944 年 1 月第四基地正式建立，氣象站也同時運作。第四基地由陸戰隊畢斯吉利亞（Victor R. Bisceglia）少校擔任指揮官，哈登布魯（Fred G. Hardenbrook）中尉為執行官，氣象由賽茲摩（Robert A. Sizemore）[77] 負責，Theodore J. Wildman[78] 從事無線電傳輸業務。最初賽茲

76　Milton E. Miles, *A Different Kind of War*, pp. 162, 404-405.

77　Robert A. Sizemore 於 1943 年 9 月至 1945 年 6 月在中美合作所服務，主要在重慶、西峰、第四基地活動。

78　Theodore J. Wildman 於 1942 年 9 月至 1944 年 8 月在中美合作所服

摩每日僅用簡陋的儀器進行觀測，直到 6 月才獲得物資
補給。1944 年 9 月始有高空氣象儀器送到陝壩氣象站，
開始使用高空探測氣球，獲得高空天氣數據。隔年 2 月
中國航空公司協助運送無線電探空儀等精密氣象設備，
以及 Dominick A. Longordo[79] 等人至陝壩，協助賽茲摩處
理氣象業務。[80]

　　賽茲摩先是經由綏遠省政府主席傅作義（1895-1974）
的協助，召集地方人士加以訓練。當時為了與地方建立
友誼關係，第四基地透過醫療服務和藥品供給，為自己
打造良好形象。最初接受中美所觀測訓練者，多為中下
層人士。隨著關係建立與信任感增加，地方上受過教育
的菁英和軍官也陸續加入訓練課程。學成後，為他們講
授觀測的程序，再讓這些學員攜帶簡單的氣象器材返回
居住地，從事觀測並回傳消息。同時，也透過第四基地
接收來自外蒙古、蘇俄邊境及西伯利亞的氣象報告。[81]
賽茲摩憑藉當地人的地緣關係，拓增第四基地的觀測
點，形成一簡單網絡；然後彙整各觀測點的氣象資訊，
再將情報傳回重慶。自 1944 年後期至 1945 年二戰結束
為止，當時正值盟軍頻繁對日本領土、臺灣等殖民地進
行空襲轟炸，陝壩是中美合作所緯度最高的氣象站，即
可最早獲知北方的氣象數據，經分析研究製成天氣預

---

務，主要在重慶、昆明、第四基地活動。

79　Dominick A. Longordo 於 1944 年 11 月至 1945 年 10 月在中美合作所
　　服務，主要在重慶、第四基地活動。

80　Roy Olin Stratton, *SACO: The Rice Paddy Navy*, pp. 157-164. Milton E.
　　Miles, *A Different Kind of War*, pp. 410-411.

81　Milton E. Miles, *A Different Kind of War*, pp. 411-413, 416.

報，讓盟軍能更早擬定作戰計畫。

另外，值得特別關注的是，陝壩的觀測人員大多是當地出身，不同於其他氣象站的觀測人員的身分多與軍統局有關。一般而言，中美合作所的氣象員多任職軍統局相關單位，以維持氣象情報的機密。但因陝壩位處偏遠，氣候寒冷，物資相對缺乏，該區又非軍統局的控制區域，有安全疑慮，中美合作所難以調派大量的工作人員前往工作。基於此，培訓當地人民協助觀測確實是權宜之計，也是拉近與在地關係的作法。中美合作所採取這種工作方式，可能也有洩密的風險，但因其測量內容多為基礎項目，若未有氣象專家串聯、分析各地氣象數據，難以全面解讀氣象的秘密，這也是氣象學具有專門性的展現。

## 二、建立福建氣象網

中美合作所在東南沿海建設氣象站的目的，主要是獲取華南地區與臺灣海峽的氣象訊息，有助於美國海空軍從太平洋攻擊日軍。另一個重要因素，則與當地的特殊自然環境有關。臺灣海峽氣候多變，海面下礁石甚多，在此地區建立多處氣象站，可取得較為精準的氣象情報，減少美軍潛水艇、軍艦行經此處發生意外；另外日軍在菲律賓、臺灣、廈門一帶移動頻繁，若有較多的氣象站，也可以隨時掌握其動態，蒐羅相關的軍事資訊。[82] 因此，在中國東南地區從事建置氣象站，是中美

---

82 「謹將中美特種技術合作所現已進行之業務概況與卅三年之工作

合作所成立後不可避免的任務。

　　1944年9月，日軍佔領粵漢鐵路，握有通往安南、緬甸的軍事補給線，同時也切斷盟軍在東南地區的補給線。在此之前，中美合作所就認為必須派氣象人員潛入封鎖線以東地區，蒐集氣象情報以供給盟軍作戰，故派二級氣象觀測員 Robert M. Sinks 帶領十四位華籍氣象員，攜帶輕便的氣象儀器前往華南地區工作。[83] Sinks 駐福建華安，氣象員分散到南平、建陽、福州、漳州、嵩嶼、蓮河、高山、惠安、連江等地，同時透過海盜張桂芳的協助，祕密蒐集中國上海至汕頭地區的氣象情報，並將這些消息傳送重慶總部。[84]

　　Sinks 以華安為中心，初步完成一個以蒐集東南沿海氣象的情報網。可惜的是，此情報網在啟動後卻因通訊技術與設備問題，未能獲得良好的成果。為了改善工作上遭遇的問題，Sinks 一面加強氣象員對無線電使用的熟練度，另一方面與美國海軍聯繫，暫時透過他們的通訊系統傳遞情報消息。然而，位於總部的氣象組，則尋求改進重慶至福建通信系統的方法。1945年3月派無線電專業人員李維斯（Albert W. Lewis）[85] 到東南地區

---

成果」（日期不明），〈中美所有關資料案（一）〉，《軍情局檔案》，國史館藏，典藏號：148-010200-0014。

83　Robert M. Sinks 為氣象人員，於1944年5月至1945年10月在中美合作所服務，主要在重慶、加爾各答、桂林、漳州、昆明等地活動。

84　Roy Olin Stratton, *SACO: The Rice Paddy Navy*, pp. 103-107. Milton E. Miles, *A Different Kind of War*, pp. 250-256.

85　Albert W. Lewis 於1944年10月至1945年9月在中美合作所服務，主要在重慶、建陽、贛州、昆明等地活動。

設立無線電臺，於建陽增設氣象站，與原設的華安氣象站，一同做為情報中繼站。[86] 東南各地氣象站把情報先傳至華安、建陽兩站，再由這兩處氣象站整合資訊，回報重慶氣象組，改進了情報傳送的效率與品質。[87]

值得注意的是，福建設站的規模及其人手安排頗與陝壩氣象站不同。陝壩氣象站是一個大型的基地，並利用當地人員充當天氣觀測員，而福建的氣象站屬小型規模，站數較多，工作人員皆是中美合作所的成員。此區採用這樣的做法，可能有兩個因素：（一）中國雖在美國的援助下展開反攻，但東南沿海地區仍是日軍嚴密控制的區域。梅樂斯的回憶錄曾提及他與戴笠爭論氣象站配置人數問題，站在美方的立場，每個氣象站必須利用小型發報機向總部報告氣象與戰事消息，故梅樂斯主張在危險地區配置一名工作人員較為安全；而戴笠認為兩名工作人員才可分工進行氣象和情報工作。[88] 除此之外，軍統局特別在沿海建立小型營地，支援這些觀測人員，並教導美籍人員偽裝技巧，如學習中國人的儀容姿態，服用使身體發黃的藥品，[89] 方便混入中國人之中，降低被日軍發現的機率。就算被日軍發現，也只是某地的氣象站失去作用，其餘分站仍可繼續蒐集訊息。

86 「報告關於美海軍已在東南地區成立指揮部一事由」（1945年3月15日），〈中美合作所有關資料案（三）〉，《軍情局檔案》，國史館藏，典藏號：140-010200-0016。

87 Roy Olin Stratton, *SACO: The Rice Paddy Navy*, pp. 103-104.

88 Roy Olin Stratton, *SACO: The Rice Paddy Navy*, pp. 106-107.（敘述與原書內容不符）

89 Milton E. Miles, *A Different Kind of War*, p. 419.

（二）福建的地理環境易於躲藏。該省地形西北高東南低，丘陵面積佔全省 90%，除少部分繁榮地區外，大多交通不便、物資缺乏，日軍在福建僅佔領重要、富庶的城市。在這樣狀態下，福建的地貌實有助於氣象站的藏匿與觀測。不過，也因為如此，許多較為精密或大型的氣象儀器難以運送到福建。此外，日軍在中國沿海地帶的控制力仍高於國民政府，以致於其他省分未能像福建擁有多處氣象站。日軍對沿海的控制力高，即代表氣象站被發現的機會越大，一、二等氣象站配置的氣象儀器眾多，部分儀器並非隨手可攜或移動；若遇日軍攻擊，需要時間將設備撤退至安全地點。三等站的氣象配備多為小型可攜的器材，就可直接撤退，不須破壞儀器裝備，或許這也是沿海地區三等氣象站較多的原因。

## 三、雲南昆明氣象臺

　　昆明氣象站的設立與美國空襲日軍有直接的關係。1943 年 7 月下旬，美海軍偵察發現停泊於上海多艘日本軍艦往南移動，原在香港駐紮的日海軍高層人士搭艦離港，赴海南島、汕頭等地，且與臺灣、廈門、汕頭等地日軍聯絡頻繁。當下美國海軍認為日軍可能有大規模的軍事行動，故將這個消息告訴華府，且提議需用飛機空襲，才可停止日軍的活動。但華府認為，當時太平洋戰場戰勢膠著，美軍無法抽調其他部隊執行作戰計畫，因此，美海軍決定將這些情報告訴陳納德將軍。[90]

---

90　吳淑鳳等編輯，《戴笠先生與抗戰史料彙編：中美合作所的成

　　當時陳納德正在雲南昆明訓練中國空軍，當他得知
這個消息，即連絡中美合作所，請求協助。陳納德表示
若要第十四航空隊出擊行動，日本占領區和沿海的氣象
資訊不可或缺。而他從航委會與中央氣象局獲得的氣象
報告，常因設備、人員訓練不足，以致情報有所錯誤。
與陳納德討論作戰計畫的過程中，梅樂斯也向他說明中
美合作所的成立目的，說明所內人員在中國沿岸佈設瞭
望哨與電臺的情況，也向陳納德承諾可提供專人整理、
分析後的天氣預報。如此一來，陳納德就可安排派機前
往沿海轟炸日軍。[91]

　　陳納德得到梅樂斯的首肯，表示雙方合作最大問
題不在於情報本身，而是傳遞速度與保密。陳納德希望
在昆明建立一座專用氣象臺，做為雙方互通氣象報告之
用。[92] 但因在中美簽訂的軍事合作協定中，昆明並不在
雙方討論設置氣象站規劃之中，必須另外徵得蔣介石
的同意。為此，梅樂斯依〈聯合國在華設立臨時軍用無
線電臺辦法〉（附錄三）規定，提交相關人員名單與文
件，向軍事委員會申請獲准。[93] 之後梅樂斯安排無線電

———

立》，頁 276-279。

91　「為呈報中美特種技術合作簽訂協定情形由」（1943 年 11 月 18
　　日），〈中美合作所工作案（二）〉，《軍情局檔案》，國史館
　　藏，典藏號：148-010200-0010。

92　「為呈報中美特種技術合作簽訂協定情形由」（1943 年 11 月 18 日）。

93　「請抄附美方在昆設臺案卷及詳敘經過情形見復以便查考由」
　　（1943 年 11 月 13 日）、「批復美方要求在昆明設立電臺與陳納
　　德通報可照准由」（1943 年 11 月 4 日），〈中美合作所工作案
　　（二）〉，《軍情局檔案》，國史藏，典藏號：148-010200-0010。

人員 Solomon F. Foust 負責昆明的通信事宜，[94] 1944 年
5 月再派 C. L. Reigger 少尉到昆明負責支援與聯繫。[95]

中美合作所最初將氣象臺設於第十四航空隊內，僅
設置小型電報發送機，負責訊息傳播，每日昆明氣象站
僅能與重慶總部互通八小時。隨著美軍在太平洋戰場上
從各島往東亞沿海推進，梅樂斯認為中美合作所必須獲
取更多的氣象情報，以便美國海陸空軍及太平洋艦隊偵
察敵軍活動，故主張將氣象臺從第十四航空隊移至海源
寺，並改裝大型收發報機，讓昆明氣象臺可於二十四小時
不間斷接收氣象和軍事情報。[96] 然而，因 1944 年日軍發
動豫湘桂會戰（日稱一號作戰），在取得湖南衡陽後，
續往廣西桂林、柳州等地進攻，導致中美合作所員在廣
西工作人員和設備，被迫撤退至昆明。因此，美方有意利
用此批撤退來昆的技術人員，擴大雲南的情報網絡與觀測
工作。他們計劃在海源寺擴建電臺，在昆明龍院村設立
新電臺，由技術人員喬逸斯（Theodore W. Joyce）[97] 主持

---

94　Solomon F. Foust 於 1943 年 6 月至 1944 年 9 月在中美合作所服務，
　　主要在重慶和昆明活動。「請抄附美方在昆設臺案卷及詳敍經過情
　　形見復以便查考由」（1943 年 11 月 13 日），〈中美合作所工作案
　　（二）〉，《軍情局檔案》，國史藏，典藏號：148-010200-0010。

95　Roy Olin Stratton, *SACO: The Rice Paddy Navy*, p. 101.

96　「報告」（1943 年 10 月 28 日）、「為據中美合作所美方負責人
　　梅勒斯准將請擬原設立電臺擬移址改裝巨型機件，請轉電昆明行
　　營給召見示由」（1943 年 10 月 28 日）、「函覆關於美方要求在
　　昆設立電臺與陳之經過情形」（1943 年 11 月 10 日），〈中美合
　　作所工作案（二）〉，《軍情局檔案》，國史藏，典藏號：148-
　　010200-0010。

97　Theodore W. Joyce 於 1944 年 1 月至 1945 年 4 月在中美合作所服務，
　　主要服務於重慶、桂林、昆明、第十四航空隊等。

與各方通訊、密取情報訊息。[98]

　　由於昆明氣象臺並非協定中商定的氣象站，加上成立目的特殊，因此國府限制該臺的聯絡對象。蔣介石只許昆明氣象臺與總部、陳納德的電臺相互聯絡，禁止與其他中美所及軍統局設立電臺直接聯繫，意即其他電臺需透過總部才能聯絡昆明氣象臺。[99]軍統局也趁此機會，電告潛藏各地的電臺負責人，中美合作所轄下電臺只可與總臺直接通報，以維持情報的機密性。[100]這種作法雖然可以防止消息外洩，但也表示陳納德與第十四航空隊僅可從中美合作所總部和昆明氣象臺獲取氣象情報，限制了他們取得消息的來源。易言之，國民政府透過限制電臺之間互通有無，把昆明氣象臺所得情報，限定在中美合作所的情報網絡之中，如同依據協定建立的氣象站，皆不能自行越級發送情報給美軍單位使用，也不能隨意將收集的數據告知中國其他的機構。

## 四、設站的特色與面臨的問題

　　如前所述，中美合作所自成立後，技術人員便前往各地建置氣象站，他們因地制宜，建立不同模式的氣象

---

98 「為美方在我國設立電臺有無法令規定謹再電請核示由」（1944年10月23日），〈中美合作所工作案（二）〉，《軍情局檔案》，國史藏，典藏號：148-010200-0010。

99 「佈告在昆設立電臺准直接與陳納德及鍾家山電臺通報」（1943年11月20日），〈中美合作所工作案（二）〉，《軍情局檔案》，國史藏，典藏號：148-010200-0010。

100 「飭各該班電臺祇准予本所鍾家山電臺直接連絡」（1943年11月24日），〈中美合作所工作案（二）〉，《軍情局檔案》，國史藏，典藏號：148-010200-0010。

站，以符合現實需要。整體而言，中美合作所設置的氣象站，無論路途遠近，大都由重慶總部派人前往該地工作，而非到當地尋求合作對象。因此，華方與美籍人員的合作狀況順利與否，將會影響氣象站的工作情況。美籍和華方人員前往中國各地建氣象站，當地接洽的軍統局情報人員必須協助這些技術人員融入當地，若是工作地點鄰近前線，當地的工作人員甚至還需教導美籍人員喬裝技巧，讓他們學習中國人的姿態與行為，藉此讓蒐集情報的行動更具隱匿性。但是，也有少數氣象站如陝壩，因地處非軍統局可掌握範圍，中美合作所工作人員需與當地政治勢力聯繫與合作，利用蒙古人從事基礎觀測，也可以說加強了與當地之間的關係。[101]

　　然而，因氣象站的觀測工作多由中美雙方人員互相配合，美籍人員對於中方氣象員的工作狀況，也有一番觀察。當時的觀測業務由華方氣象員擔任助手，協助美籍技術人員從事基礎與高空氣象觀測。美籍人員認為中方的氣象員大多年輕，儀器操作沒有太大的問題，最大的問題在於缺乏責任感，及時間觀念薄弱。[102] 就氣象觀測而言，這是一門需要準時的工作，特別在氣象網絡形成之後，必須定時定點觀測天氣狀況，再將消息傳回總部繪製天氣圖，氣象人員也要根據各地的數據進行計算，預測天候的推移與變化。若各地氣象站回傳不甚精確的數據，便會影響總部氣象研究人員對天氣預測的

---

101 Milton E. Miles, *A Different Kind of War*, pp. 416, 419.
102 Roy Olin Stratton, *SACO: The Rice Paddy Navy*, p. 106.

判斷。

　　中美合作所以各地的氣象站為基礎，逐步建立一個以重慶總部為核心的測候網。各地氣象站利用通訊設備，將消息傳送到總部，總部氣象組再依據這些情報分析天氣狀況，但各氣象站互不流通訊息。值得注意的是，若要維持測候網的運作，除了各地氣象站須有觀測設備與技術人員提供數據資料，通訊設備的優劣與消息傳遞的穩定性是不可或缺的要件。因此，美籍人員在規劃測候網之際，便已決定在每個氣象站安裝無線電裝備，建構自身一套通訊網絡。除此之外，梅樂斯也掌握國民政府通訊系統的狀況，預想未來可能需要透過美國的技術和設備，改善中國既有的傳播系統以協助中美合作所傳送軍事情報。故當中美決定合作後梅樂斯便向美國訂購大量無線電器材，做為建構、改善通訊系統之用。[103]

　　受到資源分配與戰事影響，運送到中國的通訊設備有限，以致中美合作所必須調整原先的規劃，另外尋求其他傳送情報的管道。中美合作所決定大規模地利用國府現有行政通信系統，但在運用後卻面臨五項難題：第一，中國無線電系統十分老舊，大部分設備難以替換；第二，許多通信裝置的零件是臨時拼湊而成或者使用備件，常導致運轉不良；第三，政府的通信系統需傳送大量的訊息，氣象報告必須等待一些重要報告傳送後才可以拍發電報；第四，中美合作所僅掌握少部分電信系

---

103 Roy Olin Stratton, *SACO: The Rice Paddy Navy*, p. 102.

統,且因氣象站未配有固定的電報頻率,通信訊號相當混亂並常受到其他電訊干擾;第五,平均通訊範圍短,必須分程傳送氣象情報,在每處分段點常因優先拍發權和訊息遺失等問題,出現情報延遲無法使用狀況。為此,中美雙方再次商討解決方法,得出以下四個共識:首先,該所決定利用軍統局遍布各地的電臺傳遞消息。第二,與交通部聯繫與交涉,請交通部優先拍發氣象情報。第三,透過美國海軍在華建立的通訊系統,傳遞氣象情報。最後則是繼續向美國催訂無線電設備。[104]

　　由是觀之,氣象情報的供給與通信系統的完善,具有相互依存的關係。彼此相互搭配,氣象情報才得以適時傳送到總部分析研究,進一步做為擬定戰略的參考。中美合作所美籍人員深知國府通訊設備不足,故在合作後就決定建立所內的傳播網絡,並有協助改善國府通訊系統的意願。但在美援無線電設備不足的狀況下,不僅不能改善國府的通信設備,反倒是還須借用舊有的系統協助傳遞氣象情報。反觀來看,中美合作所為了向美軍傳遞氣象報告,取得國府相關部門的幫助,改變了原有機構各行其事的狀態。然而,分程傳送情報的現象多受限於無線電設備的傳播距離有限,並非是國府機構傳遞消息的獨有現象,就前述中美合作所在東南沿海設立情報網的過程,可以得知設置中繼站,分程傳送是為了解決情報壅塞的變通方法。

---

104 Roy Olin Stratton, *SACO: The Rice Paddy Navy*, p. 102.

# 第四節　小結

日本偷襲珍珠港後引發美國參戰，美國以海空戰做為與日本作戰的軍事方針。執行海空戰的前提則是必須掌握大量的氣象情報，因此美國海軍派遣梅樂斯到華考察合作的可能性，由軍統局負責安排梅樂斯到中國各地瞭解氣象建設及運作情形。梅樂斯返美後，向高層報告中國氣象觀測水平低下，但他主張透過美國技術與設備的援助，即可改善、協助中國建立氣象情報網，並且鼓吹海軍可與軍統局合作。在梅樂斯的倡導下，中美簽訂軍事技術合作協定，雙方共同成立中美合作所，做為美國海軍在華蒐集情報的機構。當中美兩方討論氣象技術合作項目，明顯可以看出軍統局人員並未預先做好準備，反而是梅樂斯已經初步掌握氣象事業的運作情形，軍統局只得派人前往調查戰時各機構實際狀況。隨著雙方討論漸多，軍統局意識到美軍對於氣象的重視，有意透過蒐集氣象情報強化雙方之間的關係，並希望軍統局可以獨佔氣象技術與設備的援助。是故，軍統局為了成為兩國在氣象技術合作的主要窗口，利用當時中國各單位情報互不流通的特性，主張唯有軍統局轄下的電臺才能有效、迅速的傳遞情報，說服梅樂斯讓中美合作所做為整合中國氣象情報單位，藉此掌握氣象觀測技術與資源。

因此，中美雙方在重慶總部設立氣象組，決定在五年內分批建立氣象站，並透過軍統局的情報組織與工作隊，共同觀測、蒐集氣象情報，以此擴大情報的範圍與來源。在規劃氣象站的過程中，雙方對於設站地點有

不同的意見，美方希望能多在西北地區設站，但華方卻認為與沿海氣象無關，這是源於雙方對於亞洲氣象科學認知上差異。另一個原因則與國府未能全面掌握西北地區有關，當地存有地方與外國勢力，當美籍人士進入該地，可能有安全疑慮。

1944 年起中美合作所派人前往中國各地建立氣象站，但設站過程卻不見得順利，容易受到戰事影響，導致氣象站無法順利運作。該所在東南沿海設立較多的氣象站，且以福建最多。為了易於藏匿，避免被日軍發現，這些氣象站配給的人員與設備有限，為簡易小型的氣象站。在西北或後方的氣象站，大多擁有較多人力，配有較多配備。隨著戰事的變化，1945 年中美合作所轄下的氣象站也有所調整，總數略為增加，但氣象站的素質卻明顯提升，設站地點亦顯得更為分散，大量聚集福建的情形已不復見。

陝壩、東南沿海及昆明設站的實際案例，可以瞭解各地設立氣象站各有不同的背景，其設立位置並非完全依照原本商定地點而行，華方會依據美方對戰況的理解與需要，予以變通與協助。各地不同的政治、自然環境產生不同樣貌的氣象站，甚至必須仰賴當地人協助觀測。簡言之，中美合作所的氣象站具有因地制宜的特點。另外從氣象站的建置可以看出氣象與通訊之間緊密的關係。中美合作所安置氣象站，同時也須著手改善電臺或無線電設備，才可順利將收集的氣象情報送至總部。但在通訊設備不足的情況下，中美合作所反倒是需要利用國民政府轄下機構的通訊系統傳遞消息。

　　為擴大消息來源，中美合作所也向軍令部、航委會、航監總隊、中央氣象局以及中國、中央兩航空公司索取天氣報告，做為研究分析應用，藉此擴大情報來源範圍。這些來自外部的氣象訊息佔了中美合作所總情報量的一半，特別是在該所籌建氣象站初期。由此觀之，戰時中美合作所確實整合國民政府有關單位所有的氣象資訊，改變原先組織各自為政的狀態，使得各機關的情報得以透過中美合作所做有效的利用，並且結合美國海軍的氣象站所獲得情報，供給美國華府、各軍事基地及作戰部隊使用，謀求對戰事的挹注。職是之故，在許多作戰報告中，提及在擬定作戰計畫之際，中美合作所提供的氣象情報是重要的參考依據。

　　誠然情報數量的多寡並不能完全代表戰爭的成敗，然就情報本身而言，情報機關本身能將蒐集的情資發送到決策機關，成為戰略考量參考；或是傳遞至前線，做為部隊作戰、運輸、偵察等任務使用，本身就是一種貢獻。掌握更多來自中國情報資訊，不失為戰場外擬定決勝之關鍵所在。這也是戰後美國決定利用中美所技術與設備改善中國觀測水平，做為冷戰下繼續取得東亞氣象情報的主因。[105]

---

105 "The American Minister-Counselor of Embassy in China (Butterworth) to the Chinese Minister for Foreign Affairs (Wang)" February 5, 1947. in *Foreign Relations of the United States.* 1947, Vol. VII: *The Far East: China.* Washington: Government Printing Office, 1972. pp. 1005-1006.

# 結論　承先啟後── 中國的新氣象

　　美國傑出學者 Charles Tilly（1929-2008）在解釋戰爭與國家的關係時，曾說出「戰爭成就國家，國家成就戰爭」（war made the state, and the state made war）這句名言。意即說明國家為了應付戰爭所需、抵抗侵擾，會設法將國家組織化、動員民眾，藉此達成目的；而國家的組織化，亦有助於控制人民、取得財源，支持國家的對外戰爭。[1] 本書論及的抗戰時期中國氣象事業，正具備此類特質，即國民政府試圖透過現代戰爭對於氣象情資的需求，發展出自身的觀測系統，改變原有氣象事業的樣貌。

　　回顧戰時中國的氣象事業，也反映著中國抗戰從獨力作戰到與盟國合作的過程。獨力作戰時期，國民政府主要藉由航空委員會的情報網絡，蒐集所需的氣象數據；但因本身氣象組織規模有限，以致尋求中研院氣象所的幫助與合作；此外也向蘇聯索取西伯利亞的氣象報告，盡量補足自身對氣象情報的掌握。此時航委會雖然有意加強氣象部門，但因交戰的劣勢、購置氣象設備、情報傳遞系統等圍限，難以在硬體設備上達成目標，只

---

1　Charles Tilly ed., *The Formation of National States in Western Europe* (Princeton: Princeton University Press, 1975), p. 42.

能運用現有儀器從事觀測勤務。故此，空軍的氣象業務著重於規劃組織制度與人才訓練，在會內參謀處設氣象單位，建置氣象總臺做為空軍情報中樞，在各地航空站場配置測候員。而且航委會為充實測候人才，除向外招聘觀測員，亦自 1938 年起培訓少量專業的氣象員，更在 1939 年底於昆明空軍軍官學校正式成立測候訓練班，建立空軍氣象人員訓練制度。

　　盟國合作階段，除了原本的航空委員會之外，另有新設的中央氣象局與中美合作所，此三者成為當時中國最重要的觀測機構。航委會繼續先前的規劃與訓練，並在美國的協助與要求下，設立大量的測候點。中央氣象局由中研院氣象所提出的西南地區測候網而意外誕生，但卻達成了中國氣象界人士自 1930 年代不斷呼籲在中央設立氣象行政機構的訴求，只不過該局組織和業務發展，卻免不了受到戰爭的限制，可謂利害參半。中美合作所是美國對日宣戰後，美軍為了取得亞洲氣象與軍事情報，與國府建立的軍事技術合作機構。該所主要利用軍統局及其轄下電臺，蒐集淪陷區的氣象報告，再透過美籍技術人員和設備援助，於中國東南和西北地區新設氣象站，佈設氣象情報網。由於美國特別重視氣象情報，故而不斷敦促國府改善情報通訊系統，要求觀測機構提供天氣數據。如此看來，美國參戰後急於獲取亞洲的氣象情報，自是中國氣象事業發展重要的推動力。

　　總的來說，抗戰期間為了因應戰事發展，中國氣象事業產生不少變化，這些變化帶給戰後中國的影響，值得我們思考。本書結論部分嘗試回應戰時的「努力」，

為中國帶來哪些戰後的「新氣象」。

## 一、事權整合與制度確立

　　近代中國特殊的歷史發展，形成外人在華境內建置若干不同體系的觀測系統。外人為了維護航行安全、預防天災，自然將氣象站建置在沿海地帶，或者是開放貿易的河岸城市。民國建立之後，北洋與國民政府建立的氣象站亦多為此形式。惟中研院氣象所、水利委員會、地方政府等單位，因學術、民生建設所需，才在內陸地區置有觀測點。抗戰爆發，遷都重慶的國民政府為了掌握西南的天氣型態，開始在中國西南和西北地區建立諸多氣象站，重慶進而成為戰時氣象情報中心。此舉打破戰前氣象站集中於沿海地區的局面，且能更深一層地了解與掌握內陸天氣的狀況。就中國氣象事業的發展而論，此一結果平衡了區域之間的差異。

　　抗戰期間基於氣象情報的需要，國府不免調整了觀測單位的組織，以求更加制度化，進而提升效率。空軍方面，天氣觀測屬參謀處業務，以氣象總臺做為情報中心，訂定工作標準，劃分各地航空總站及其轄下站、場所需提繳的天氣報告；並試圖在各航站將氣象工作專門化。迨至中央氣象局成為總管全國氣象事務機關後，原本體制上以學術機關（中研院氣象所）必須擔負行政工作，卻又沒有行政支援的困境因之改變，並確立了中央與地方的從屬關係。更值得注意的是，因應盟國合作作戰，1943 年美英兩國決定取消自清末以來在華特權，

亦為往後國民政府收回外國氣象臺帶來了契機，[2] 同樣也替戰後中國氣象行政之整合產生關鍵性作用。

　　戰後中國氣象機構走向一統的過程中，國府接納美軍顧問團的建議，將氣象業務區分為軍用和民用氣象，由航委會和中央氣象局負責相關事務。[3] 但因內戰不息，基礎條件脆弱，國府推動業務往往不如預期，不僅難以穩定地推行氣象行政，民用氣象業務亦須繼續支援軍事行動，導致業務著趨重航空氣象，因此戰後氣象工作難以做到軍、民用分流。無論如何，戰時中國氣象主管機關的確立，仍然有助於戰後氣象工作的規劃，甚至影響 1949 年後臺灣和中國的氣象事業。

　　1949 年兩岸分治後，臺灣氣象機關仍以軍民兩用的氣象系統為主，中央氣象局與民用航空局合作，共同提供氣象服務。直到 1958 年中央氣象局改組，航空氣象才改由民航局管轄，其他氣象業務移交臺灣省氣象所

---

2　因應盟國合作作戰，1943 年 1 月國民政府與英美兩國分別在華盛頓和重慶簽訂「中美關於取消美國在華治外法權及處理有關問題條約」（Treaty between the United States and China for Relinquishment of Extraterritorial Rights in China and the Regulation of Related Matters）、「中英關於取消英國在華治外法權及處理有關特權條約」（Sino-British Treaty for the Relinquishment of Extra-Territorial Rights in China），聲明放棄治外法權、交還租界及其內所有物與管理權、內河航行權等權利，成為廢除不平等條約之濫觴。戰爭結束後，此類交涉擴及在華其他國家，並取得平等地位。因此，設於中國境內的外國氣象臺成為國民政府接收的目標之一。「國民政府訓令文官處為抄發中英中美條約及來往照會暨本府一月十二日明令令仰知照並轉飭知照」（1943 年 5 月 21 日），〈中英中美互換新約（二）〉，《外交部檔案》，國史館藏，典藏號：001-064190-00004-004。

3　「中央氣象局全國氣象測候所站分區管理計劃審查會議」（1945 年 6 月 9 日），〈接收全國各地測候所站〉，《氣象局檔案》，國史館藏，典藏號：046-020100-0152。

執行。[4] 另一方面，空軍以臺北淡水做為氣象基地，不停擴編其氣象組織。先於 1951 年將各級氣象單位改隸氣象總隊，1954 年再將空軍總司令部氣象處與氣象總隊合併為氣象聯隊，中心氣象區臺升格為空軍總部氣象中心，擴大觀測業務。1956 年空軍總部於臺北公館成立戰術天氣中心，1961 年該中心併入空軍總部氣象中心。[5]

反究中國大陸的情況，中華人民共和國（簡稱中共）在 1949 年底成立中國人民政府人民革命軍事委員會（簡稱中革軍委）氣象局，由涂長望擔任局長，張乃召與盧鋈為副局長，管理全國氣象機構。隔年 1 月，在中國人民解放軍空軍司令員劉亞樓（1910-1965）的主導下，中蘇進行氣象合作，將氣象業務直屬於中革軍委，在各軍區設氣象處，省軍區設氣象科。此時中共延續分區管理的方式，無論軍用或民用氣象部門，皆由軍事單位主管。至 1953 年因應經濟建設，中共才將氣象局從中革軍委系統，劃歸行政機關管轄，並更名為中央氣象局；各地取消軍區氣象處，在各省成立氣象科（後改為氣象局），共同負責全國各地的氣象服務。1960 年 5 月，中央軍事委員會組建中國人民解放軍總參謀部軍事氣象局，總管軍用氣象。1969 年 12 月 4 日，國務院和中央軍事委員會決定在 1970 年 1 月合併總參謀部軍事氣象局與中央氣象局。合併後依舊稱中央氣象局，

---

4　劉廣英，《中華民國一百年氣象史》，頁 190-191。

5　兩氣象中心從主任中校級編制，提升為上校級編制。林得恩，〈空軍氣象中心紀實〉，《中華民國氣象學會會刊》，第 51 期（2010 年 3 月），頁 6-7。

歸總參謀部管轄,指導各級氣象機關業務,但該局重要
幹部多由軍方人士組成。然而,由軍隊管理氣象事務,
並不利於經濟建設,故於 1972 年將氣象劃歸國務院,
由農林部管理中央氣象局,同時也恢復總參謀氣象局,
回歸民用、軍用兩系統。至於地方上較為不同之處,在
於中央氣象局將實際管理權交由地區自主,地方氣象工
作可以依實際情況,經當地省、自治區黨委書記同意,
實施軍、民雙重領導的模式。[6]

## 二、現代化、專業化及科層化

　　論究中國氣象事業的演進,可以做為審視中國的現
代化過程的具體觀察點。除了 Charles Tilly 之外,John J.
Johnson(1912-2004)、Bruce D. Porter(1952-2016)、
Arthur Waldron(1948- )等人強調戰爭造就近代國家的
興起,軍事現代化甚至帶領其他領域現代化,[7] 戰時中
國對於氣象事業的投入,也可印證此論點。氣象觀測的
特殊之處,在於必須集結各地的氣象紀錄,才可繪製天
氣圖進行預報,否則一地的氣象紀錄也只限於了解氣候
而已。在氣象情報網的形成過程中,國家扮演著重要的
角色,通常需有一個統治效能高且有完整行政體系的政
府,才能支持這一類龐大的工作。民國建立以降,中國
政府雖設有氣象臺站,多為零星設置,直到 1928 年中

---

6　溫克剛,《中國氣象史》,頁 441、456-464。

7　楊維真,〈戰爭與國家塑造——以戰時中國(1931-1945)為中心
　　的探討〉,《漢學研究通訊》,第 28 卷第 2 期(2009 年 5 月),
　　頁 6-8。

研院成立氣象研究所之後，測候網才始見雛形。但受限於氣象所是一個學術單位，無法透過行政上的約束力，要求地方上有關機構配合其作法，也沒有專款從事氣象行政，僅能透過與全國經濟委員會、江漢工程局等機關合辦測候所，開拓氣象網絡，不易大力推動氣象建設。

　　1941 年國民政府因應軍事國防的需要，依法將中央氣象局定為中央的氣象行政管理機關，統整全國的氣象事務。戰時該局組織規模雖然簡單，卻能透過設置直屬測候所，補助地方政府測候所，建立了一套管理辦法。戰後國府因抗戰勝利威望大增，以致中央氣象局在處理全國事務亦有挹注。對內部分，中央氣象局在取得行政院同意後，接收原屬各省管轄的測候所，採用分區、分級的管理模式，整合裁併鄰近的測候所，藉此改變原來各行其是、重複觀測的情況。[8] 除此之外，戰時的經驗也讓政府理解到，西北地區與東南沿海的天氣關聯；在重建戰後全國氣象情報網，不同於過去僅著重沿海地區，也延續著後方地區的觀測活動。對外部分，國府與外人交涉、收回在華氣象臺的管理權後，即交由中央氣象局負責辦理，將這些外國氣象臺納入了中國的氣象體系，進而恢復國家的氣象主權。對內對外完成這些目標，中央氣象局才得以著手進行全國氣象網的行政科層化（bureaucracy）。只不過內戰帶來的政局變化，以

---

8　「中央氣象局全國氣象測候所站分區管理計劃審查會議」（1945 年6 月 9 日），〈接收全國各地測候所站〉，《氣象局檔案》，國史館藏，典藏號：046-020100-0152。「抄呈航線氣象預報網計畫資料希參收指正由」（1947 年 1 月 30 日），〈航空氣象預報網計畫〉，《氣象局檔案》，國史館藏，典藏號：046-040300-0033。

致全面實行的時間並不長，得隨時調整。但從戰時至戰後由中央氣象局集中氣象事務的治權，顯然是一種國家推動現代化，與恢復國際地位的表現。

空軍方面，其現代化包含軍事思想、武器裝備技術、人才，以及體制編制。在這些項目中，空軍從美軍獲得大量氣象設備，並透過訓練人才學會技術應用，在硬體設施上是徹底的現代化。組織編制方面，新進武器、飛機所需，並在保障飛行員安全的前提下，準確的氣象情報是必要的輔助工具。因此，戰後空軍進一步強化了氣象在空軍組織中的地位。當航委會改制為空軍總司令部，即設立氣象處，並將氣象總臺改編為氣象總隊、大隊，監督指導氣象工作。[9] 觀測業務設氣象（區）臺，其中再依勤務繁忙程度，細分不同功能的氣象區臺和氣象臺，明確劃分監督指導和實際觀測兩個系統，讓空軍氣象部門也走向科層化與專業化。

然而，西方氣象學本是現代的產物，晚清以降中國氣象事業採用西方的標準與方法，本就是一種現代化的過程。隨著氣象學的廣泛利用，學科知識也產生分化的現象，20 世紀上半葉航空器在運輸與作戰上廣泛應用，與其有關的「航空氣象學」、「軍事氣象學」得以

---

9　「為卅五年度中心工作計劃飭屬趕辦完竣後當即奉上謹先電請查照由」（1946 年 2 月 15 日），〈航委會工作計劃與施行進度〉，《國防部史政編譯局檔案》，檔案管理局藏，典藏號：B5018230 601/0034/1920/2041。「空軍總司令部氣象處工作日記（1948 年 1 月 29 日），〈空軍總司令部氣象處工作日記〉，《國防部史政編譯局檔案》，檔案管理局藏，典藏號：B5018230601/0036/159/3010.19。周至柔編，《空軍沿革史初稿第二輯》，第一冊，頁 161、227-228、251；第二冊，頁 1479、1483-1484、1490-1491。

急速發展，如其中牽涉大氣層內氣團、鋒面、積冰、亂流等課題，也在戰爭的需求下更臻成熟。無可諱言，中國在此浪潮中屬於後進者，並因抗日戰爭產生相當程度的蛻變。我們看到在抗戰乃至戰後的過程中，政府的組織與制度產生了改變；但也知道由於長期以來中國氣象建設的缺漏，戰時僅能著手基礎氣象網絡等硬體的建置，以及培養基層觀測員等基礎事宜，故此可謂是朝向專業與科層化的過渡期。

## 三、氣象情報交流與功能

戰時國府從事觀測天氣的重要目的是支援戰爭，從前述各章的討論中可知，政府單位之間合作的程度有限，直至美軍加入戰局後才產生若干改變。國府內部多為軍委會、航委會、參謀本部等軍事部門之間的合作，單向地向氣象機關提出各種需要，如問題徵詢、協尋人才、人才培訓，及提供天氣圖表等等，氣象機構基於支援國防的考量，盡力提供協助。反之，其他單位若想取得情資，軍事單位動輒以涉及軍事機密拒絕提供氣象情報。這樣的情況招致不少怨言，甚至連竺可楨都曾批評軍事部門分不清楚氣象資料哪些具有機密性，哪些可以用於交換。事實上，這並非國民政府獨有的現象，當時與之交戰的日本在珍珠港事變爆發後，軍方就禁止日本本島公開廣播天氣預報，氣象消息全部加密傳遞；[10] 隔

---

10　〈太平洋戦争と天気図、天気予報〉，參見バイオウェザーサービス網站：https://www.bioweather.net/column/weather/contents/mame091.htm（2022/3/12 點閱）。

年 12 月也加以限制上海徐家匯觀象臺的無線電通訊，
以致無法和其他機關交換天氣報告。[11] 總之，在軍事活
動掛帥之下，訊息交換容易造成軍事情報的外洩，自然
被禁止。

美國參戰後迅速與中國達成同盟關係，美國海軍立
即密派梅樂斯至華考察，決定由軍統局做為合作對象。
事實上，選擇戴笠領導之軍統局有諸多原因，其中最重
要的是該局在中國境內佈滿情報網與電臺，有助於美國
海軍情報單位在華迅速建立情報網，取得西太平洋氣象
報告、日軍的意向和活動情資，就可以先發制人，壓制
其他情報單位。[12] 在蒐集氣象情報方面，除合作機構
中美合作所自行建置測候網，並利用軍統局的情資網絡
蒐集來自淪陷區等地的天氣報告，更要求國府各觀測機
構須向中美合作所提供氣象情報。就此看來，中美合作
所儼然成為集結氣象資訊的平臺，所內的氣象專家對情
報內容進行研究，繪製各種天氣圖，並將研究的結果供
給美軍基地、船艦及前線部隊等單位使用。所以中美合
作所在國府內部的氣象情報交流上扮演著整合的角色，
使得各部門的氣象情報得以活絡起來。不過，供給中美
合作所相關資訊的氣象單位，如中研院氣象所，卻不見
得可以取得中美合作所整合、研究後的氣象情報，故在

---

11  吳燕，《科學、利益與歐洲擴張─近代歐洲科學地域擴張背景下
    的徐家匯觀象臺（1873-1950）》，頁 1775。

12  Maochun Yu, *OSS in China: Prelude to Cold War* (New Haven: Yale
    University Press, 1997). Maochun Yu, *The Dragon's War: Allied Operations
    and the Fate of China*, 1937-1947 (Annapolis, Maryland: Naval Institute
    Press, 2006).

國府的情報流通上，依然呈現不對等的現象。

　　氣象情報對作戰而言，無異如同一項輔助工具或參考資料，舉凡軍事將領可利用其特性來擬定作戰策略，同時避免因天候而造成的可能傷亡。長期擔任《南京朝報》、《新民報》副刊主編的報人張慧劍（1906-1970），便說先進國家的作戰形態已大不相同，尤其針對空中作戰而言。據他指稱：空戰業已跳脫昔日個人英雄式打法，其發展變成團體作戰的形式。並且，各國空軍作戰著重轟炸，正以主動施行轟炸，遠較消極防禦的結果更顯成效，因此空戰必須擁有更多的資訊與技巧才行。[13] 進而言之，空軍不但要有集體的戰術，亦須掌握各地天氣數據與訊息，才可進行充分而有效地攻擊。

　　中國空軍作戰之前，往往對於攻擊區域進行多次偵察，並一步步地破壞敵軍的運輸和補給；在天氣許可的情形下，便可結合地面部隊的行動，共同執行攻擊計畫。至於攻擊前的各項準備，也應有氣象情報予以支援。然而，從現存的空軍作戰計畫和作戰經過等史料可知，經常是以天氣惡劣或氣象情報錯誤，無法確切地完成任務。[14]

　　當然，我們不宜以結果來衡量抗戰期間氣象事業的成效。因為觀測天氣的用途，除了強化情報作戰外，其他如補給品運輸之際，一旦飛行途中發現氣候惡劣，亦

13　張慧劍原著，蔡登山主編，《辰子說林：二戰媒體人張慧劍的中外考察》（臺北：新銳文創出版社，2017），頁48。
14　可參考〈航委會呈報中美空軍在豫鄂湘及南海等地戰況（航委會報軍令部中美空軍每次出擊狀況經過圖）〉，《國防部史政局及戰史編纂委員會》，南京二檔藏，典藏號：七八七－16917。

須需提供飛機迫降機場的相關資訊。職是之故，氣象情報所得效益，通常為無形的展現，一般只會在情報資訊來源錯誤，抑或戰事失敗時被記錄而留存，未必真的可以對戰事優劣進行有系統地評估。然不可諱言，抗戰期間的氣象情報的確對作戰有所助益。戰後中國空軍大力拓展有關氣象的組織和部隊，正顯示出軍方也慢慢體認到：氣象情報對空軍作戰和發展之重要性。

## 四、人才的培育、流動與延續

　　抗戰爆發前國府的氣象事業處於初始階段，氣象人員的數量有限；戰時航空委員會、中央氣象局及中美合作所在支援作戰的考量下，開辦氣象人員訓練課程。三者以培養基礎、第一線的觀測員為目標，因此開辦的氣象班皆為短期訓練，學員大都接受半年左右的訓練，就派往各地氣象站工作。接受訓練者多半是具有中學學歷的學生，唯獨中美合作所是訓練軍統局的情報人員。三者之中，惟有航委會逐漸建立一套訓練氣象人員的教育系統，進而成為往後氣象技術人才的重要來源。不過，空軍的氣象教育強調實用性，這與大學和氣象所重視氣象研究，目的上有所不同。

　　中國氣象事業與臺灣產生聯繫始於二戰結束，國府派石延漢來臺接收臺灣總督府氣象臺。然而，論及中國對於臺灣氣象事業的影響，則需簡要說明臺灣的氣象歷史發展。臺灣的近代氣象觀測活動始於日本殖民後，當時日本為了瞭解臺灣的氣象特色，防範颱風等特殊天氣帶來的災害，遂在臺灣建立測候所從事氣象紀錄。1937

年日本全國氣象協議會建議政府統一加強全國氣象組
織，獲得政府同意。在此契機下，臺灣的測候所得以擴
充，許多臺籍人員進入測候所從事觀測工作，但氣象的
領導管理仍由日人負責。二戰結束日籍氣象人員被遣返
回國，其機構改組為臺灣省氣象局，受南京的中央氣象
局管轄，氣象觀測工作由原本的臺籍氣象人員負責，日
籍人員留下的空缺必須等到中華民國空軍氣象人員來到
臺灣才填補了這些空缺。[15]

　　自大陸來臺的氣象部隊多屬於技術指導階層，這些
人大多具有留美學習氣象的經驗，或是大學氣象相關科
系、空軍測候訓練班的畢業生。戰時他們接受美軍在氣
象上的技術援助，擁有最新的氣象知識。他們自空軍
退伍後，部分轉往交通部、氣象局、民航局工作，如朱
文榮、斯傑、戚啟勳、[16]徐寶箴等人。部分改往大學任
職，臺灣設有氣象相關課程的大學如臺灣大學、臺灣師
範學院及中國文化學院，皆有空軍背景的教師，如劉衍
淮、殷來朝、亢玉瑾、萬寶康等。[17]整體觀之，空軍的
氣象人員遍佈臺灣氣象學術、教育及實務界，對於臺灣
的氣象事業有全面性影響。

　　中國氣象事業另一體系（中研院氣象所和中央氣象

15　洪致文，〈臺灣氣象學術脈絡的建構、斷裂與重生─從戰前臺北
　　帝大氣象學講座到戰後大學氣象科系的誕生〉，《中華民國氣象
　　學會會刊》，第54期（2013年3月），頁2-19。
16　戚啟勳，除任職中央氣象局，也在中國文化學院等校上課。
17　王時鼎，〈記述我所認識的空軍氣象前輩及其他〉，《氣象預報
　　與分析》，第121期（1989年12月），頁21-30。陳學溶，《中
　　國近現代氣象學界若干史蹟》，頁73-79。

局）受到竺可楨於 1949 年選擇留在大陸的影響，在行
政與學術機關服務的氣象人員也決定不隨政府遷臺。洪
致文認為這項因素導致往後臺灣氣象學門發展受到限
制，甚至影響中研院氣象所在臺未能復所。[18] 但若觀察
來臺氣象人員的背景，可以發現朱文榮、斯傑、戚啟勳、
殷來朝、徐寶箴、陸鴻圖等人不是曾在中研院氣象所工
作，就是該所氣象訓練班出身，之後才轉到空軍服務。
換言之，在大陸期間，此一體系就已與空軍的氣象部門
直接有關，其影響性已混雜於空軍之中。

## 五、冷戰下的國際參與和技術外交

抗戰期間中國的氣象工作，以美軍投入戰場做為一
個分水嶺。在此之前國府對於氣象在軍事上的應用，態
度較為消極，之後才轉為積極。國府高層之所以改變，
源自美國對氣象情報的重視，提供氣象情報將有助兩國
的軍事合作。因此，美國對於中國氣象事業而言，具有
關鍵性的作用。過去取得高空天氣紀錄僅能仰賴中研院
氣象所和空軍少量施放探空氣球，這種方式必須在氣球
降落後，回收氣球再從自記器中獲取所得的氣象資訊。
若遍尋不著氣球，就無法取得數據。戰時美國供應無線
電探空儀設備，許多中國氣象人員因此習得施放、應用
技術。他們透過探空儀回傳各種不同高度的天氣數據，
以此掌握高空的情況。這樣的技術推進，讓中國得以

---

18 洪致文，〈臺灣氣象學術脈絡的建構、斷裂與重生──從戰前臺北
帝大氣象學講座到戰後大學氣象科系的誕生〉，頁 9-10。

在戰後發展航空氣象。

　　從戰後美軍顧問團給予中國各種氣象行政的建議，提供眾多技術協助和大量氣象設備，皆可看出美方十分在意中國氣象情報，有意提升中國的觀測水平。除此之外，美方要求中國必須持續提供五年的氣象情報，顯示美方戰後繼續掌握西太平洋地區的局勢，其背後隱然可見美蘇之間的對抗。美軍必須透過亞洲各種情報，掌控蘇聯的動向，氣象情報用之於軍事，自然屬於必須蒐集的情報之一，若需動用軍事武器，氣象情報更是不可或缺的資訊。

　　1949 年政府轉遷臺灣，在許多國際組織中雖然仍被視為中國代表，但其國際地位緊張，有被中共取代的可能。為了維持政權的合法性，透過國際的參與，加強自身的重要性與各國的連結，供應氣象情報是一個重要的方法。而美軍則持續透過臺灣獲取東亞部分的氣象情報，掌控東亞地區的局勢狀況。職是之故，中華民國政府積極推動氣象與民航業務，1951 年 10 月開始二十四小時供應國內外航班於航站天氣及航線氣象預報，使之成為遠東航空線氣象聯絡中心。[19] 1952 年政府更以充實氣象設備、加強氣象測報，增進國際氣象組織聯絡為目標，成立臺北國際民航飛行情報中心，由該中心負責東經 117 度至 124 度、北緯 21 度至 27 度範圍內，關於氣象預報及飛行安全上所需情報。[20] 1960 年 7 月，臺

---

19 〈松山機場建立 民航氣象業務〉，《聯合報》（臺北），1951 年 9 月　27 日，版 2。

20 〈臺北情報中心 今日開始工作〉，《聯合報》（臺北），1952 年

灣氣象所[21] 運用美援設立國際氣象廣播中心，加入國際氣象情報系統，擴大和他國交換氣象資料，並籌劃設置氣象雷達網，增進預測風暴的準確度，藉此擔負氣象的國際事務。[22] 除此之外，也支援聯合國相關組織的氣象工作。[23]

綜合上述各項歸納分析，抗戰期間中國氣象事業的發展有著承先啟後的重要地位。本書嘗試以三個觀測、蒐集氣象情報機構做為研究對象，探究氣象事務的運作狀況與技術應用上的相互影響，釐清此段歷史面貌和過程。抗戰期間，戰爭對於氣象情報的需求，確實推進了中國氣象事業的建設，也為戰後全國氣象事業的統一帶來新局面。但是，進一步反思，戰爭就中國的氣象事業又有何負面影響？至少在交戰時，第一線的氣象工作就容易受到戰事影響，被迫停止觀測工作。而前述氣象人員的培訓，只能以短期訓練低階的氣象觀測員為主，從事基本的觀測紀錄；高等的氣象教育，也受戰亂而影響人才的培養。若在和平時代，氣象人才就可以接受完整的氣象學培訓和實習，人員素質勢必優於短期倉促的訓練，受訓人員對於氣象學的掌握和理解，其水平直接反

---

6 月 15 日，版 1。

21 在日治時期原為臺灣總督府氣象臺，戰後接收時更名為臺灣省氣象局，1948 年改為臺灣省氣象所，在 1965 年 9 月又改制為臺灣省氣象局。

22〈擴大交換氣象情報 氣象廣播中心成立〉，《中央日報》（臺北），1960 年 7 月 24 日，版 3。

23〈我氣象專家蕭華 在沙國獲讚譽〉，《中國時報》（臺北）1963 年 4 月 15 日，版 2。〈省氣象局配合三 W 計劃〉，《聯合報》（臺北），1969 年 4 月 14 日，版 3。

映了觀測工作的素質，或許這也是戰時氣象數據無法提高準確性的因素之一。此外，抗戰期間因為美國予以中國各種氣象協助，使得戰後中國在規劃國內氣象工作，不免需聽取美國建議，影響了國民政府的自主性。

　　本書對抗戰期間中國氣象事業的發展進行梳理，但仍有值得繼續深入探討的議題，如戰時中國的民航業（中國、中央航空公司），協助國府從事駝峰空運任務，在印度到雲南沿線設有測候站，但因資料蒐集尚未完全，難以完整地了解航線沿線氣象站的設置情況。另者，英國空軍為執行大英國協空軍訓練計畫（British Commonwealth Air Training Plan），在加拿大進行短期測候員（metmen）訓練，藉此預測大西洋東岸的天氣預報，維護北美運補航線安全。[24] 此時英軍培訓氣象人才的方式，氣象觀測應用方式，可與中國的狀況相互比較。甚至，可以進一步討論戰爭與氣象學發展的關係，或是西方氣象學觀念如何深入中國社會，西式和傳統氣象觀念的消長問題，將可增添中國的科學技術史、軍事史以及戰爭史研究的豐富度與多樣性。

---

24　Morley Thomas, *Metmen in Wartime: Meteorology in Canada* (Toronto: ECW Press, 2001).

# 附錄、附圖

## 附錄一　中央氣象局暫行組織規程

第一條　中央氣象局隸屬於行政院，掌理全國氣象行政事務。

第二條　中央氣象局置左列各科：

一、總務科。

二、測候科。

三、預報科。

第三條　總務科之職掌如左：

一、關於文件之收發、撰擬、繕校、保管事項。

二、關於圖書儀器之管理事項。

三、關於氣象圖表及電碼符號等之審擬事項。

四、關於氣象方面之設計事項。

五、關於公款之保管、出納及庶務之處理事項。

六、關於不屬其他各科事項。

第四條　測候科之職掌如左：

一、關於平地及高空氣象之觀測事項。

二、關於測候方法之指導事項。

三、關於測候報告之整理事項。

四、關於測候人員之督導事項。

五、關於其他測候方面事項。

第五條　預報科之職掌如左：

　　　　一、關於逐日天氣狀況之預報事項。

　　　　二、關於沿海颱風行程之預報事項。

　　　　三、關於長期天氣之預報事項。

　　　　四、關於其他氣象預報方面事項。

第六條　中央氣象局設局長一人，由行政院派充之技
　　　　正二人至四人，科長三人，由局長遴請行政
　　　　院派充之科員六至十人，技士二人至四人，
　　　　由局長委派之，并得酌用雇員。

第七條　中央氣象局關於學術研究事項，得商同國立
　　　　中央研究院，隨時合作辦理。

第八條　中央氣象局辦事細則另定之。

第九條　本規程自公布日施行。

## 附錄二　中美特種技術合作協定 [1]

中美兩國為摧毀共同敵人求得軍事上之勝利，特設立中美特種技術合作所，以完成此項任務，特由中華民國國民政府軍事委員長蔣中正派調查統計局副局長戴笠；美利堅合眾國總統羅斯福派海軍上校梅樂斯，商訂中美技術合作協定，雙方代表彼此驗明全權證書無訛簽定條文如下：

一、為求在中國沿海、中國淪陷地區及其他日敵各佔領地區，打擊吾人共同敵人起見，特在中國組織中美特種技術合作所，其目的在以中國戰區為根據地，用美國物資及技術協同對遠東各地之日本海軍、日本商船、日本空軍及其佔領地區內之礦產、工廠、倉庫，以及其他軍事設備，予以有效之打擊。

二、本合作執行機構定名為中美特種技術合作（以下簡稱本所），其組織系統與業務分配如附表。

三、為便於業務之進行，美國願以無代價供給一切物資，基於友誼而與中國合作，故在美國名為友誼合作，英文名 SINO AMERICAN COOPERATIVE ORGANIZATION，英文名稱為 SACO，此與美文 SACKO 發音相同，含有效之猛攻或突擊之意義。

四、本所之工作人員均須宣示努力打擊日本，並對本所之組織與業務，及其與本所有關之同盟國單位情形，

---

1　「為函覆美國政府請我政府同意公佈『中美特種技術合作協定』事由」（1958 年 12 月 14 日），〈中美合作所工作案〉，《軍情局檔案》，檔案管理局藏，典藏號：0031/0425.3/5000.1。

保守絕對之秘密。

五、本所設主任、副主任各一人，主任由華方任之，副主任由美方任之。

六、本所各部門之工作由主任商討決定之。

七、本所負責人及全部職員因在中國執行業務，為求行動方便及身份證明起見，均須呈請蔣委員長任命之。

八、在美國訓練業已成熟絕對可靠，並已宣誓對同盟國家效忠之緬甸、泰國、朝鮮、臺灣、安南等處人員，經美方提出華方認可後，准在本所指揮下參加工作，惟此項工作人員在其工作目的地之佈置與其工作之實施，應與本所之主要部門分開，以符秘密工作原則。

九、本所設有遠程空中偵察隊，配有飛機器材及研議判讀照相之人員，此隊之目的乃在中國淪陷地區及遠東各佔領地區內攝製並研議判讀各項敵人活動之照片，使本所對凡能見到敵人之各項活動保持確切之認識，以便實施種種之打擊，除駕駛員外，其攝製之人員大部以華方人員任之。

十、為便於在中國沿海各港灣實施佈雷，俾適時打擊敵人船隻起見，得由美方派遣飛機測量港灣地形，並由華方派員參加其所測繪之地圖與攝成之照片，專供本所使用並保管，不得攜往他處以免洩漏軍事上之機密，但照片如有呈報中美兩國軍事當局之價值者，得由主任、副主任共同審核認可後分報之。

十一、本所設宣傳組對中國淪陷地區及其他日本佔領區內之敵人與人民從事心理戰爭，其全部需用

之器材，由美方供給如無線電發報錄音機、特種攝影機、印刷等，並由美方負責訓練，華方使用此項機件之人員。

十二、本所於重慶、華盛頓兩地派駐人員辦理中美兩國情報互換事宜。自華送交美國政府之情報須先經主任審核認可後轉報之。自美交中國之情報須先經美國戰略局局長或全美艦隊總司令之審核認可後轉報之。

十三、本所收集對爆破、偵察、佈雷及其他直接對本所工作有用之情報，其中如有呈報兩國軍事當局之必要者，須先經主任、副主任審核認可後分報之。

十四、本所奉准指定之發報臺得與中國境外之美國海軍無線電臺通報，惟本所所有其他各電臺，則限制僅用於本所之各有關業務。

十五、本所以重慶附近為主要訓練地區，遇必要時經雙方同意，於工作隊所在地實施訓練。

十六、本所各種訓練人員除由美方派遣技術訓練負責人及各種技術之設計指導人員外，其他之教職員及學員均由華方選派之。訓練課程及其進度由主任、副主任商訂之。受訓人員結業後之派遣經考試及實際測驗及格後，由主任、副主任決定分發之。

十七、本所對各受訓學員及各部門之華方人員，其在受訓與工作時間均應有詳盡之紀錄，凡成績特別優異在合作工作上有送美研習之必要者，經本所選定呈奉蔣委員長批准後得送美研習，美國政府對

該項學員均供給居住、餐膳及來回旅費。

十八、本所為偵查敵情，對於敵電海陸空三部份之密碼均實施偵收、研譯是項偵譯工作由美方派員負責設計指導，由華方派員參加工作。偵收與研譯之敵碼應由本所之主管部門在本所辦理，以免宣洩。本所偵譯敵各種密碼之結果，有呈報兩國軍事當局參考之必要者，經主任、副主任審核決定後分報之。

十九、本所本部設於中國戰時首都所在地重慶，並按實際情況之需要，各地分期設立前進工作隊，辦理有關爆破、偵察、瞭望、氣象、對敵宣傳，及其他有關本所工作之交通事宜，茲暫定下各城市設立前進工作隊：（一）贛州；（二）辰谿；（三）溫州；（四）衢州；（五）福州；（六）漳州；（七）大亞灣；（八）海康；（九）北海；（十）廣德；（十一）立煌；（十二）常德；（十三）衡陽；（十四）洛陽；（十五）海州附近地區；（十六）臨沂附近地區；（十七）蘭州；（十八）五原；（十九）保山；（二十）車里；（二一）安西；（二二）拉薩；（二三）迪化。

二十、各地工作隊所需器材為便於分配及修理，計於贛州、西安兩地附近設立修理廠，由美方指派技術人員主持此二地之修理工作。

二十一、本所所需用之爆破、無線電、武器、彈藥、交通、攝影、氣象、化學、印刷、醫藥等，以及

各項工作所需要之一切器材，均由美方供給，並負責運抵重慶交本所派員管理，其自重慶運往各工作地區之運輸，均由華方負責。

二十二、 華方人員之薪給及其工作之費用，由華方負責。

二十三、 美方人員之薪給及其工作之費用，由美方負責。

二十四、 美方在華各級人員之辦公室、實驗室、住宅及用具，概由華方供給。

二十五、 本所在緬甸、泰國、安南、朝鮮、臺灣等地全部工作之進行，其費用由美方負擔之。

二十六、 本所之組織與業務有變更必要時，由主任、副主任會商分呈蔣委員長、羅斯福總統決定之。

二十七、 本協定經中國軍事委員會蔣委員長、美國羅斯福大總統授權雙方代表簽字後施行，其有限期間自核准之日起至同盟國對日戰爭結束時停止。

二十八、 本協定繕中英文各二份，中美雙方各執乙份。

中華民國三十二年合西曆一九四三年四月十五日

訂於華盛頓

## 附錄三　聯合國在華設立臨時軍用無線電臺辦法 [2]

第一條　聯合國因聯合作戰上之需要，得由各該國
　　　　駐華有關聯合作戰之軍事高級主管向國民
　　　　政府軍事委員會（以下稱軍委會）申請，
　　　　在中國境內設置臨時軍用無線電臺（以下簡
　　　　稱臨時電臺），時依本辦法之所定處理。

第二條　臨時電臺需俟軍委會認可發給聯合國臨時
　　　　軍用無線電臺特許證後，方可架設通報。

第三條　臨時電臺准許設立之期限以一年為限，期
　　　　滿後由軍委會核准延長之，若戰事停止而
　　　　許可期間未滿時仍應撤銷。

第四條　臨時電臺不得設在使領館內。

第五條　臨時電臺負責人及工作人員職銜、姓名應於
　　　　申請書內詳細註明，並通知當地電信監察科
　　　　（股）備查，如有異動應隨時分別通知更正。

第六條　臨時電臺之臺址、呼號、週率、聯絡單位
　　　　及通報時間應得軍委會之許可，並通知當
　　　　地電信監察科（股）備查，異動時亦同。

第七條　臨時電臺之發射週率應力求穩定，並須避免
　　　　諧波之發生，軍委會得隨時派遣人員檢驗其
　　　　機件。

---

2　「請抄附美方在昆設臺案卷及詳敘經過情形見復以便查考由」
　　（1943 年 11 月 13 日），〈中美合作所工作案〉，《軍情局檔案》，
　　檔案管理局藏，典藏號：0031/0425.3/5000.1。

第八條　軍委會於發覺臨時電臺供應之機密方法被敵偵悉時，得派專門人員協助改進。

第九條　臨時電臺不得傳遞軍事性質以外之通訊。

第十條　臨時電臺應遵守中國政府所頒佈之各項電信法令及一切通告。

第十一條　臨時電臺應接受軍委會及當地電信監察科（股）之一切有關改進意見。

第十二條　軍委會因聯合作戰之需要，得利用臨時電臺傳遞電信，或與中國軍用電臺通信時得借用其機件。

第十三條　臨時電臺如不遵守本辦法之規定，軍委會得令其撤銷。

第十四條　為保障安全起見，臨時電臺所用人員之操守應由申請設臺之聯合國政府負責。

第十五條　臨時電臺若因故致令他人受有損害，而致訴訟或需賠償損害時，應由申請設臺之聯合政府負責賠償。

第十六條　本辦法自密令頒布之日起施行。

## 附圖 1 中美特種技術合作所組織架構

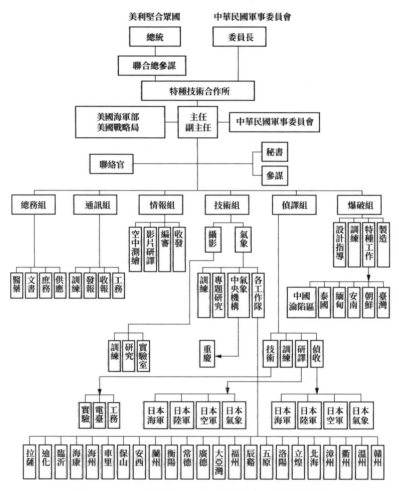

資料來源：〈中美合作所圖表案〉，《國防部軍事情報局檔案》，國
史館藏，典藏號：148-010200-0025。

附圖 2　中美合作所組織表

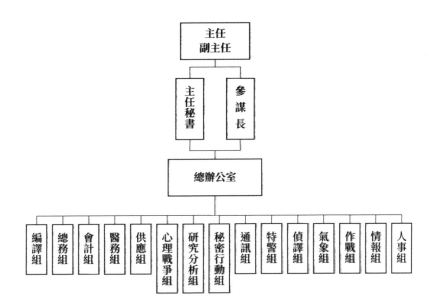

資料來源：〈中美合作所圖表案〉，《國防部軍事情報局檔案》，國
史館藏，典藏號：148-010200-0025。備註：作戰組業務包含爆破和
特種工作；特警組業務含攝影。

# 後記

　　本書是在博士論文基礎上大量改寫後的作品。博士畢業後，自忖能順利於 2019 年 1 月申請到中央研究院近代史研究所博士後，進而有時間沉澱、審思如何處理相關課題，真是很幸運的事。近來因為臺灣少子化的問題，加深了應聘大學教職的困難。不少身處同樣處境的友人告訴我：比起博士論文修改成書，倒不如將各章陸續發表為單篇論文，反而「論文數量」可在求職上更具優勢。但是，我認為博士論文象徵個人學術道路的里程碑，是多年埋首一項研究課題的成果，若不想方設法尋求任何出版機會，實在太可惜了！所幸這樣想法能獲得指導教授張力老師支持，每當修改遇到瓶頸時總給予若干鼓勵與協助，終於一步步完成自己設定的目標。

　　我的研究主題──「氣象史」在中文學界較為少見，原因是不少人認為這類題目必須具備專業知識才足可駕馭。而當時博士班的我，僅涉獵了些許相關史料，在毫無任何氣象學相關背景知識下，就貿然選擇此一課題，如今回憶起來確實挺為大膽的。還好兩位指導教授陳惠芬與張力老師並沒有阻止之意，反而給我極大地發揮空間，屢屢願意聽我分享閱讀各種史料後的心得。舉凡有關論及近代中國天氣觀測的研究著作，泰半集中強調外人在華的觀象臺討論，惟關於中國自身建立的氣象機關則甚少，因此觸發了我進一步深入探詢的好奇心，試圖釐清中國政府及相關人士對氣象工作的作為與態度。

　　泛覽各地檔案和資料，可說是一場意外又驚奇的旅程。在國史館查閱資料時，我意外發現館內庋藏千餘卷1949 年之前的《中央氣象局檔案》，其內容極為豐富，足可推翻戰時中國氣象工作因戰爭破壞而毫無作為的說法。緊接著，又從《軍統局檔案》中挖掘到中美軍事合作、建立氣象組織及蒐集情報的史料，因此確立抗戰時期中國氣象事業做為博士論文的可行性。至於與氣象最密切相關的空軍，反倒是在研究課題決定後，才至檔案管理局蒐集航空委員會的檔案；並在空軍航空技術學院金智教授的引薦下，得以拜訪軍事氣象系的陶家瑞老師。陶老師是該系的資深老師，基於氣象史的興趣上，蒐羅了諸多前輩退伍後所遺留的資料，同時不吝分享其心得，讓我對空軍氣象教育與人員擁有基本的認識。

　　隨著部分史料的掌握，我開始認為中國氣象制度及其人才培育，實與中央研究院關係甚深，因此決意前往南京中國第二歷史檔案館做深入查覽。在蔣經國國際學術交流基金會的支持下，還有南京大學張生、孫揚兩位老師的協助，終於 2017 年 8 月得以順利成行。回想起二檔館的查檔經驗，迄今仍記憶猶新，每當開館前大門口就已聚集眾多研究者，等著前往閱覽廳「各就各位」。由於該館影印檔案的張數有限額，我每次入座後就戴耳機聽音樂，開始一天瘋狂地文字輸入工作，往往回到旅館總是呈現筋疲力竭的狀態。如此規律地閱覽檔案，讓我滿載而歸回到臺灣。嗣後，在「中央研究院人文社會科學博士候選人培育計畫」的資助下，得以利用這些資料完成自己的博士論文。在寫作過程中，我又發

現抗戰期間中國氣象事業不僅攸關至戰後中國的變化，甚至也影響著 1949 年後的臺灣。

在中研院擔任博士後期間，自己得有充裕時間重新審閱論文，並調整原有架構。首先，將戰前中國氣象學的引進與軍事應用、戰時空軍氣象組織運作與發展等內容，單獨各自成章；接著，又把行政組織下的氣象系統拆為兩章，以此強化中央研究院在中國氣象事業的特殊角色，乃至對於中央氣象局成立之影響。最後，縮減有關中美合作所氣象工作的篇幅，並將戰後中國氣象機構的重整內容，簡化置入本書結論中，通過聚焦各章討論的主題，達到篇幅平均的效果。本書殺青不久，交由民國歷史文化學社送審，並獲得兩位審查人極具專業與建設性的修改意見。之後參與國科會補助專書出版評選，再度獲得來自國科會的兩份審查意見。綜計四位審查人除了指出若干錯誤外，並提供各類書籍資訊以利增補修訂，裨使全書更加臻備，在此本人特別要致上最大的謝意。

本書漫長的修改過程中，曾得諸多先進的寶貴意見及鼓勵。陳惠芬、張力兩位指導老師始終在學術和生活上予以關心和支持，是我繼續努力向前的動力。本人也要向論文口試委員——林桶法、劉維開、吳翎君、楊維真等諸位老師謹表謝忱，謝謝他們不顧颱風天雨冒險前來師大口試。在此我也感謝中研院近史所良好的研究環境與資源，書稿在撰寫、修改期間曾得到眾位師長的指教，且有多位學友的相伴、打氣。感謝呂芳上老師及民國歷史文化學社編輯群的協助，他們在本書出版期間以

最大耐心包容不成熟的想法，特別是責任編輯育薇經常
面對我提出各種要求。最後感謝家人，因為有他們給予
無限的支持，我才可肆意翱翔於學術的天空。

　　未來我希望持續投入氣象課題的研究，時空包括戰
後中國乃至東亞地區，藉由氣象知識建構的影響，釐清
其中多元現象與特殊性。從碩士班以來，個人始終關注
到戰爭、技術與社會間的關係，也期許自己研究能成為
陳寅恪所謂的「預流」；這雖是一段既遙遠且漫長的路
途，但仍願意努力不懈下去。

2022 年 12 月 8 日誌於臺中

# 徵引書目

## 一、檔案

### 中央研究院近代史研究所藏檔案

《外交部檔案》
- 〈向蘇方商洽西伯利亞等處電臺廣播所用密碼事〉，典藏號：04-02-015-02-003。
- 〈復查詢蘇電臺氣象廣播所用地名電碼事〉，典藏號：04-02-015-02-014。
- 〈新西比利亞等處氣象廣播〉，典藏號：04-02-015-02-008。
- 〈新西比利亞等處電臺氣象廣播所用波長等項有無變更〉，典藏號：04-02-015-02-004。
- 〈蘇方廣播密碼事電請查照由〉，典藏號：04-02-015-02-018。

《全國經濟委員會檔案》
- 〈氣象機關聯席討論會；第三屆全國氣象會議；籌組中央氣象局會議；中國氣象學會年會〉，典藏號：26- 21-039-04。

《農林部檔案》
- 〈30 至 36 年中央氣象局組織規程、啟用關防官章；四川省氣象測候所組織規程；戰時氣象資料管理規則；全國氣象測候實施辦法；中央各部會測量業務聯繫委員會組織簡則〉，典藏號：20-21-095-01。
- 〈31 至 32 年中央氣象局編印：全國天氣旬報〉，典藏號：20-21-098-02。

### 中國南京第二歷史檔案館藏檔案

《中央研究院檔案》
- 〈中央研究院氣象所各測候所機關事業概況〉，《中央研究院檔案》，南京二檔藏，典藏號：三九三－2892。
- 〈中央研究院氣象所各測候所機關事業概況〉，典藏號：三九三－2892。
- 〈中央研究院氣象所與中央氣象局合作大綱及各地測候所移轉管轄的文書〉，典藏號：三九三－1469。
- 〈中央研究院氣象研究所所務日志、大事記〉，典藏號：三九三－2757。
- 〈中央研究院與航委會合辦天氣預報的有關文書（附氣象研究所航空委員會合辦天氣預報部辦法草案）〉，典藏號：三九三－296。
- 〈朱家驊、竺可楨、呂炯等關於聘請趙九章為氣象研究所研究員及該所聘德國氣象學家、教育部召開學術會議、購置氣象器材給趙九章的信函〉，典藏號：三九三－2879。
- 〈軍委會、國防部、軍政部及所屬軍事部門所要氣象資料致氣象研究所函〉，典藏號：三九三－2841。
- 〈軍委會、國防部、參謀本部等軍事部門索要資料並與氣象部門合作等致氣象研究所函〉，典藏號：三九三－2855。
- 〈軍政部與中央研究院關於派呂大同（炯）等赴德繼續學習軍事氣象及到砲校授課的來往文書〉，典藏號：三九三－128。

- 〈孫敏華、劉粹中等有關工作對調、任職、給薪等事項給竺可楨、呂炯的信函〉，典藏號：三九三－2903。
- 〈航空委員會索要氣象資料、要求氣象合作、購置儀器等與氣象研究所往來文件〉，典藏號：三九三－2868。
- 〈航空氣象委員會會議及審查會議記錄、空軍總指揮部特種技術工作隊編印《氣象密電情報》以及航委會等聘請氣象教官協助氣象測候等與氣象研究所往來函〉，典藏號：三九三－2869。
- 〈業務雜件（內有戴笠為請派氣象專家參加中美氣象情報網建設、英科學家李約瑟來信、擴充物理所儀器工廠計劃書、植物學研究所研究計劃綱要等）〉，典藏號：三九三－149。

**《軍事委員會檔案》**
- 〈航空委員會一九四四年度工作計劃〉，典藏號：七六一－－397。

**《國防部史政局及戰史編纂委員會檔案》**
- 〈軍委會有關空軍問題的各項文電〉，典藏號：七八七－16885。
- 〈航委會呈報中美空軍在豫鄂湘及南海等地戰況（航委會報軍令部中美空軍每次出擊狀況經過圖）〉，典藏號：七八七－16917。

## 國史館藏檔案

**《交通部中央氣象局檔案》**
- 〈中央氣象局工作計畫及報告（一）〉，典藏號：046-040200-0006。
- 〈中央氣象局成立〉，典藏號：046-020100-0150。
- 〈中央氣象局改隸教育部〉，典藏號：046-020100-0179。
- 〈中央氣象局改隸教育部呂任交接卷（移交清冊乙全份）〉，典藏號：046-020100-0180。
- 〈丰陽、茶陵所復所〉，典藏號：046-020100-0066。
- 〈全國天氣雨量〉，典藏號：046-030200-0028。
- 〈各氣象機關儀器調查（一）〉，典藏號：046-050300-0016。
- 〈合設西安、武漢頭等測候所辦法草案、組織規程〉，典藏號：046-020100-0116。
- 〈西昌所房屋所址〉，典藏號：046-050200-0081。
- 〈協助各機關興辦氣象事業〉，典藏號：046-040300-0006。
- 〈河池所人事〉，典藏號：046-020203-0101。
- 〈航空氣象預報網計畫〉，典藏號：046-040300-0033。
- 〈茶陵測候所籌備〉，典藏號：046-020100-0108。
- 〈接收全國各地測候所站〉，典藏號：046-020100-0152。
- 〈設置祁連山測候所〉，典藏號：046-020100-0165。
- 〈測候人員訓練班〉，典藏號：046-020204-0022。
- 〈零陵所遷返〉，典藏號：046-020100-0081。
- 〈零陵測候所籌備〉，典藏號：046-020100-0107。
- 〈寧夏省測候所籌設〉，典藏號：046-020100-0106。
- 〈麗江所房屋所址〉，典藏號：046-050200-0028。

**《外交部檔案》**
- 〈中英中美互換新約（二）〉，典藏號：001-064190-00004-004。
- 〈戰時氣象播報管制〉，典藏號：020-991200-0285。

《軍事委員會委員長侍從室檔案》
- 〈朱文榮（朱國華）〉，典藏號：129-210000-2026。
- 〈程浚〉，典藏號：129-030000-0108。

《個人史料》
- 〈鄭子政〉，典藏號：1280040110001A。

《國民政府檔案》
- 〈中央氣象局籌設計劃〉，典藏號：001-128000-000 01-001。
- 〈中央氣象局籌設計劃〉，典藏號：001-128000-000 01-003。
- 〈中央氣象局籌設計劃〉，典藏號：001-128000-000 01-005。
- 〈中央氣象局籌設計劃〉，典藏號：001-128000-000 01-011。
- 〈行政院長蔣中正呈國民政府為戰時氣象資料管理規則請備案〉，典藏號：001-012071-00014-050。
- 〈空軍總站例行工作說明書〉，典藏號：001-070000-00001-002。
- 〈空軍總站組織說明書〉，典藏號：001-070000-000 01-001。

《國防部軍事情報局檔案》
- 〈中美合作所工作案（二）〉，典藏號：148-010200-0010。
- 〈中美合作所成立協定案（一）〉，典藏號：148-010 200-0012。
- 〈中美合作所成立協定案（二）〉，典藏號：148-010 200-0013。
- 〈中美合作所建撤案（一）〉，典藏號：148-010200-0019。
- 〈中美合作所建撤案（三）〉，典藏號：148-010200-0021。
- 〈中美合作所建撤案（五）〉，典藏號：148-010200-0023。
- 〈中美合作所建撤案（六）〉，典藏號：148-010200-0024。
- 〈中美合作所圖表案〉，典藏號：148-010200-0025。
- 〈中美所有關資料案（一）〉，典藏號：148-010200-0014。
- 〈中美所有關資料案（三）〉，典藏號：148-010200-0016。

## 檔案管理局藏檔案

《國防部史政編譯局檔案》
- 〈氣象規章彙編〉，典藏號：B5018230601/0018/001.1/ 8091.2。
- 〈航委會工作計劃與施行進度〉，典藏號：B5018230601/0034/ 1920/2041。
- 〈空軍總司令部氣象處工作日記〉，典藏號：B5018230601/0036/ 159/3010. 19。
- 〈航空委員會組織職掌編制案〉，典藏號：B5018230601/0020/ 021.1/2041。
- 〈航空委員會工作計劃案（二十八年）〉，典藏號：B5018230 601/0028/060. 25/2041.2。
- 〈航空委員會工作計劃案（二十九年）〉，典藏號：B5018230 601/0029/060. 25/2041.2。
- 〈航空委員會工作報告（二十七年）〉，典藏號：B5018230 601/0027/109.3/ 2041.5。
- 〈航委會軍事工作報告〉，典藏號：B5018230601/ 0033/109.3/ 2041.4。
- 〈航空委員會工作計劃案（二十六年）〉，典藏號：B5018230 601/0026/060.2 5/2041.2。

- 〈空軍抗日戰爭經過〉，典藏號：B5018230601/0035/152.2/3010.2。
- 〈空軍各路站場及指揮機構編制案〉，典藏號：B5018230601/0022/585/3010.4。

## （二）英文部分
美國外交文件

- *Foreign Relations of the United States.* 1947, Vol. VII: *The Far East*: China. Washington: Government Printing Office, 1972.

# 二、史料彙編、個人資料

1. 中國國民黨中央委員會黨史委員會，《國防最高委員會常務會議記錄 第三冊》。臺北：近代中國出版社，1995。
2. 中國第二歷史檔案館，《國民政府抗戰時期軍事檔案選輯》，上冊。重慶：重慶出版社，2016。
3. 吳淑鳳等編輯，《戴笠先生與抗戰史料彙編：中美合作所的成立》。臺北：國史館，2011。
4. 竺可楨，《竺可楨全集》，第1、6、7、8、9、22、23、24卷。上海：上海科技教育出版社，2004-2013。
5. 劉桂雲、孫承蕊選編，《國立中央研究院史料選編》，第2、3、6冊。北京：國家圖書館出版社，2008。

# 三、報紙、公報、雜誌

- 《中央日報》，南京。
- 《中央日報》，重慶。
- 《中央日報》，臺北。
- 《中國科學報》，北京。
- 《中國時報》，臺北。
- 《全國天氣旬報》，重慶。
- 《氣象通訊》，重慶。
- 《國民政府公報》，重慶。
- 《聯合報》，臺北。

# 四、專書
## （一）中文部分

1. 一柱編譯樓，《最新分省中國地圖：教課‧物產‧旅行‧交通四用》。香港：香港學林書店，未刊日期。
2. 丁韙良，《格物入門》。北京：同文館，1868。
3. 中央研究院，《國立中央研究院概況：自民國17年6月至37年6月》。臺北：中央研究院，1948。
4. 中央研究院氣象研究所，《全國氣象會議特刊》。南京：國立中央研究院氣象研究所，1930。
5. 中央研究院氣象研究所，《氣象機關聯席討論會特刊》。南京：氣象研究所，1935。
6. 中國大百科全書出版社編輯部，《中國大百科全書‧軍事》。北京：中國大百科全書出版社，1989。

7. 中國社會科學院近代史研究所編，《海外稀見抗戰影像集（四）戰時中美合作》。山西：山西人民出版社，2015。
8. 中國近代氣象史資料編委會，《中國近代氣象史資料》。北京：氣象出版社，1995。
9. 中國氣象學會編，《中國氣象學會史料簡編》。北京：氣象出版社，2002。
10. 中華民國航空史研究會編，《驀然迴首感恩深——羅中揚將軍回憶》。臺北：國防部史政編譯室，2003。
11. 井上甚太郎著；羅振玉譯，《農學報》。上海：農學報館，1897。
12. 王文隆等著，《近代中國外交的大歷史與小歷史》。臺北：政大出版社，2016。
13. 王庭傑、沈壽梁、唐連傑，《戰時電信》。臺北：交通部交通研究所，1968。
14. 本書編委會編，《開拓奉獻科技楷模—紀念著名大氣科學家顧震潮》。北京：氣象出版社，2006。
15. 白先勇，《父親與民國：白崇禧將軍身影集（上）》。臺北：時報出版公司，2012。
16. 白爾特（Paul Bert）撰；金楷理口譯；華蘅芳筆述，《御風要術》。上海：江南機器製造總局，1873。
17. 全文晟、黃廈千編譯，《測候須知》。南京：中央研究院氣象研究所，1930。
18. 合信（Benjamin Hobson），《博物新編》。出版項不詳。
19. 朱祥瑞主編，《中國氣象史研究文集（二）》。北京：氣象出版社，2005。
20. 何銘生（Peter Harmsen）著、田穎慧、馮向暉譯，《上海1937：法新社記者眼中的淞滬會戰》。北京：西苑出版社，2015。
21. 吳守成，《海軍軍官學校校史》。高雄：海軍軍官學校，1997。
22. 吳增祥，《中國近代氣象臺站》。北京：氣象出版社，2007。
23. 吳燕，《科學、利益與歐洲擴張——近代歐洲科學地域擴張背景下的徐家匯觀象臺（1873-1950）》。北京：中國社會科學出版社，2013。
24. 呂芳上主編，《中國抗日戰爭史新編》。臺北：國史館，2015。
25. 呂芳上主編，《戰時政治與外交》。臺北：國史館，2015。
26. 李玉海編，《竺可楨年譜簡編（1890-1974）》。北京：氣象出版社，2010。
27. 李安德，《地勢略解》。北京：京都匯文書院，1893。
28. 李鹿苹、黃新南，《最新中國區域地圖》。臺北：文化圖書公司，1979。
29. 沈岩，《船政學堂》。臺北：書林出版公司，2012。
30. 沈醉，《沈醉回憶錄（軍統內幕－一個軍統特務的懺悔錄）》。北京：中國文史出版社，2015。
31. 周至柔編，《空軍沿革史初稿第二輯》，第一冊、第二冊。臺北：空軍總司令部，1951。
32. 空軍軍官學校編，《空軍軍官學校歷屆畢業學生名冊勘誤表》。出版地不詳：空軍軍官學校，1978。
33. 空軍總司令部，《空軍軍官學校沿革史》。臺南：空軍軍官學校，1989。

34. 空軍總司令部情報署，《空軍抗日戰史》。出版地不詳：空軍總司令部情報署，1950。
35. 空軍總司令部情報署編印，《空軍抗日戰史》，第9冊。出版地不詳：空軍總司令部情報署，1950。
36. 金智，《青天白日旗下民國海軍的波濤起伏（1912-1945）》。臺北市：獨立作家出版社，2015。
37. 金楷理口譯；華蘅芳筆述，《測候叢談》。臺北：新文豐出版公司，1989。
38. 長治市地方志辦公室編纂，《長治人物志》。太原：北嶽文藝出版社，2010。
39. 洪世年、陳文言，《中國氣象史》。臺北：明文出版社，1985。
40. 紀念七七抗戰六十週年學術研討會論文集編輯委員會編，《紀念七七抗戰六十週年學術研討會論文集》。臺北：國史館，1998。
41. 航空委員會編，《空軍沿革史初稿》。出版項不詳。
42. 國立中央研究院氣象研究所編，《國立中央研究院氣象研究所概況》。南京：國立中央研究院氣象研究所，1931。
43. 國防部史政編譯局，《抗日戰史：常德會戰》。臺北：國防部史政編譯局，1981。
44. 國防部史政編譯局，《抗日戰史：常衡會戰》。臺北：國防部史政編譯局，1982。
45. 國防部軍事情報局，《中美合作所誌》。臺北：國防部軍事情報局，2011。
46. 國防部情報局編印，《戴雨農先生年譜》。臺北：國防部情報局，1976。
47. 張慧劍原著，蔡登山主編，《辰子說林：二戰媒體人張慧劍的中外考察》。臺北：新銳文創出版社，2017。
48. 張霈芝，《戴笠與抗戰》。臺北：國史館，1999。
49. 張靜，《氣象科技史》。北京：科學出版社，2015。
50. 陳正洪、楊桂芳，《胸懷大氣：陶詩言傳》。北京：中國科學技術出版社，2014。
51. 陳雲峰，《雲捲雲舒：黃士松傳》。北京：中國科學技術出版社，2015。
52. 陳學溶，《中國近現代氣象學界若干史蹟》。北京：氣象出版社，2012。
53. 陳學溶，《我的氣象生涯：陳學溶百歲自述》。上海：上海科學技術出版社，2015。
54. 傅林祥、鄭寶恒，《中國行政區劃通史：中華民國卷》。上海：復旦大學出版社，2007。
55. 傅蘭雅口譯；江衡筆述，《測候器圖說》。上海：格致書室，1898。
56. 傅蘭雅口譯；華蘅芳筆述，《氣學叢談》。上海：時務報館，1898。
57. 喬家才，《戴笠將軍和他的同志─抗日情報戰》。臺北：中文圖書出版社，1977-1978。
58. 程德保，《情繫風雲：氣象學家程純樞院士的一生》。北京：氣象出版社，2020。
59. 著者不詳，《第三屆全國氣象會議特刊》。南京：中央研究院氣象研究所，1937。

60. 貴陽市政協文史資料委員會、貴州省史學學會近現代史研究會合編，《紀念抗日戰爭勝利五十周年文史資料專輯》。貴陽：貴陽市政協文史資料委員會、貴州省史學學會近現代史研究會，1995。
61. 費雲文，《戴雨農先生傳》。臺北：國防部情報局，1979。
62. 溫克剛，《中國氣象史》。北京：氣象出版社，2004。
63. 廖敏淑主編，《近代中國外交的新世代觀點》。臺北：政大出版社，2018。
64. 趙九章傳編寫組，《趙九章傳》。北京：科學出版社，2020。
65. 齊錫生，《劍拔弩張的盟友：太平洋戰爭期間的中美軍事合作關係（1941-1945）》。臺北：中央研究院、聯經出版公司，2012。
66. 劉昭民，《中華氣象學史（增修本）》。臺北：臺灣商務印書館，2011。
67. 劉廣英，《中華民國一百年氣象史》。臺北：文化大學兩岸與中國大陸研究中心，2014。
68. 慶祝抗戰勝利五十週年兩岸學術研討會籌備委員會編，《慶祝抗戰勝利五十週年兩岸學術研討會論文集》。臺北：中國近代史學會、聯合報系文化基金會，1996。
69. 謝清果，《中國近代科技傳播史》。北京：科學出版社，2011。
70. 魏大銘、黃惟峰，《魏大銘傳》。臺北：文史哲出版社，2015。

## （二）日文部分
1. 田村專之助，《中国気象学史研究》。靜岡：中国気象学史研究刊行会，1973-1977。
2. 池內了、隱岐さや香、木本忠昭、小沼通二、広渡清吾著，《日本学術会議の使命》。東京：岩波書店，2021。
3. 近代日中關係史年表編集委員會編，《近代日中關係史年表》。東京：岩波書店，2006。
4. 荒島秀俊，《戰爭と気象》。東京：岩波書店，1944。

## （三）英文部分
1. Anderson, Katharine. *Predicting the Weather: Victorians and the Science of Meteorology*. Chicago: University of Chicago Press, 2005.
2. Coen, Deborah R. *Climate in Motion: Science, Empire, and the Problem of Scale*. Chicago: The University of Chicago Press, 2018.
3. Craven, Wesley Frank, and James Lea Cate, *The Army Air Forces in World War II, vol.7*. Washington, D.C.: Office of Air Force History, 1983.
4. Edwards, Paul N. A *Vast Machine Computer Models, Climate Data, and the Politics of Global Warming*. Cambridge, Mass.: MIT Press, 2013.
5. Fleming, James Rodger. *First Woman: Joanne Simpson and the Tropical Atmosphere*. New York: Oxford University Press, 2020.
6. Fleming, James Rodger. First Woman: Joanne Simpson and the Tropical Atmosphere. New York: Oxford University Press, 2020.
7. Fleming, James Rodger. *Fixing the Sky: The Checkered History of Weather and Climate Control*. New York: Columbia University Press, 2010.
8. Fleming, James Rodger. *Inventing Atmospheric Science: Bjerknes, Rossby, Wexler, and the Foundations of Modern Meteorology*. Cambridge, Mass.: MIT Press, 2016.

9. Fleming, James Rodger. *Meteorology in America, 1800-1870*. Baltimore, Maryland: Johns Hopkins University Press, 2000.

10. Fuller, John F. *Thor's Legions: Weather Support to the U. S. Air Force and Army, 1937-1987*. Boston, Mass.: American Meteorological Society, 1990.

11. Henson, Robert. *Weather on the Air: A History of Broadcast Meteorology*. Boston, Mass.: American Meteorological Society, 2010.

12. Horton, John Ryder. *Ninety-Day Wonder: Flight to Guerrilla War*. NY: Ballantine Books, 1994.

13. Howard, Frisinger H. *History of Meteorology to 1800*. New York: Science History Publications, 1977.

14. Kutzbach, Gisela *The Thermal Theory of Cyclones: A History of Meteorological Thought in the Nineteenth Century*. Boston, Mass.: American Meteorological Society, 1979.

15. Mackeown, P. Kevin. *Early China Coast Meteorology: The Role of Hong Kong*. Hong Kong: Hong Kong University Press, 2012.

16. Miles, Milton E. *A Different Kind of War*. New York: Doubleday & Company, 1967.

17. Mishler, Clayton. *Sampan Sailor: A Navy Man's Adventures in WWII China*. DC: Brassey's Inc., 1994.

18. Morley, Thomas. *Metmen in Wartime: Meteorology in Canada*. Toronto: ECW Press, 2001.

19. Stratton, Roy Olin. *SACO: The Rice Paddy Navy*. New York: C. S. Palmer Pub. Co., 1950.

20. Tilly, Charles ed., *The Formation of National States in Western Europe*. Princeton: Princeton University Press, 1975.

21. Walker, John Malcolm. *History of the Meteorological Office*. New York: Cambridge University Press, 2012.

22. Yu, Maochun. *OSS in China: Prelude to Cold War*. New Haven: Yale University Press, 1997.

23. Yu, Maochun. *The Dragon's War: Allied Operations and the Fate of China, 1937-1947*. Annapolis, Maryland: Naval Institute Press, 2006.

# 五、學位論文

## （一）中文部分

1. 甘少杰，〈清末民國早期軍事教育現代化研究（1840-1927）〉。保定：河北大學博士論文，2013。

2. 白鈺舟，〈晚清時期氣象科技發展論述〉。新鄉：河南師範大學碩士論文，2014。

3. 危春紅，〈近代氣象科技譯介與氣象學科的構建〉。南京：南京信息工程大學碩士論文，2017。

4. 安德，〈「正義之劍」：蘇聯空軍志願隊在中國（1937-1941）〉。臺北：國立政治大學歷史學系博士論文，2016。

5. 成青，〈竺可楨的物候學研究與影響〉。杭州：浙江工業大學碩士論文，2019。

6. 杜穎，〈1865-1949年江蘇氣象臺站研究〉。南京：南京信息工程大學碩士論文，2017。

7. 汪夢妍〈北洋政府時期氣象科普研究〉。南京：南京信息工程大學碩士論文，2017。
8. 肖楚潔，〈陶詩言對氣象科技事業的貢獻〉。南京：南京信息工程大學碩士論文，2018。
9. 林豐，〈謝義炳與中國近現代氣象高等教育事業的發展〉。南京：南京信息工程大學碩士論文，2020。
10. 施詔偉，〈抗戰前期中蘇軍事關係（1937-1941）〉。新北：臺北大學歷史學系碩士論文，2015。
11. 紀楊洋，〈王鵬飛"中國氣象史"研究之探析〉。南京：南京信息工程大學碩士論文，2018。
12. 孫毅博，〈民國中央研究院氣象研究所研究（1928-1949）〉。石家莊：河北師範大學碩士論文，2015。
13. 張而弛，〈科學救國思想下的竺可楨（1890-1949）〉。臺南：國立成功大學歷史研究所碩士論文，2017。
14. 張敏，〈近代雲南氣象臺站發展歷程研究〉。南京：南京信息工程大學碩士論文，2017。
15. 張雪桐，〈李憲之與中國近現代氣象高等教育事業的發展〉。南京：南京信息工程大學碩士論文，2018。
16. 張惠然，〈陳學溶的氣象實踐活動研究〉。南京：南京信息工程大學碩士論文，2017。
17. 張璇，〈民國時期中國氣象學會會員群體研究（1924-1949）〉。南京：南京信息工程大學碩士論文，2015。
18. 曹瑩，〈民國時期氣象專業期刊及氣象科技發展〉。南京：南京信息工程大學碩士論文，2018。
19. 許玉花，〈近代氣象學留學生群體研究〉。南京：南京信息工程大學碩士論文，2017。
20. 陳敬林，〈中央氣象局《天氣旬報》研究（1942-1947）〉。重慶：重慶師範大學碩士論文，2017。
21. 曾旭，〈四川氣象事業近代化的歷程〉。四川：四川師範大學碩士論文，2012。
22. 路雅恬，〈氣象史視野下的《地理全志》研究〉。南京：南京信息工程大學碩士論文，2020。
23. 劉曉，〈《氣學入門》研究〉。南京：南京信息工程大學碩士論文，2017。
24. 錢馨平，〈中國近代氣象學科建制化研究〉。南京：南京信息工程大學碩士論文，2020。
25. 羅嘉，〈王鵬飛氣象科技思想研究〉。南京：南京信息工程大學碩士論文，2016。
26. 顧曉燕，〈華蘅芳的氣象翻譯成就及其影響研究〉。南京：南京信息工程大學碩士論文，2015。

## （二）英文部分

1. Zhu, Marlon. "Typhoons, Meteorological Intelligence, and the Inter-Port Mercantile Community in Nineteenth-Century China." Ph. D. dissertation, State University of New York at Binghamton, 2012.

# 六、期刊論文、會議論文

## （一）中文部分

1. 王東、丁玉平，〈竺可楨與我國氣象臺站的建設〉，《氣象科技進展》，2014年6期，2014年12月，頁67-73。

2. 王家鴻，〈各國軍中測候之一般〉，《軍事雜誌（南京）》，第6期，1928年12月，頁1-4。

3. 王時鼎，〈記述我所認識的空軍氣象前輩及其他〉，《氣象預報與分析》，第121期，1989年12月，頁21-30。

4. 朱文榮，〈九十自述〉，《氣象預報與分析》，第131期，1992年5月，頁1-2。

5. 吳淑鳳，〈軍統局對美國戰略局的認識與合作開展〉，《國史館館刊》，第33期，2012年9月，頁147-172。

6. 呂炯，〈軍用氣象之中心工作：彈道風之測算法（附圖表）〉，《氣象雜誌》，第12卷第3期（1936年3月），頁121-132。

7. 呂炯，〈氣象在國防上的效用〉，《現代防空》，第3卷第4、5、6期，1944年，頁94-97。

8. 呂炯，〈氣象與軍事之關係〉，《新民族》，第2卷第4期，1938年，頁6-8。

9. 呂炯，〈氣象與航空〉，《氣象雜誌》，第11卷第2期，1935年2月，頁69-75。

10. 呂炯，〈氣象與國防〉，《氣象叢刊》，第1卷第1號，1944年，頁1-29。

11. 李茂剛，〈清末至民國時期四川的氣象事業〉，《四川氣象》，第12卷第2期，1992年7月，頁48-54。

12. 汪大鑄，〈軍事氣象學大綱〉，《戰幹旬刊》，第18期，1939年，頁9-18。

13. 汪厥明，〈氣象與農業〉，《氣象季刊》，第1卷第1期，1932年3月，頁5-11。

14. 沈百先，〈氣象測候與水利農業及其他庶政關係之重要〉，《江蘇建設月刊》，第3卷第5期，1936年5月，頁1-4。

15. 沈懷玉，〈行政督察專員制度之創設、演變與功能〉，《中央研究院近代史研究所集刊》，第22期，1993年6月，頁421-461。

16. 林得恩，〈空軍氣象中心紀實〉，《中華民國氣象學會會刊》，第51期，2010年3月，頁6-12。

17. 林桶法，〈吳淑鳳等編，《不可忽視的戰場──抗戰時期的軍統局》〉，《中央研究院近代史研究所集刊》，第82期，2013年12月，頁175-184。

18. 竺可楨，〈天時對於戰爭之影響〉，《國風》，第5號，1932年10月，頁11-21。

19. 竺可楨，〈全國設立氣象測候所計劃書〉，《地理雜誌》，第1卷第2期（1928年9月），頁1-3。

20. 竺可楨，〈氣象與農業之關係〉，《科學》，第7卷第7期，1922年7月，頁651-654。

21. 竺可楨，〈論我國應多設氣象台〉，《東方雜誌》，第18卷第45號（1921年8月），頁34-39。

22. 洪致文，〈臺灣氣象學術脈絡的建構、斷裂與重生－從戰前臺北帝大氣象學講座到戰後大學氣象科系的誕生〉，《中華民國氣象學會會刊》，第 54 期，2013 年 3 月，頁 2-19。

23. 胡一之，〈空戰、空防與氣象建設之重要：連帶說到筧橋最近半年來之天氣（附圖表）〉，《中國空軍季刊》，第 6 期，1936 年，頁 56-64。

24. 胡信，〈氣象與航空及戰爭之關係〉，《空軍》，第 42 期，1933 年，頁 22-24。

25. 范育誠，〈抗戰時期的秘密通訊系統：以國防部軍事情報局檔案為中心〉，《政大史粹》，第 28 期，2015 年 6 月，頁 69-103。

26. 孫莫江，〈建設沿海軍用氣象測候所與空防之重要〉，《空軍》，第 184 期，1936 年，頁 40。

27. 孫貽謀，〈航空氣象學概況〉，《空軍》，第 43 期，1933 年，頁 9-12。

28. 孫慎五，〈氣象與漁業〉，《水產月刊》，第 4 卷第 4 期，1937 年 4 月，頁 19-29。

29. 徐寶箴，〈空軍建設與氣象事業〉，《空軍》，第 183 期，1936 年，頁 101-112。

30. 徐寶箴，〈祝朱文榮老師九秩華誕〉，《氣象預報與分析》，第 131 期，1992 年 5 月，頁 7-9。

31. 徐寶箴，〈航空氣象〉，《空軍》，第 176 期，1936 年，頁 10-12。

32. 氣象史料挖掘與研究工程項目組，〈國民政府時期空軍的氣象教育培訓〉，《氣象科技進展》，2015 年 5 期，2015 年 10 月，頁 71-74。

33. 涂長望，〈天時與近代戰爭〉，《科學與技術》，創刊號，1943 年 11 月，頁 27-33。

34. 耿秉德，〈高空氣象觀測與航空〉《空軍》，第 168 期，1936 年，頁 39-40。

35. 荒川秀俠著、盧鋈譯，〈颱風之構造〉，《氣象雜誌》，第 13 卷第 7 期，1937 年 7 月，頁 475-480。

36. 高素蘭，〈戰時國民政府勢力進入新疆始末（1942-1944）〉，《國史館學術集刊》，第 17 期（2008 年 9 月），頁 129-165。

37. 陳學溶，〈我所知道的黃廈千博士〉，《中國科學史雜誌》，第 33 卷第 3 期（2012 年 9 月），頁 366-370。

38. 陶家瑞，〈空軍氣象教育紀實——紀念氣象訓練班前主任劉衍淮博士百秩誕辰〉，《氣象預報與分析》，第 193 期，2007 年 12 月，頁 22-42。

39. 程薇薇，〈孫中山與航空救國〉，《檔案與建設》，2016 年第 10 期，2016 年 10 月，頁 40-44。

40. 黃正光，〈全面抗戰前中國空軍發展述略〉，《浙江理工大學學報（社會科學版）》，第 38 卷第 6 期，2017 年 12 月，頁 525-531。

41. 黃自強，〈軍用氣象教育之討論〉，《海軍雜誌》，第 7 卷第 9 期，1935 年，頁 21-35。

42. 黃廈千，〈實用軍事氣象知識〉，《新民族週刊》，第 1 卷第 9 期，1938 年，頁 12-14。

43. 楊維真，〈戰爭與國家塑造——以戰時中國（1931-1945）為中心的探討〉，《漢學研究通訊》，第 28 卷第 2 期，2009 年 5 月，頁 5-14。

44. 楊鏡，〈氣象因素與砲兵射擊之關係〉，《砲兵雜誌》，第 2 期，1935 年 2 月，頁 42-47。

45. 萬寶康,〈氣象事業與國防〉,《時衡》,第 3 期,1938 年,頁 6-9。
46. 廖國僑,〈軍事氣象的話〉,《氣象雜誌》,第 13 卷第 9 期,1937 年,頁 559-562。
47. 劉芳瑜,〈中國氣象會議的召開及其影響(1930-1937)〉,「第三屆『百變民國:1930 年代之中國』青年學者論壇」,臺北:國立政治大學歷史學系,2018 年 3 月 2 日 -3 日。
48. 劉芳瑜,〈戰時中美軍事技術合作:以閩浙皖氣象網設置為例〉,《檔案半年刊》,第 20 卷第 1 期,2021 年 6 月,頁 38-51。
49. 劉昭民,〈懷念鄭子政先生(1903-1984)〉,《氣象預報與分析》,第 102 期,1985 年 2 月,頁 1-3。
50. 劉衍淮,〈我服膺氣象學五十五年(1927-1982)〉,《大氣科學》,第 10 期,1983 年 3 月,頁 3-11。
51. 劉衍淮,〈航空氣象學之中心問題〉,《空軍》,第 240 期,1937 年,頁 27-30。
52. 潘建蒸,〈砲兵氣象觀測之參考〉,《砲兵雜誌》,第 2 期,1935 年 2 月,頁 142-155。
53. 蔣丙然,〈青島測候所視察報告書〉,《科學》,第 7 卷第 12 期,1922 年 12 月),頁 1257-1267。
54. 蔣丙然,〈美國戰時氣象觀測之設備〉,《觀象叢報》,第 4 卷第 4 期,1918 年,頁 20-21。
55. 蔣丙然,〈氣象與農業〉,《農學》,第 1 卷第 2 期,1939 年 2 月,頁 27-30。
56. 黎特(Major William Gardner Reed)著、李玉林譯,〈軍事氣象學〉,《方志月刊》,第 6 卷第 1 期,1933 年,頁 50-57。
57. 蕭強,〈朱文榮先生與空軍〉,《氣象預報與分析》,第 131 期,1992 年 5 月,頁 10-13。
58. 韓翊周編譯,〈軍用氣象之概況〉,《軍事雜誌(南京)》,第 51 期,1933 年,頁 144-147。
59. 嚴中英,〈炮兵射擊氣象之概說〉,《軍事雜誌(南京)》,第 51 期,1933 年,頁 129-139。
60. 嚴中英,〈炮兵射擊氣象之概說〉,《軍事雜誌(南京)》,第 52 期,1933 年,頁 149-162。
61. 嚴中英,〈炮兵射擊氣象之概說〉,《軍事雜誌(南京)》,第 53 期,1933 年,頁 134-145。
62. 嚴中英,〈炮兵射擊氣象之概說〉,《軍事雜誌(南京)》,第 54 期,1933 年,頁 153-162。


## (二)日文部分

1. 兼重寬九郎,〈日本学術会議の使命〉,《高分子》,第 8 卷第 4 期(1959 年 4 月),頁 180-182。

## （三）英文部分

1. Alvarez, Kerby C. "Instrumentation and Institutionalization Colonial Science and the Observatorio Meteorológico de Manila, 1865-1899," *Philippine Studies: Historical & Ethnographic Viewpoints*, 64: 3-4 (2016), pp. 385-416.
2. Miles, Milton E. "U. S. Naval Group, China." *United States Naval Institute Proceedings*, No. 521(July 1946), pp. 921-931.
3. Williamson, Fiona, and Skies Uncertain, "Forecasting Typhoons in Hong Kong, ca. 1874-1906." *Quaderni Storici*, 52:3 (2017), pp. 777-802.
4. Williamson, Fiona. "Weathering the empire: meteorological research in the early British straits settlements." *The British Journal for the History of Science*, 48: 3 (2015), pp. 475-492.

# 七、參考網站

1. BuzzFeed News
   https://www.buzzfeed.com/jp/kotahatachi/war-weather
2. 中国新聞
   https://www.chugoku-np.co.jp/column/article/article.php? comment_id=746693&comment_sub_id=0&category_id=143
3. Encyclopedia Britannica,
   https://www.britannica.com/science/phenology.
4. Naval History and Heritage Command,
   https://www.history.navy.mil/.
5. Oxford Research Encyclopedias,
   https://oxfordre.com/climatescience/page/word/word-from-oxford
6. Sino American Cooperative Organization, U.S. NAVAL GROUP CHINA VETERANS,
   http://www.saconavy.com/
7. バイオウェザーサービス
   https://www.bioweather.net/column/weather/contents/mame091.htm.
8. 中華百科全書
   http://ap6.pccu.edu.tw/Encyclopedia/
9. 世界氣象組織網站
   （World Meteorological Organization E-library）
   https://library.wmo.int/opac/#.WwbCTEiFPIU

# 索引

民國論叢 11

# 風雲起——
# 抗戰時期中國的氣象事業

Weather and Warfare: Chinese Meteorology
during the Second Sino-Japanese War

作　　者　劉芳瑜
總 編 輯　陳新林、呂芳上
執行編輯　林育薇
封面設計　溫心忻
排　　版　溫心忻
助理編輯　李承恩

出　　版　開源書局出版有限公司
　　　　　香港金鐘夏慤道 18 號海富中心
　　　　　1 座 26 樓 06 室
　　　　　TEL：+852-35860995

 民國歷史文化學社 有限公司
　　　　　10646 台北市大安區羅斯福路三段
　　　　　　　37 號 7 樓之 1
　　　　　TEL：+886-2-2369-6912
　　　　　FAX：+886-2-2369-6990

初版一刷　2022 年 12 月 30 日
定　　價　新臺幣 500 元
　　　　　港　幣 140 元
　　　　　美　元 20 元
I S B N　978-626-7157-68-8（精裝）
印　　刷　長達印刷有限公司
　　　　　台北市西園路二段 50 巷 4 弄 21 號
　　　　　TEL：+886-2-2304-0488

http://www.rchcs.com.tw

封面書法字來源
數位發展部，CNS11643 中文標準交換碼
全字庫網站，http://www.cns11643.gov.tw

國家圖書館出版品預行編目 (CIP) 資料
風雲起：抗戰時期中國的氣象事業 = Weather
and warfare：Chinese meteorology during the
Second Sino-Japanese War/ 劉芳瑜著 . -- 初版 .
-- 臺北市：民國歷史文化學社有限公司 , 2022.11

　　面；　公分 . -- ( 民國論叢；11)

ISBN 978-626-7157-68-8（精裝）

1.CST: 戰略情報　2.CST: 氣象

592.76　　　　　　　　　　　111019045